国家出版基金项目
NATIONAL PUBLICATION FOUNDATION

现代电子机械工程丛书

电子设备板级可靠性工程

王文利　编著

電子工業出版社
Publishing House of Electronics Industry
北京 · BEIJING

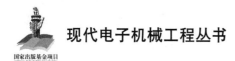

内 容 简 介

本书针对电子设备板级可靠性工程问题，阐述了板级可靠性工程中需要开展的主要工作，包括选择可靠的元器件、可靠地使用元器件、板级可靠性工程设计（DFX）、板级组装工艺可靠性、单板常见失效模式及失效机理、板级可靠性试验与测试、板级失效分析等。通过选择可靠的元器件、开展可靠性设计、保障可靠性制造，达到保证板级可靠性的目的，同时，针对板级可靠性要求进行试验和测试，针对板级失效做好失效分析。

本书可作为电子产品硬件设计、可靠性设计、工艺设计、测试、CAD、质量与可靠性管理等相关行业的工程技术人员、科研人员的参考书，也可作为高等院校电子相关专业的教师、学生的教学参考书。

图书在版编目（CIP）数据

电子设备板级可靠性工程 / 王文利编著. -- 北京 : 电子工业出版社, 2024. 9. --（现代电子机械工程丛书）. -- ISBN 978-7-121-48818-4

Ⅰ. TN02

中国国家版本馆 CIP 数据核字第 2024PD5683 号

责任编辑：张　京
印　　刷：三河市鑫金马印装有限公司
装　　订：三河市鑫金马印装有限公司
出版发行：电子工业出版社
　　　　　北京市海淀区万寿路 173 信箱　邮编：100036
开　　本：787×1 092　1/16　印张：12.25　字数：314 千字
版　　次：2024 年 9 月第 1 版
印　　次：2024 年 9 月第 1 次印刷
定　　价：79.00 元

现代电子机械工程丛书

编委会

丛书序

Preface

电子机械工程的主要任务是进行面向电性能的高精度、高性能机电装备机械结构的分析、设计与制造技术的研究。

高精度、高性能机电装备主要包括两大类：一类是以机械性能为主、电性能服务于机械性能的机械装备，如大型数控机床、加工中心等加工装备，以及兵器、化工、船舶、农业、能源、挖掘与掘进等行业的重大装备，主要是运用现代电子信息技术来改造、武装、提升传统装备的机械性能；另一类则是以电性能为主、机械性能服务于电性能的电子装备，如雷达、计算机、天线、射电望远镜等，其机械结构主要用于保障特定电磁性能的实现，被广泛应用于陆、海、空、天等各个关键领域，发挥着不可替代的作用。

从广义上讲，这两类装备都属于机电结合的复杂装备，是机电一体化技术重点应用的典型代表。机电一体化（Mechatronics）的概念，最早出现于 20 世纪 70 年代，其英文是将 Mechanical 与 Electronics 两个词组合而成，体现了机械与电技术不断融合的内涵演进和发展趋势。这里的电技术包括电子、电磁和电气。

伴随着机电一体化技术的发展，相继出现了如机-电-液一体化、流-固-气一体化、生物-电磁一体化等概念，虽然说法不同，但实质上基本还是机电一体化，目的都是研究不同物理系统或物理场之间的相互关系，从而提高系统或设备的整体性能。

高性能机电装备的机电一体化设计从出现至今，经历了机电分离、机电综合、机电耦合等三个不同的发展阶段。在高精度与高性能电子装备的发展上，这三个阶段的特征体现得尤为突出。

机电分离（Independent between Mechanical and Electronic Technologies，IMET）是指电子装备的机械结构设计与电磁设计分别、独立进行，但彼此间的信息可实现在（离）线传递、共享，即机械结构、电磁性能的设计仍在各自领域独立进行，但在边界或域内可实现信息的共享与有效传递，如反射面天线的机械结构与电磁、有源相控阵天线的机械结构-电磁-热等。

需要指出的是，这种信息共享在设计层面仍是机电分离的，故传统机电分离设计固有的诸多问题依然存在，最明显的有两个：一是电磁设计人员提出的对机械结构设计与制造精度的要求往往太高，时常超出机械的制造加工能力，而机械结构设计人员只能千方百计地满足其要求，带有一定的盲目性；二是工程实际中，又时常出现奇怪的现象，即机械结构技术人员费了九牛二虎之力设计、制造出的满足机械制造精度要求的产品，电性能却不满足；相反，机械制造精度未达到要求的产品，电性能却能满足。因此，在实际工程中，只好采用备份的办法，最后由电调来决定选用哪一个。这两个长期存在的问题导致电子装备研制的性能低、周期长、成本高、结构笨重，这已成为制约电子装备性能提升并影响未来装备研制的瓶颈。

随着电子装备工作频段的不断提高，机电之间的互相影响越发明显，机电分离设计遇到的问题越来越多，矛盾也越发突出。于是，机电综合（Syntheses between Mechanical and Electronic Technologies，SMET）的概念出现了。机电综合是机电一体化的较高层次，它比机电分离前进了一大步，主要表现在两个方面：一是建立了同时考虑机械结构、电磁、热等性能的综合设计的数学模型，可在设计阶段有效消除某些缺陷与不足；二是建立了一体化的有限元分析模型，如在高密度机箱机柜分析中，可共享相同空间几何的电磁、结构、温度的数值分析模型。

自 21 世纪初以来，电子装备呈现出高频段、高增益、高功率、大带宽、高密度、小型化、快响应、高指向精度的发展趋势，机电之间呈现出强耦合的特征。于是，机电一体化迈入了机电耦合（Coupling between Mechanical and Electronic Technologies，CMET）的新阶段。

机电耦合是比机电综合更进一步的理性机电一体化，其特点主要包括两点：一是分析中不仅可实现机械、电磁、热的自动数值分析与仿真，而且可保证不同学科间信息传递的完备性、准确性与可靠性；二是从数学上导出了基于物理量耦合的多物理系统间的耦合理论模型，探明了非线性机械结构因素对电性能的影响机理。其设计是基于该耦合理论模型和影响机理的机电耦合设计。可见，机电耦合与机电综合相比具有不同的特点，并且有了质的飞跃。

从机电分离、机电综合到机电耦合，机电一体化技术发生了鲜明的代际演进，为高端装备设计与制造提供了理论与关键技术支撑，而复杂装备制造的未来发展，将不断趋于多物理场、多介质、多尺度、多元素的深度融合，机械、电气、电子、电磁、光学、热学等将融于一体，巨系统、极端化、精密化将成为新的趋势，以机电耦合为突破口的设计与制造技术也将迎来更大的挑战。

随着新一代电子技术、信息技术、材料、工艺等学科的快速发展，未来高性能电子装备的发展将呈现两个极端特征：一是极端频率，如对潜通信等应用的极低频段，天基微波辐射天线等应用的毫米波、亚毫米波乃至太赫兹频段；二是极端环境，如南北极、深空与临近空间、深海等。这些都对机电耦合理论与技术提出了前所未有的挑战，亟待开展如下研究。

第一，电子装备涉及的电磁场、结构位移场、温度场的场耦合理论模型（Electro-Mechanical Coupling，EMC）的建立。因为它们之间存在相互影响、相互制约的关系，需在已有基础上，进一步探明它们之间的影响与耦合机理，廓清多场、多域、多尺度、多介质的耦合机制，以及多工况、多因素的影响机理，并将其表示为定量的数学关系式。

第二，电子装备存在的非线性机械结构因素（结构参数、制造精度）与材料参数，对电子装备电磁性能影响明显，亟待进一步探索这些非线性因素对电性能的影响规律，进而发现它们对电性能的影响机理（Influence Mechanism，IM）。

第三，机电耦合设计方法。需综合分析耦合理论模型与影响机理的特点，进而提出电子装备机电耦合设计的理论与方法，这其中将伴随机械、电子、热学各自分析模型以及它们之间的数值分析网格间的滑移等难点的处理。

第四，耦合度的数学表征与度量。从理论上讲，任何耦合都是可度量的。为深入探索多物理系统间的耦合，有必要建立一种通用的度量耦合度的数学表征方法，进而导出可定量计算耦合度的数学表达式。

第五，应用中的深度融合。机电耦合技术不仅存在于几乎所有的机电装备中，而且在高端装备制造转型升级中扮演着十分重要的角色，是迭代发展的共性关键技术，在装备制造业的发展中有诸多重大行业应用，进而贯穿于我国工业化和信息化的整个历史进程中。随着新科技革命与产业变革的到来，尤其是以数字化、网络化、智能化为标志的智能制造的出现，工业化和信息化的深度融合势在必行，而该融合在理论与技术层面上则体现为机电耦合理论的应用，由此可见其意义深远、前景广阔。

本丛书是在上一次编写的基础上进行进一步的修改、完善、补充而成的，是从事电子机械工程领域专家们集体智慧的结晶，是长期工作成果的总结和展示。专家们既要完成繁重的科研任务，又要于百忙中抽时间保质保量地完成书稿，工作十分辛苦。在此，我代表丛书编委会，向各分册作者与审稿专家深表谢意！

丛书的出版，得到了电子机械工程分会、中国电子科技集团公司第十四研究所等单位领导的大力支持，得到了电子工业出版社及参与编辑们的积极推动，得到了丛书编委会各位同志的热情帮助，借此机会，一并表示衷心感谢！

中国工程院院士

中国电子学会电子机械工程分会主任委员 段宝岩

2024 年 4 月

前言

Foreword

随着电子设备的广泛应用，电子设备的可靠性已成为一个突出的问题。几乎所有的应用场合都要求电子设备必须稳定、可靠、安全地运行。但电子设备由种类复杂的元器件及 PCB、焊料、辅料、结构件及软件等组成，其可靠性尤其复杂。当前电子设备中突出的可靠性问题往往出现在元器件、PCB、焊点组成的电路板产品（PCBA）上，这些都是板级可靠性问题。

鉴于由元器件、焊点和 PCB 构成的板级结构的复杂性，一直没有建立起板级可靠性的理论模型和体系。但随着元器件的发展和 PCB 复杂性的提高，板级可靠性成为电子设备可靠性的核心之一。因此，国内外领军企业在可靠性理论和工程技术的基础上各自建立了适合自身产品特点和企业特点的板级可靠性工程方法，以不断提升自身产品的可靠性能力并保障自身产品的可靠性。

本书作者团队二十多年来一直在大型企业从事板级可靠性的研究、工程实践和可靠性咨询服务工作，对板级可靠性有深刻的体会与经验，也辅导不少企业建立了板级可靠性工程平台，取得了比较好的效果。本书结合华为等国际一流企业板级可靠性的发展实践和中小企业建立可靠性工程体系的做法，综合介绍板级可靠性工程的理论知识和实践方法论。

当前，元器件发展越来越快，电子制造工艺越来越复杂，产品应用条件越来越苛刻，产品应用场合越来越广泛，板级可靠性问题带来的产品失效越来越突出，从业人员迫切需要对板级可靠性工程有一个全面、系统的了解，以便更好地开展板级可靠性工作。

本书基于板级可靠性工程工作的开展这一思路来组织内容，没有涉及太多的可靠性数学与理论模型。主要内容包含选择可靠的元器件、可靠地使用元器件、板级可靠性设计（DFX）、单板组装过程的可靠性、单板常见失效模式及失效机理、板级可靠性试验与测试、板级失效分析等，同时穿插了国内外领先企业在可靠性工程方面的实践经验。

本书由原华为公司电子工艺可靠性平台建立者、西安电子科技大学电子可靠性（深圳）研究中心主任王文利教授负责编写，原华为公司可靠性技术专家向光恒、龙凯参与了部分章节的撰写，编写过程中得到了中国电子学会电子机械工程分会、中国电子科技集团公司第十四研究所、电子工业出版社的大力支持，作者的导师、丛书编委会主任段宝岩院士对本书的编写提出了建议和要求，在此一并表示衷心感谢！

由于时间仓促和作者水平有限，且板级可靠性工程也在不断发展，书中难免存在不足之处，真诚期望同行专家和读者指正。可靠性工作永远在路上，希望行业同人共同努力，推动中国可靠性事业走向新的高度。

王文利
2024 年 4 月

目录

Contents

Chapter 1

第1章 概述

随着电子设备的广泛应用，电子设备的可靠性已成为一个突出的问题。大多数应用场合都要求电子设备必须稳定、可靠、安全地运行。在航空、航天、军事、通信、金融、监控等领域，电子设备一旦发生故障或失效，很可能造成巨大损失。

由于电子设备由种类复杂、材料各异的电子元器件、PCB、焊料、辅料、结构件及软件等组成，所以电子设备的可靠性就显得尤其复杂。电子设备的结构件相对由元器件、PCB、焊点组成的PCBA板来说，可靠性设计与可靠性问题相对容易解决，因此在电子设备中可靠性问题突出的是由元器件、PCB、焊点组成的电路板（PCBA）。电子设备的系统可靠性是指电子设备或电子系统在规定的条件下和规定的时间内完成规定功能的能力。与其他产品，如机械产品的可靠性要求一样，电子设备的系统可靠性已经建立较为成熟的理论体系，如电子设备系统可靠性预计与分配、电子设备系统可靠性的设计等。

由于由元器件、焊点和PCB构成的板级结构的复杂性，理论界和行业一直没有建立起板级可靠性的理论模型和体系，但是随着元器件的发展和PCB复杂程度的提高，板级可靠性又是保证电子设备可靠性的核心。因此，行业内的领军企业在可靠性理论的基础上各自建立了符合自己产品特点和企业特点的可靠性工程方法，用以不断提升自身的可靠性能力、保障自身产品的可靠性。

本书作者团队二十多年来一直在大型企业从事板级可靠性的研究、工程实践和可靠性咨询服务工作，对板级可靠性的实践有深刻的体会与经验，也指导不少企业建立了可保障板级可靠性的工程平台，取得了比较好的效果。

板级可靠性工程是为电子设备的系统可靠性提供保障的，但电子设备的系统可靠性要求如何分解为板级可靠性的具体指标，目前业界尚没有建立完善的系统理论。因此针对板级可靠性，目前主要通过理念、流程、方法、规范、设计指南来指导可靠性工作开展，进而保障可靠性目标的实现。

板级可靠性工程的研究对象是包含PCB、元器件、PCBA，研究的内容包括：如何选择可靠的元器件、如何可靠地使用元器件、板级可靠性工程设计（DFX）、板级组装工艺可靠性、单板常见失效模式及失效机理、板级可靠性试验与测试、板级失效分析等。其核心观点是，围绕选择可靠的元器件，通过可靠性设计、可靠制造达到保证板级可靠性的目的，同时针对板级可靠性要求进行试验和测试、针对板级失效做好失效分析。根据作者的经验，面对复杂的电路板，在很难建立完善、准确的数学模型的情况下，通过正向的可靠性设计和逆向的失效分析是可以在较短的时间内大幅提高产品的可靠性水平的。

目前，大部分企业尚没有建立专业的可靠性团队，对可靠性的认识还停留在基本测试、试验的层面。对前端的可靠性设计如何开展，后端的产品失效如何系统分析，尚未形成正确的认知，往往是在设备出了严重的可靠性问题后才意识到可靠性很重要，企业如何从管理、流程、平台、技术、人员上系统开展可靠性工作基本上是空白的。因此，希望本书在提升板级可靠性水平上提供一些参考，帮助读者通过学习行业领先企业在可靠性实践方面的经验快速提升自身的可靠性保障能力，也希望更多的企业为板级的可靠性实践提供更多成功案例。

当前，元器件发展越来越快，电子制造工艺越来越复杂，元器件应用条件越来越苛刻，应用场合越来越广泛，板级可靠性问题带来的产品失效和可靠性问题越来越突出，从业人员迫切需要对板级可靠性工程有一个全面的了解，以便指导板级可靠性工作的开展。

本书没有涉及太多的可靠性数学与理论模型，而是以指导板级可靠性工作的开展为出发点来设计各个章节。本书主要内容包含选择可靠的元器件、可靠地使用元器件、板级可靠性设计（DFX）、单板组装过程的可靠性、单板常见失效模式及失效机理、板级可靠性试验与测试、板级失效原因分析等，同时穿插了华为和国外领先企业在可靠性工程方面的实践经验。由于时间紧迫、作者水平有限，希望大家批评指正。

中国的发展从传统模式走向新质生产力模式，既需要创新，又需要可靠性，两轮驱动，缺一不可。可靠性工作永远在路上，只有更好，没有最好，希望行业同人共同努力，推动中国板级可靠性事业走向新的辉煌。

Chapter 2

第 2 章 电子元器件的可靠性保障

2.1 元器件可靠性的新特点

单板由印制线路板（PWB，Printed Wire Board）和焊接在其上的元器件组成，元器件通过焊接与 PWB 上的印制线路接通，印制线路完成元器件互连，实现单板的特定功能，单板的可靠性主要取决于三个要素：印制线路板的可靠性、焊点的可靠性、元器件的可靠性。

某大型企业对单板失效情况进行了统计分析，得出的数据显示：元器件失效比例高达 76%，其中，功能缺陷是设计（包括电路设计）考虑不足导致的单板功能异常，失效比例为 11%；雷击指超出电路设计极限防护能力导致的雷击失效，失效比例为 6%；生产质量控制指生产工艺控制偏差导致的单板缺陷。结构、安装、维护分别指结构设计不合理、安装中产生异常应力、维护操作不规范导致的问题，失效比例为 4%。这些故障分类都是经过严谨的失效分析得出的。大型企业会有严格的集成产品开发流程，每个产品都会经过严格的设计验证和产品工程验证，印制线路板的可靠性和焊点的可靠性问题都会在产品验证中发现，但元器件的可靠性问题难以在产品验证阶段被充分发现，从而在客户使用过程中存在隐患，因此，为了更好地服务客户，获得客户信赖，需要更多地关注元器件的可靠性。

元器件的发展趋势是小型化、集成化、高速化，这对元器件可靠性提出了更大的挑战，小型化导致元器件抵抗印制线路板变形能力变差，同时导致元器件容易出现机械断裂；集成化导致元器件内部热流密度增加；高速化导致元器件特征尺寸变小、工作电压变低，元器件对 ESD（静电敏感）和外部干扰更加敏感。新的复杂的应用条件和要求让元器件面临更大的可靠性挑战。

封装技术的发展对元器件可靠性提出了新的挑战，多芯片封装（MCP）、系统级封装（SIP）、倒装封装（Flip Chip）等新型封装形式引入了很多新的失效模式和失效机理，其可靠性表现出与应用环境的强相关性，让元器件可靠性问题表现得更为复杂。

在元器件可靠性早期研究中，因当时元器件固有可靠性并不高，许多原因都可能导致元器件失效，因此把元器件的失效看作一个无法克服的随机事件，因此元器件使用者和提供者约定一个满足使用规格的基本失效率，即元器件在规定条件下和规定的时间里，其失效率低于元器件的基本失效率，这个规格依据元器件自身对外界应力的抵抗强度确定，元器件的强度因工程制造的偏差呈现一定的分布特性，如图 2.1 所示。如果元器件的制造过程控制能够达到 3σ（正态分布下，1σ 为±1 个标准差，下同）控制限，则缺陷比例为 66810ppm（1ppm 表示百万分之一）；如果元器件的制造过程控制能够达到 6σ 控制限，则缺陷比例大约为 3.4ppm，缺陷率极低。

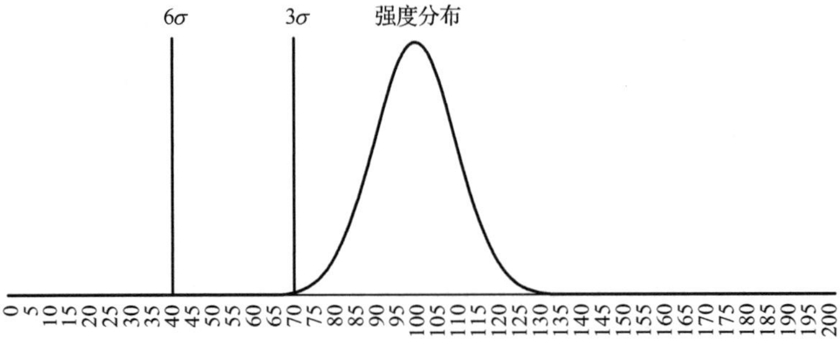

图 2.1　元器件强度分布

除了元器件强度呈现一定的分布特性，元器件承受的应力也呈现分布特性，因此在一些极端情况下，自身强度较弱的元器件遇到极端应力会引发元器件失效。图 2.2 所示的应力分布和强度分布交叠部分，因应力大于元器件强度，会导致元器件失效。

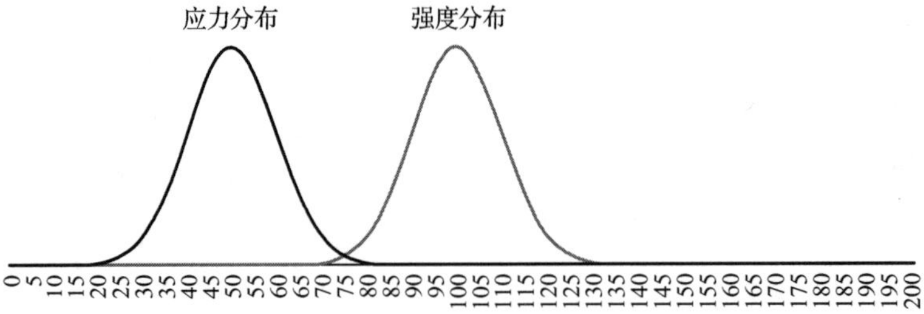

图 2.2　元器件应力分布与强度分布

2.2 基于故障机理的可靠性方法

基于数据统计和分析的传统元器件可靠性方法主要通过元器件“降额”的机理来提高可靠性，通过元器件的基本失效率和应力因子估计系统可靠性。但随着元器件技术的快速进步，越来越多的元器件失效机理被发现，元器件失效并不是随机的，都有原因可找，因此现代元器件可靠性的工程方法已经产生巨大的改变，该方法称为基于故障机理（PoF，Physics of Failure）的可靠性方法，它是基于大量的元器件可靠性工程实践得出的。

PoF 是自然世界因果关系的一种具体体现，任何一个元器件的失效必然存在一个导致失效的关键因素，如果排除这个导致失效的关键因素，则此因素导致失效的结果就不会发生。在不断地排除导致元器件失效的因素的过程中，元器件的可靠性会不断提升，最终确保单板可靠性达到预期。

PoF 是一种逆向工程方法，即从问题中改进产品可靠性。工程师需要从失败积累的经验中形成设计规则，在设计前端去约束产品设计。这些设计经验从何而来，学习借鉴是主要来源，当无可借鉴时，就需要通过高加速寿命试验（HALT，Highly Accelerated Life Testing）先制造出问题，再分析问题产生的原因，进而积累和优化设计规则。

PoF 改变了元器件可靠性的一些传统工作方法，加强了对元器件失效机理的研究，通过对元器件失效机理的研究，可以识别影响元器件可靠性的关键要素。对元器件可靠性的要求可以转换为具体的可量化规格和可管理的要求。

在单板的设计中，单板的设计需求（包括可靠性）需要分解到元器件中，但在设计实践中，很多时候是：有什么元器件设计什么电路，对元器件的关键规格没有明确定义；一旦设计定型，产品量产，再进行元器件替代将变得异常困难。作者曾经在实际工作中遇到这样一个问题：一颗 90nm 工艺的 Flash 元器件在升级到 45nm 工艺后不能稳定地工作，在极端情况下出现数据读写错误；经过分析发现，原因为 90nm 工艺的元器件对地址线的上升沿和下降沿“过冲”不敏感，但升级到 45nm 后，元器件接口处理速度变快，“过冲”破坏了 Flash 的数据寻址。类似这样的高级元器件不能替代低级元器件的问题是对元器件应用需求不明确导致的。

PoF 解决元器件问题的过程，类似于图 2.3 所示的 PDCA 循环，其目的是通过相关措施的落地防止元器件可靠性问题的再次发生。但在实际工作过程中，问题的原因非常复杂，元器件失效或烧毁后，在大多数情况下不能确定元器件失效的根本原因，依据对失效元器件的物理解剖分析，也许能发现是过电应力失效，至于是元器件缺陷在正常应力下失效，还是因为外部存在应力超过元器件承受极限导致失效，物理分析很难给出真实的结论。需要多个 PDCA 循环，才能确定问题的根因。一般情况下，一个受控型号的元器件多次失效的根因只有一个，一个 PDCA 循环可以依据原因分析确定几个根因，并确定后续验证措施和相应的工作计划，通过试验验证，检查失效根因的唯一性，依据根因将改进措施落实到相关环节。

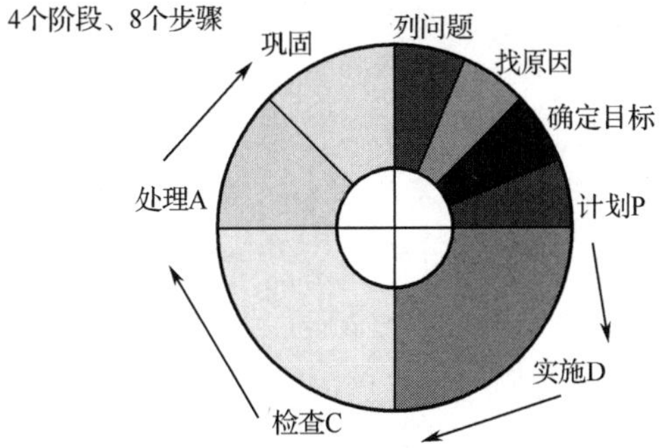

图 2.3　元器件失效分析的 PDCA 循环

元器件供应商依据 PDCA 循环原理制定了 8D 报告模式，但 8D 报告模式和 PDCA

主要用于管理的规范，失效根因分析机理阐述往往不是很全面，技术深度也相对不足，对失效分析和可靠性提升往往帮助不大。

从提高单板可靠性角度，首先需要选择可靠的元器件，其次是依据元器件的可靠性特点应用好元器件，因此本章中关于元器件可靠性保障的内容主要围绕选择可靠的元器件和可靠地使用元器件来开展，包括为掌握这些技能必须掌握的元器件失效模式和失效机理。

2.3 选用可靠的元器件

元器件供应商依据客户的需求，设计制造元器件并将其供应给客户，因此元器件的基本可靠性是由元器件供应商保障的。但元器件可靠性不是仅仅通过良好的设计和严格的制造质量就可以保障的，它还需要客户在使用中验证。一个可靠的元器件只有在客户的使用过程中，不断完善设计和进行质量控制，完全消除内部的缺陷，才能保证使用的可靠性。如何选用可靠的元器件是一个非常复杂的系统工程，有效的组织和优秀的技术人员有助于选出好的可靠的元器件。

元器件供应商持续有效地改进产品质量才能实现元器件的基本可靠性。如何驱动元器件供应商保持对可靠性改进的积极性？可以通过对元器件的替代性管理来实现，采购部门引入多家供应商，哪家供应商的元器件可靠性高就采用哪家的产品，这样可以有效调动供应商改进可靠性的积极性，同时可降低采购成本。

元器件来自多家供应商，需要单板硬件设计师改变一些设计习惯，从依据元器件规格书设计电路改变为依据单板可靠性需求设计自己的元器件规格书，采购部门通过该元器件规格书实现对元器件的替代采购。

国际上大部分优秀的电子设备供应商都有自己的元器件规格书，通过对特定规格的元器件进行内部编码，一个编码下包含多个物料，避免了研发人员参与具体器件的认证和选用。将元器件的选型和认证规格参数交给元器件认证部门，涉及可靠性、可焊性、可采购性等的专业工作交由专业部门实施。

从板级可靠性保障角度考虑，正确的做法是：板级设计工程师提出可靠性的规格需求，这些需求应该在板级测试时可以得到验证，元器件选择依据对关键可靠性规格的依从程度决定，元器件选型不是直接选择元器件型号，而是制定元器件关键规格（包括可靠性规格）。因为元器件可靠性的规格来源于对元器件失效机理的熟悉，不像元器件的功能性能那样可直接检测，因此，元器件可靠性知识的积累，关键可靠性规格的设置，需要深厚的元器件知识和经验来支撑，为此，很多顶尖的电子设备制造商设置了元器件工程师岗位，以期持续提升元器件可靠性。

2.3.1 元器件可靠性的度量

元器件可靠性定义为在规定条件下、规定时间内完成规定任务的能力，一般会表现出图 2.4 所示的浴盆曲线特征。元器件可靠性有三种失效形式，早期失效、偶然失效、损耗失效。早期失效是制造缺陷和材料缺陷导致的，偶然失效是元器件应用中外部存在的随机异常应力超过元器件的耐受极限所致，耗损失效是因为元器件长期使用中存在耗损机制，导致自身能力下降从而不足以耐受外部应力的失效。依据浴盆曲线特点，电子产品制造商一般通过板级老化筛选剔除早期失效元器件，通过减小元器件工作应力降低偶然失效，选择耗损能力强的元器件以满足整机寿命。

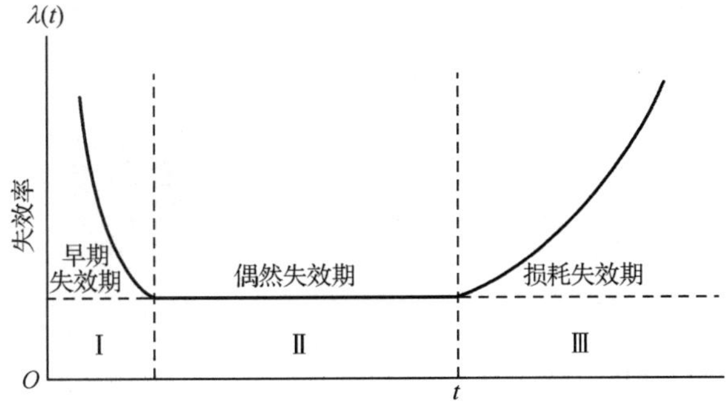

图 2.4　浴盆曲线

但随着元器件制造技术的进步，具有早期失效问题的元器件越来越少，板级老化筛选已经不太容易发现早期失效元器件。某些产品出现的元器件早期失效，通过失效分析发现往往是元器件 ESD 失效或过电应力失效，其实是老化筛选过程中的不当操作所致。对于偶然失效的元器件，可通过失效分析查找失效原因，大部分情况下都能找到失效原因，常见的失效原因不外乎元器件厂家的质量控制手段存在疏漏或元器件使用中存在某些缺陷。通过元器件可靠性保障和可靠地使用元器件，可以有效地避免元器件失效。元器件失效从早期的概率事件变成因缺陷激发的必然事件，通过设计和制造改进，可以有效地避免元器件失效。

这种基于分析清楚故障机理 PoF 进而明确失效根因的方法，可以有效防止元器件的失效，从而大大提高电子产品的可靠性，使电子设备成为人们可以信赖的设备。

元器件的失效率 λ 用 fit 表示，1fit 是指 10^9 小时内 1 颗器件的失效概率，或者是 10^9 颗器件在 1 小时内的失效概率，为了统计方便，很多人用 1 年内失效 ppm 数表示失效率。

在早期失效期，失效率是递减的，元器件的可靠性在增加；在偶然失效期，失效率维持在较低的水平，如果只是一些随机因素导致元器件失效，失效率将保持恒定；在损耗失效期，元器件的磨损会导致元器件性能退化，其抗击外部应力的能力下降，容易出现元器件失效，为了满足单板的寿命要求，需要依据耗损机理将元器件降额使用。

2.3.2　元器件可靠性保障体系

元器件可靠性保障是一项系统性工程，从元器件孕育到元器件寿命终结，涉及元器件供应商、电子设备供应商、设备使用者、设备的维修保养，为了向客户提供高可靠性产品，大部分优秀电子产品供应商建立了自己的供应链管理体系，与产品的直接供应商

（一级供应商）形成协同与合作关系，直接参与一级供应商质量管理，参与对一级供应商的供应商（二级供应商）的质量监督，与一级和二级供应商签订严格的质量保障协议，对于影响可靠性的元器件失效，要求在一定时间里给出质量回溯报告、失效根因分析报告及改进措施，通过持续发现元器件设计和制造相关问题并不断改进，达到持续提升元器件可靠性的目的。

在供应链管理体系中，元器件的可靠性会映射到一系列与可靠性相关的活动中，图 2.5 是产品全流程中与可靠性相关的一些指标，这些指标反映了产品全流程的质量状况，与元器件的全流程质量保障水平有较大关系。

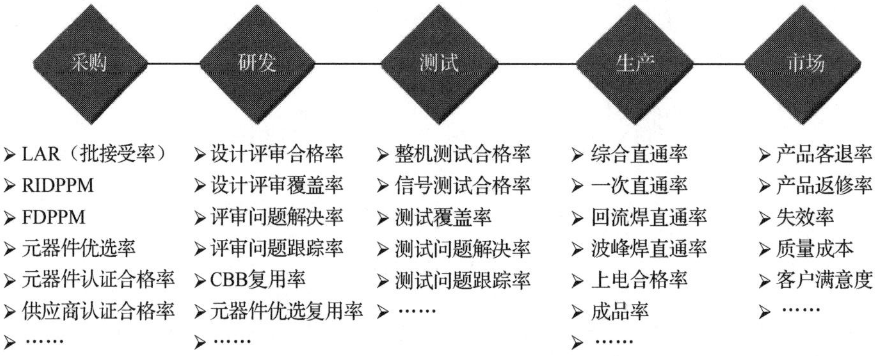

图 2.5　与可靠性相关的全流程指标

在现代管理体系中，以职能分工进行管理，对于一个具体的产品，企业组建集成产品开发团队，各职能部门依据产品可靠性保障策略对元器件进行质量管理，建立元器件可靠性质量度量体系。

元器件的可靠性问题会在各个环节暴露出来，问题越早暴露，产生的质量成本损失越低，如果能在产品投放市场前拦截住所有的元器件问题，元器件都不会在使用中出现可靠性问题，不会形成对客户的困扰。产品全寿命期的元器件可靠性保障体系指标可以基于职能部门的业务分工和责任进行量化，并根据结果评价职能部门的管理绩效。

1. 采购部门职责与任务

采购部门通过对供应商的认证和协商，购买到符合可靠性要求的元器件，质量部门对元器件进行质量检验，生成物料质量度量指标，如 LAR（批接受率）、RIDPPM（来料缺陷率）、FDPPM（生产缺陷率）可直接反映出元器件的供应质量，而元器件优选率、元器件认证合格率、供应商认证合格率则可反映出公司对供应商质量管理工作的评价。

1）LAR（Lot Acceptable Rate，批接受率）

大批量生产前提下，物料的采购中不能采用逐个检验的方式，且现代元器件一般采用密封封装，为了防止封装吸潮、引脚表面氧化和 ESD 损伤，一般对物料进行批次抽检，得出批次合格率，即（合格批-不合格批）/总接受批。现在元器件缺陷率极低，采用现行国家抽样标准很难发现元器件问题，但各设备制造商仍会依据容易出现问题的项目有针对性地进行质量抽检。

2）RIDPPM（Received Incoming-material Defective Pieces Per Million，来料缺陷率）

某些关键元器件对单板可靠性影响极大，进入元器件库之前会被逐个检测，这时会检出来料缺陷率（RIDPPM）。由于要逐个检验，检验成本较高，因此只对特殊的、已检验的物料采用。

3）FDPPM（Factory Defected Pieces Per Million，生产缺陷率）

FDPPM（生产缺陷率）是生产过程中元器件缺陷数量与生产总量之比，这是电子设备制造商使用较多的衡量元器件质量的指标，并作为生产过程控制的一个关键指标。当该指标超过一定阈值后，将停止产品生产，找出原因并落实改进措施后才能继续生产。

4）元器件优选率

电子设备制造商会对供应商提供的元器件进行等级分类，一般分类原则为 TQRDC（T——技术，Q——质量，R——响应，D——交付，C——成本）综合评分，并依据关键指标将供应商的元器件分级。元器件优选率指整个采购系统中优选的元器件数占可采购元器件编码数的比例。优选元器件的一个基本特点是有替代供应商，供应商为了提升自己的客户满意度，会持续提高其元器件的可靠性。

5）元器件认证合格率

针对供应商提供的元器件，按设备制造制定的元器件规格进行认证，合格比率即为元器件认证合格率。目前国内很多企业直接采用供应商元器件规格书中的指标，这其实没有对元器件进行认证。元器件认证主要包括三个方面：①功能和性能的认证，由硬件设计和测试部门执行；②加工工艺认证，由工艺部门执行；③可靠性认证，由可靠性部门执行。

6）供应商认证合格率

供应商的行为和态度是决定元器件可靠性的关键，元器件认证应该在供应商认证合格后进行，供应商的认证基于 TQRDC 的基本要素，如是否愿意提供技术服务、提供质量保障承诺，交付能力是否存在问题，成本是否符合要求等。

2．研发部门职责与任务

研发部门决定了使用什么元器件、给元器件施加什么应力。研发环节是决定元器件可靠性的关键环节，必须从元器件可靠性角度对研发质量进行严格控制。

1）设计评审合格率

研发早期，要引入元器件可靠性工程师对元器件规格的定义，并对元器件应用进行设计评审。

在概念阶段确定关键元器件时应尽早发现可靠性隐患，并在此时启动关键元器件的技术预认证工作，为后续从研发转测试并进行设计评审做好技术准备。

在单板详细设计阶段，元器件工程师评审元器件规格书的可靠性规格是否满足单板可靠性需求，评审可靠性规格是否可测试和验证，协助测试工程师提供元器件可靠性验证方案并制定测试用例；从可靠性角度检视电路是否存在过应力应用隐患，并制定应力测试方案。

研发质量部门可依据设计质量要求设计质量度量矩阵，与元器件可靠性工程师合作，规定单板可靠性评审维度和评审点。

很多企业在研发质量管理方面存在困扰，尤其是在研发前期，如不知道管理什么内容，也不知如何检验和评价管理项目。因为设计前期没有实物，只有文件，且很多文件是质量管理工程师无法看懂的，研发工程师对后期出现的问题没有预见性。而在设计阶段想到并有设计预案的部分，基本不会出现问题，即使出现问题也有应对方案。

产品可靠性是在设计中构建的，单板设计时必须遵从元器件可靠性应用规则，明确单板对元器件的可靠性需求，制定满足需求的适用于元器件的规格书，并仔细分析单板应用环境是否满足元器件应用需求。这些工作是硬件设计师的职责，做好这些事需要的规则需要元器件工程师提供；是否做好，做的程度如何，需要元器件工程师去分析和评审。质量部门可以通过设计评审合格率指标有效监控可靠性设计质量。

2）设计评审覆盖率

在设计评审过程中，应该建立设计评审覆盖基线，如对于过去出现的产品和元器件问题，每个问题是否都有评审结论，据此得出元器件设计评审覆盖率。

3）评审问题解决率与跟踪率

对于评审过程中发现的问题，单板设计人员必须及时解决。重新设计能解决的问题计入问题解决率，有些问题是设计阶段无法解决的，需要进行工艺或装备升级，这些问题计入跟踪问题，形成问题跟踪单，并启动工艺或装备升级项目。

如果问题没有解决方案，会造成产品风险，此时开发项目团队讨论后可以通过方案重新设计或需求更改解决问题，可退回方案设计阶段甚至和客户重新沟通需求。当这些手段都无效的时候，需要集成产品开发团队进行风险评估，决定产品开发是否继续。

4）CBB 复用率

元器件可靠性在单板生产时是无法完全度量的，因此，选用一个经反复验证认为可靠的模块电路是最好的方法，这些反复使用的模块称为共建模块（CBB，Common Building Blocks），使用 CBB 可显著提高可靠性，电子设备设计单位应该把经过验证认为可靠的电路提炼成 CBB，供其他单板使用，同时，通过统计单板 CBB 复用率来引导设计者使用 CBB。

5）元器件优选（复用）率

对于一个单板 BOM（Bill Of Materials），采用优选元器件的比例越高越好。对规格相近的元器件进行归一化，可以提高同型号的采购量，减少不同型号的采购品种。例如在电容器的使用上，25V 耐压的电容器和 35V 耐压的电容器其价格差距很小，归一化到

35V 耐压的电容器将有效降低采购成本，减少元器件型号种类，也减小了可靠性风险。

3．测试部门职责与任务

测试是对单板设计的验证，一般分为研发验证测试（DVT）、系统设计验证（SDV）和系统集成测试（SIT）。

研发验证测试主要验证单板的详细设计是否与详细设计文件匹配，元器件的降格是否充分，信号质量是否符合要求，逻辑信号的噪声容限是否符合要求，差分信号眼图是否符合要求，电源噪声是否超标，时钟抖动和噪声是否符合要求。研发验证测试主要采用白盒测试技术。

系统设计验证是将单板安装到系统或产品中，验证单板与系统整体的功能和可靠性，测试系统的环境适应性和耐久性。

系统集成测试是将产品或小系统置入实际应用场景中，加载业务载荷进行实场测试，也称为客户体验测试，从客户使用角度进行全方位测试。

对于个人消费产品，如手机，一般将产品测试分为 DV（设计验证）和 PV（产品验证），DV 检验产品的详细设计水平和产品的可靠性，PV 主要验证产品批量生产的工程问题，如生产工艺稳定性、元器件的可获得性、批量可靠性等。对不同的产品，有不同的质量控制基线，使用不同的可靠性度量指标。

1）整机测试合格率

对于大批量发货且独立包装的产品，在进行 DV 测试时，应建立超过产品额定应力的质量控制基线，以考察产品的可靠性。如手机不可避免会跌落，虽然在详细测试阶段单个手机跌落试验已通过，但在大量生产时，元器件的不一致性或生产工艺的限制会导致手机不一定全部能通过跌落试验，因此必须对一定数量的产品进行一些低于产品破坏极限但远高于正常应力的可靠性加速试验，并统计试验合格率，通过质量跟踪系统跟踪市场失效率，以获得最佳的质量控制基线。

2）信号测试合格率

白盒测试时，统计所有测试用例下的信号合格率，这个指标可避免元器件产生过电应力，减少元器件失效。

3）测试覆盖率

测试覆盖率用来衡量测试部门的工作质量，一般通过测试大纲规定的测试用例使用比例来衡量，这依赖一个公司的测试经验积累。

4）测试问题解决率

测试发现的问题必须解决，但很多问题，站在研发和测试角度的看法会存在巨大差距，因争议或条件限制，总有一些问题不能解决。测试问题解决率一定要满足质量基线要求，这是对研发部门的约束，也是对测试工程师的有效管理。

5）测试问题跟踪率

对测试问题进行跟踪，并对测试问题跟踪率提出具体要求，可有效约束质量管理人员，因此是全面质量管理的基本要求。

4. 生产部门职责与任务

生产过程中的质量控制点统计数据可以反映出生产过程中的工艺控制问题，也反映出元器件质量问题。从测量的角度看，显性的问题容易测出，但未测出的隐性问题（这些问题最终会成为可靠性问题）会和显性问题一样多，因此将生产测试问题定性为元器件来料问题的数量也能衡量元器件可靠性水平。

此外，因现代元器件的缺陷率较低，元器件来料检测较难发现问题，只能在生产测试中发现元器件来料问题，如衡量采购体系的指标 RIDPPM 和 FDPPM 只能从生产测试数据中分析统计。通过对生产故障单板进行分析，如果元器件未因生产过程中的过应力损坏，则计入 RIDPPM，如果是因工艺问题产生的缺陷则计入 FDPPM。

生产测试的指标或多或少与元器件可靠性有一定的关联，通过设定合理的基线可确保元器件可靠性。不同生产体系有不同的控制方法，有不同的度量指标，在此不详细介绍。

5. 市场部门职责与任务

市场部门常用的三个计量指标反映了元器件可靠性的真实状态，其他指标与元器件可靠性也有一定的关联性。

1）产品客退率

产品客退率指产品因客户不满意而被退回的比率。客户可能因产品不能满足自己的需求而退回，或者因使用中产品存在故障而退回。一般产品在退回时会被分类，因故障退回的产品会进入维修部。

2）产品返修率

客户使用中产生故障的产品会进入维修部，维修部进行测试后，判断产品是否真的存在故障，存在故障的产品进行返修，计入产品返修率。但有些没有测出故障的产品并不表示没有问题，因客户的使用环境和工厂的测试环境存在差异，很多在客户处出现的问题并不能在试验室测试出来，这些产品因故障不能重现而被称为 NTF（No Trouble Found）产品。如果在产品设计中不置入故障日志，NTF 占比会超过返修产品，因此返修的产品实际上是存在可靠性隐患的。

3）失效率

经检测发现故障的单板计入单板失效率，失效的元器件可计算元器件失效率。在统计失效率时，要考虑市场周转时间，一般按年统计失效率。

2.3.3　元器件供应商可靠性认证

只有合格的优质供应商才能提供相对可靠的元器件。供应商需要通过可靠性认证程序，在元器件技术、质量保障体系、响应能力、交付能力、成本五个方面，经过严格认证并达到认证标准的元器件供应商才能成为合格供应商。

供应商可靠性认证是一个复杂的过程，一般由供应链管理部门实施，其下属职能部门提供评价标准，供应商认证部门依据各维度评分结果完成技术分级。原则上只有技术上满足要求的供应商才能成为合格供应商。

1．技术（Technology）认证

元器件供应商应拥有拟供应元器件完备的知识产权、高效的技术体系，是该类元器件的技术领先者，拥有该类元器件的设计技术和制造技术，拥有该类元器件的成熟产品非连续制造能力和广泛的产品线，具有成熟的开发工具和完整的元器件路标，可提供产品开发计划和产品发布前的应用开发支持。

如果对元器件可靠性要求较高，设备制造商应该建立自己的元器件供应商技术评价体系，一般从技术角度可将供应商分为 5 级：T1——优选供应商；T2——可接受供应商；T3——部分可用供应商；T4——限制供应商；T5——不可使用供应商。一般情况下，T1、T2、T3 供应商可以进入后续供应商认证程序。

2．质量保障体系（Quality）认证

供应商提供的客户认证程序、质量领先程序和可靠性监控程序是质量保证体系的基础。

1）客户认证程序（PQP，Partnership Qualification Program）

元器件供应商愿意向客户敞开供应商认证大门，如提供技术认证和技术分级相关信息，当信息不充分时，可基于合作保密协议提供给客户更多的信息。客户会依据自己的供应链管理策略确定不同的认证等级，以选择不同特色的供应商，如车载设备元器件供应商、电信设备元器件供应商、工业设备元器件供应商等。

供应商需要提供很多数据，包括基于客户需求进行测试的数据，以便客户准确地评价供应商。为保证测试数据的准确性，供应商的测试设备必须经过第三方鉴定合格，且这些测试应该是持续进行的，这些设备应该置于供应商的设计场所。

客户认证是一个比较复杂的过程，客户和供应商应该保持密切的合作关系，并确定严格的时间表。

没有 PQP，客户就无法了解供应商，所以 PQP 需要被纳入技术等级评价中。不能提供 PQP 的供应商只能评价为 T5。

2）质量领先程序（QLP，Quality Leader Program）

质量领先是供应商的基本策略，具体的质量措施如下：

（1）实行全面质量管理，符合 ISO9000 质量管理体系和客户提出的质量管控要求。

（2）可接受客户质量认证要求并提供历史质量数据。

（3）有严格的产品可靠性监控计划。

（4）提供月度质量数据，如各测试工位测试合格率、终测缺陷率。

（5）提供过程控制数据，如关键工序 CPK。

（6）具有完善的 FRACAS（Failure Report Analysis and Corrective Action System），这需要由失效分析团队完成。

（7）实行完备的 ESD 控制。

3）可靠性监控程序（RMP，Reliability Monitor Program）

元器件可靠性可通过严格的可靠性监控程序来保障，元器件可靠性试验具有明确的行业标准或国家标准相关要求。

RMP 要求供应商：

（1）提供可靠性耐久测试数据。

（2）提供测试设备的定期鉴定信息，以保证耐久测试数据的准确性。

（3）提供可靠性数据，可靠性数据不是元器件缺陷率，而是元器件环境适应性试验和耐久性试验后统计的数据。

（4）对于所有失效的元器件，必须进行失效分析并找到根因，形成有效的纠正措施。元器件失效指元器件在整个生命周期中的失效，包括生产测试失效、可靠性试验失效及客户使用中的失效。

3．响应时间（Response）认证

（1）对客户认证的响应时间，以及各种认证信息的完备性和真实性，对于一个合格供应商来说非常重要，因为客户后续会频繁认证供应商提供的元器件，供应商提供的信息越准确和完备，越有利于客户快速导入新的元器件，降低新产品开发周期。

（2）失效分析反应时间：当元器件在客户侧出现生产失效后，如果失效率较高，则会停线找出元器件失效原因，制定改进策略后再继续生产，因此需要供应商快速反馈失效原因，供应商对失效分析的响应时间对于客户是非常重要的，因此很多优秀供应商建立了非常先进的失效分析实验室。

（3）产品变更流程效率：元器件的可靠性改进是持续的，因此产品设计变更、工程变更、材料变更是经常性的，但这些变更会对可靠性产生影响，需要仔细评估和验证后才能在产品中使用，并通过产品变更流程通知客户，流程应保障消息及时有效地传达。

（4）其他服务响应：如产品路标更新、产品停止生产、停止供应时间等信息。

4．交付（Delivery）认证

不同客户对供应商的交付能力要求差别较大，客户应该基于自身特点评价供应商。

（1）客户能访问供应商 MRP 系统，方便自动订单形成和仓储系统自动化管理。

（2）客户采购量占供应商供货总量一个合适的比例。

（3）供应商生产交付能力弹性较大。

（4）供应商具备不连续生产能力。

5．成本（Cost）认证

元器件成本在一定程度上决定了供应价格，供应商的成本数据是机密度很高的商业信息，因此供应商不会提供直接的成本信息。有长期成本优势的供应商更容易和客户建立长期有效的合作。主要通过以下信息评估供应商的成本：

（1）设计部门和其他相关业务部门财务数据。

（2）共享的财务数据。

（3）与竞争对手的价格比较。

（4）低成本产品营销数据。

（5）外包服务价格。

（6）分销商价格。

2.3.4　元器件选用不当案例

通过设定合理的元器件可靠性度量指标，并利用严格的质量体系把元器件的质量管控措施落实到设计、生产各个环节，持续对发现的问题进行改进，可有效提高单板可靠性。但这一切的基础是元器件选择是正确的。选择正确的元器件需要明确元器件的使用环境、性能和可靠性需求，在此基础上通过严格的技术认证，确保元器件在选用上是合理的。本节介绍元器件认证不当造成失效的案例。

故障现象：某风力发电设备中使用电磁继电器控制变桨刹车电磁铁，电磁继电器在电路原理图中标号为 5K1，现象陈述为：用 5K1 替代电磁继电器，5K1 线圈通电时，继电器的常开触点通过给刹车电磁铁通电来制动变桨电动机；断电时，则松开变桨电动机。设备正常运行中，风速变化时，依据功率输出要求，通过 5K1 的开关，同步开启或制动 3 片桨叶的变桨电动机，保障三片桨叶的桨距角同步变化。当其中某片桨叶的 5K1 出现问题时，三片桨叶的桨距角不能同步变化，控制系统发现后会给出“桨距角不同步”的告警，同时停止风力发电设备运行。在某公司的产品中，所有的变桨控制都使用了 5K1，在产品实际运行中，变桨系统故障的 30%以上来自 5K1 故障，更换新的 5K1 后，继续运行 1～6 个月后，故障重现。维修工程师在现场发现故障后，轻轻敲击 5K1 表面，故障现象会消失。大部分返修的继电器送原厂测试分析后，并没有呈现性能退化现象，送第三方机构测试分析也没有发现继电器存在质量问题，且该继电器供应商是国际优质供应商，质量保障体系完备。

故障原因分析：风力设备厂家针对失效的电磁继电器进行了解剖分析，大部分电磁继电器没有明显的失效，但其中极个别的电磁继电器呈现出如图 2.6 所示的失效特征。

能观测到，像图 2.6 所示现象的故障电磁继电器只是极少数。为分析该故障，开发了针对电磁继电器触点的专用测试设备，采用不同大小的电流测试接触电阻，针对现场出现的故障 5K1 进行大量的测试，发现出现问题的触点存在小电流时触点接触电阻增大的现象，当触点电流增大到一定程度后，触点电阻变小并趋于稳定。

（a）失效电磁继电器簧片变色

（b）失效电磁继电器簧片拨动点变形

图 2.6　某电磁继电器失效特征

结合现场数据和电磁继电器驱动电磁刹车这个特点开展了基于故障的机理分析。最后明确这是器件选用不当导致的可靠性问题。

从故障机理上讲，电磁继电器通过机械触点完成电路的关断与接通，虽然触点是用不易氧化的合金材料制成的，但在电路接通前常开触点表面会吸附空气中的尘埃，清除这些尘埃需要一定的电弧电流，所以在电磁继电器的规格书中会明确要求触点侧的最小切换电流和最小切换电压。5K1 电磁继电器的规格书中给出的最小切换电压为 1V，最小切换电流为 10mA。

当电磁继电器负载是阻性负载或容性负载时，触点最小切换电压和最小切换电流容易得到满足，但当电磁继电器负载是感性负载时，这个要求是无法满足的，电感必须从 0 电流开始充电，无法清除触点处的尘埃，因此短时电阻增大，参照图 2.7 所示的电磁继电器驱动电感工作原理图，尘埃形成电阻 R，对电感器施加一个直流电压 V 后，其充电电流的变化公式为：$i(t)=V/R(1-e^{-t/\tau})$，$\tau=L/R$，当 R 较大时，电感器充电时间会较长。

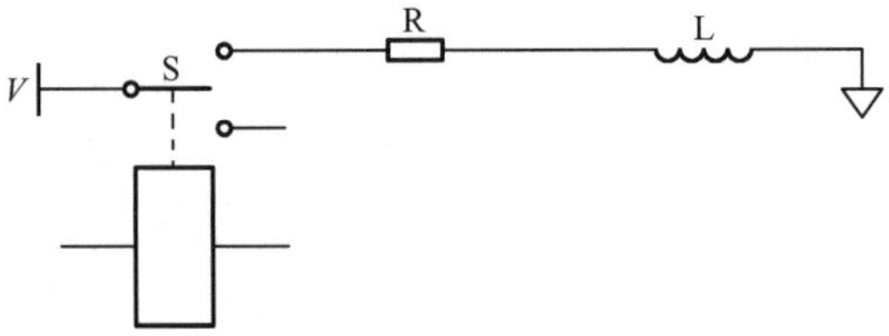

图 2.7　电磁继电器驱动电感工作原理图

在风机变桨控制中，5K1 的负载为电磁刹车，是一个典型的感性负载，5K1 的常开触点因为在空气中被污染，存在一个接触电阻 R，因为位置的差异，三片变桨控制的 5K1 常开触点的接触电阻存在差异，导致电磁继电器刹车时电感 L 充电电流存在差异，电磁继电器刹车松开变桨电机制动器的时间存在差异，导致桨叶的桨距角不同步。由于感性负载在电磁继电器切换时不能满足最小切换电流这个要求，用 5K1 电磁继电器是一个选型错误，不能保证设备可靠工作。

解决方案：机械触点必须采用电弧烧蚀接触电阻，而电磁继电器是不能用来驱动感性负载的，因此可以选择非机械接触的开关，如固态继电器这类使用电子触点的开关。

从这个案例看，要保证元器件的可靠性，必须考虑其实际使用情况，从应用角度定义元器件的可靠性规格，但这对硬件工程师来说是一个严峻的挑战：第一，元器件有很多应用条件限制，硬件工程师必须熟悉所用元器件的全部工程特性；第二，好的（可靠的）电子产品是设计出来的，不是调试出来的。

大部分元器件的特性并没有元器件手册中给出的那么理想，比如电阻实际上是电阻与电感的串联，甚至电阻间还并联有电容，电磁继电器机械切换的金属触点接触电阻不可能为 0，对于非密封继电器，还存在触点与空气接触，空气中有灰尘，空气会对触点氧化和腐蚀，触点的接触电阻变化很大。触点接触前，两触点的电位差可使触点在无限接近时产生电弧放电现象，这个电弧放电可清除触点处的污染，降低接触电阻。而电弧放电的前提是有放电电流流通通道，因此，电磁继电器触点侧可靠接触需要触点间有一定的电位差，并能提供一定的电弧放电电流。本案例中的器件厂家规格书很明确，电位差大于 1V，放电电流大于 10mA，如果电磁继电器使用者不明白继电器的这个特性，势必会出现本案例所述的可靠性问题。

在实际工作中，大量的电子产品设计是基于原理图的调试，并没有基于单板性能的详细设计过程，即没有基于单板性能来分析元器件规格需求，并设计出关键元器件规格。这就造成这种调试模式下生成的产品可靠性很差。

优秀的电子产品开发企业通过开发流程的严格管控实现优良的设计。德国 VDA 协会要求的电子产品设计模式如图 2.8 所示。

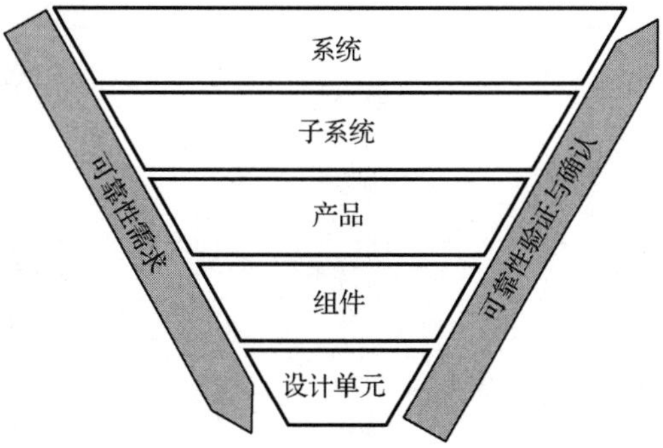

图 2.8　德国 VDA 协会要求的电子产品设计模式

例如，车载系统的可靠性需求从系统逐层分解到设计单元，在设计单元中需要给出元器件规格，在开发完成后需要逐层验证。有了设计单元的元器件规格需求，元器件可靠性可以按需求说明进行严格验证，设计人员不需要关注用什么元器件，供应链部门会依据元器件规格需求选择“性价比”高的元器件；后续批次生产的元器件替代也变得比较简单；供应链部门对物料的管理也因此变得简单，公司内部依据规格需求建立内部编码系统，性能匹配的供应商元器件可以方便地由供应链部门导入。研发人员依据单板需求分解元器件可靠性需求，就可以避免“电磁继电器驱动感性负载”这种设计问题。

本案例给我们的启示是：

（1）电子元器件没有教科书上给出的那么简单，做好硬件设计，必须熟悉元器件的工程特性。

（2）元器件可靠性需要依据单板的需求明确定义，可靠的产品是设计出来的，不是调试出来的，一个没有详细设计过程的单板是不可靠的。

（3）元器件可靠性认证是对元器件是否满足设计需求的认证，因此设计需求必须明确。

2.3.5 集成电路基本认证项目

由于可靠性认证是保障元器件可靠性的基础，优秀的产品供应商会自觉开展元器件可靠性认证，元器件供应商为方便客户进行可靠性认证，会制定针对具体产品的可靠性规范或行业规范。电子元器件工程联合会（JEDEC）中专门的技术委员针对元器件的可靠性特点，制定了应力驱动的电子元器件认证标准。JEDEC JESD47K 对集成电路（IC）元器件的可靠性认证项目见表 2.1。

表 2.1 JEDEC JESD47K 对集成电路（IC）元器件的可靠性认证项目

应　力	参考标准	缩　写	条　件	需　求	
				样品批数/每批数量	试验时间/合格判据
高温运行寿命	JESD22-A108，JESD85	HTOL	$T_j \geqslant 125$℃ $V_{cc} \geqslant V_{ccmax}$	3 批/77	1000h/0 失效
早期失效率	JESD22-A108，JESD47	ELFR	$T_j \geqslant 125$℃ $V_{cc} \geqslant V_{ccmax}$	依据失效率要求	$48 \leqslant t \leqslant 168$
低温运行寿命	JESD22-A108	LTOL	$T_j \geqslant 50$℃ $V_{cc} \geqslant V_{ccmax}$	1 批/32	1000h/0 失效
高温运行存储寿命	JESD22-A10	HTSL	$T_A \geqslant 150$℃	3 批/25	1000h/0 失效
栓锁	JESD78	LU	一级或二级	1 批/3	0 失效
电参数评估	JESD86	ED	器件规格书	3 批/10	每个参数在 T_A 下测试
ESD 人体模型	JS-001	ESD-HBM	T_A=25℃	3 批	依据 ESD 防护分级
ESD 充电元器件模型	JSO-002	ESD-CDM	T_A=25℃	3 批	依据 ESD 防护分级
加速软错误测试或系统软错误测试	JESD89-2 及 JESD89-3 或 JESD89-1	ASER SSER	T_A=25℃	3 批 或 100 万元器件小时数或 10 个元器件失效	依据元器件软错误分级

表 2.1 中的认证分为 3 部分内容。

1．元器件的工作条件认证

该认证主要认证元器件在给定的条件下能否实现规格书规定的功能，也称为电参数评估（Electrical Parameter Assessment），评估标准要求按元器件规格书确定。对选用元器件的应用工程师来说，必须对照产品详细设计分解出的元器件需求，仔细审查每项指标是否符合元器件规格书的要求。

2．瞬态应力耐受测试认证

该认证一般需要进行栓锁测试、ESD 测试和软错误测试，这是目前主流平面 CMOS

工艺常见的应力来源。

1）栓锁（Latch-UP）测试

栓锁是平面 CMOS 工艺不可规避的一种元器件失效机制。互补性 MOS 元器件(CMOS)适合采用平面工艺加工，平面工艺有利于提高产品产量和可靠性。JESD78 提供了详细的测试方法，厂家会给出元器件的栓锁指标，可以使用厂家的试验报告进行认证，但必须检验电路设计规格是否会导致电源电压超过栓锁电压限制，端口输出电流是否超过栓锁电流限制。

2）ESD 测试

ESD（静电释放，也称静电放电）对 CMOS 的栅极损伤较大，为减少对 CMOS 集成电路的损伤，栅极会加入保护回路。如图 2.9 所示的输入/输出端加入了二极管保护回路，限制 MOS 器件的栅极电压。但引入保护回路后，会降低接口电路的动作速度。对于高速接口器件来说，ESD 的防护能力必须做些牺牲，因此器件不同的端口的 ESD 防护能力会有较大差距。

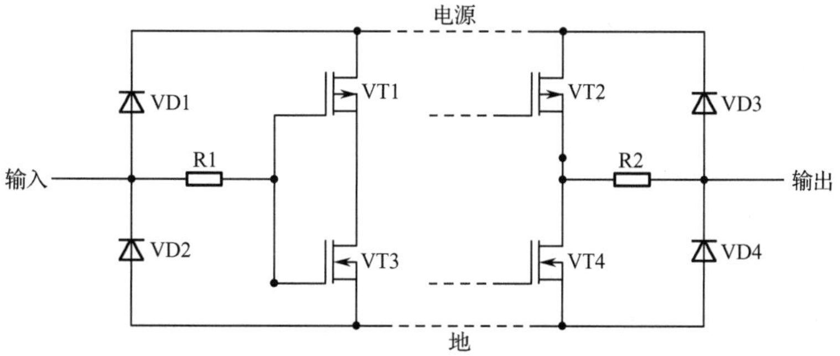

图 2.9 输入/输出端加入了二极管保护回路的电路

ESD 对元器件的危害较大，严重时导致元器件永久损坏，即使只损伤局部，也会形成可靠性隐患，但随着使用时间的增长，最终会出现永久性损坏。为了观察元器件是否受到静电损伤，比较有效的方法是测试元器件的 *I*/*V* 曲线，并与良品元器件的曲线比对，如果出现明显的漏电，则说明元器件受到静电损害。

图 2.10 为受到静电损伤后的 *I*/*V* 曲线与正常 *I*/*V* 曲线的对比，轻微的静电导致绝缘介质轻微击穿，很多时候无法准确观测到具体损伤点。

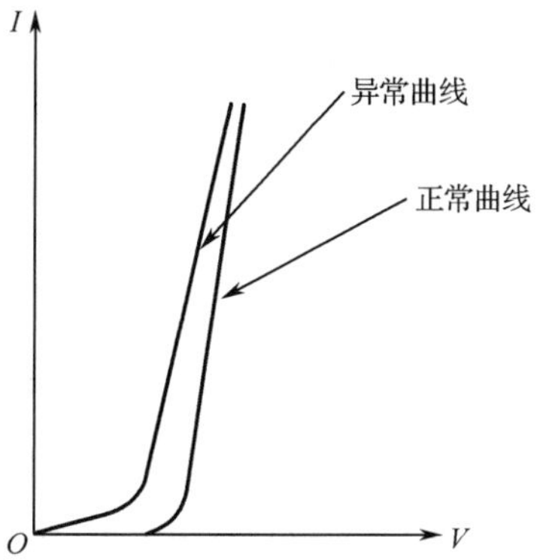

图 2.10 受到静电损伤后的 *I*/*V* 曲线与正常 *I*/*V* 曲线的对比

3）软错误测试

软错误发生在由双稳态触发器组成的静态存储器中，如 SRAM、高速缓存（Cache）和 CPU 中使用的寄存器。其存储单元基本采用如图 2.11 所示的结构。当自然环境的射线（如 α 射线）照射到其中一个反相器时，会激发出自由电子，触发寄存器翻转，改变寄存的数据。随着 IC 集成度的提高，将导致状态翻转的软错误增多，对 CPU 和 SRAM 进行软错误测试是必要的。

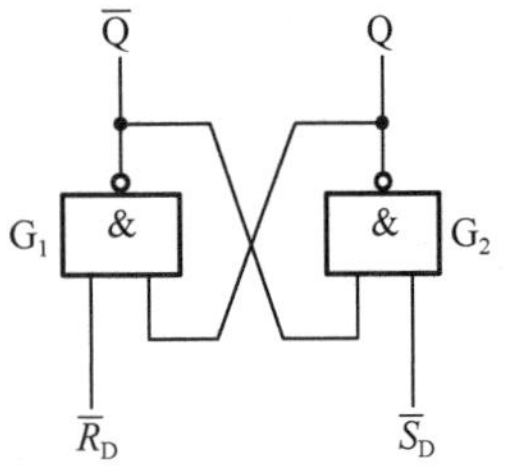

图 2.11　双稳态触发器组成的静态存储器结构

尽管射线辐射改变了存储的数据，但对电路的物理结构没有产生任何影响，数据经过重写可以恢复。针对软错误频发，高端处理器已经使用了数据检错和纠错机制，如 Cache 通过检错辅助电路发现数据错误后会重读数据，有些供应商也在通过改进封装材料来提高软错误抵抗能力。

JEDEC 提出了两种测试方法：一种是加速软错误测试方法；另一种是系统软错误测试方法。

3．元器件耐久性测试认证

耐久试验用于考察元器件在寿命期内的可靠性。元器件寿命从应用角度看应满足电子设备的寿命要求，工业设备一般会正常运行 15～25 年，元器件寿命显然不能用这么长的时间去验证，可靠性专家通过对元器件失效机理的研究，依据失效机理对元器件提出了一些有效的试验方法，基本的有：高温运行寿命试验（HTOL）、早期失效试验（ELFR），低温运行寿命试验（LTOL）、高温存储寿命试验（HTSL）。

2.4　可靠地使用元器件

2.4.1　单板与元器件的环境差异

元器件安装在单板上，通过印制线路完成元器件间的互连，通过元器件的功能集合完成单板既定功能，单板提供了元器件的物理支撑、电连接和散热功能，单板的外部环境和元器件的微环境差异较大，这种差异导致试验认证合格的元器件在单板中使用时会出现很多难以预见的问题。认证是为了选用可靠的元器件，而依据单板环境特点持续优化元器件认证方法是提高元器件可靠性的重要手段。在下面的分析中，给出当前元器件级试验认证的不足，单板制造商在有条件的情况下可开展补充认证，提高单板可靠性。

1．机械应力差距

元器件在生产厂测试时，在不通电的情况下一般采用托盘支撑；需要通电时，采用夹具支撑。在这种测试方式下，因为元器件没有焊接到单板上，因此各种机械应力基本不能加载到元器件上，元器件温度循环产生的应力只作用到元器件局部，不能考察单板变形对元器件焊点的影响。

因为不同单板的机械应力差距巨大，单板制造商在进行元器件可靠性认证时，宜将元器件焊接到拟使用的 PCB 上进行试验，以弥补元器件厂家认证试验的不足。试验时应注意板材的选择和布线，各种板材的 CTE（Coefficient of Thermal Expansion，热膨胀系数）差距较大，同时金属布线也会显著地影响单板的变形情况。

2. 复合应力与单一应力

元器件级试验认证一般采用单一应力环境，但元器件在单板应用中面临的则是多种应力的复合作用。在实际环境中，昼夜存在温度差，开关机和运行模式存在差异，导致元器件热功率耗散存在差距，元器件结温不一样，因而会产生温度应力或循环应力。器件级的潮湿试验是在结构完整和恒定高温下进行的，没有考虑器件的结温和外部温度的变化，因此元器件级试验的单一应力认证很难匹配板级应用下的复合应力环境的测试。

为了应对实际应用中的复杂工况，可依据单一应力失效机理，通过试验顺序的改变有效激发多应力环境下的失效机理。例如一家车载设备供应商，对可靠性认证试验提出了顺序认证试验要求，先进行温度循环试验，再进行高温高湿偏压试验，最后进行高温运行试验。温度循环扰乱器件结构的完整性，高温高湿偏压试验让结构不完整的缺陷器件吸入潮气，高温运行试验激发故障，因此能有效验证复合应力下的元器件可靠性。

2.4.2　元器件可靠性需求分析

若要用好元器件，必须对元器件在单板中面临的应力环境进行深入分析，最终将各种应力转换为元器件的强度要求和质量要求，将强度要求作为元器件规格书中的关键规格，将质量要求转化为与供应商合作的质量协议。元器件应力来源主要分为过电应力、热应力、机械应力、环境应力和寿命应力等。

1. 过电应力

过电应力（EOS，Electrical Over Stress）一般指作用于元器件上的，超过元器件承受能力的各种电压、电流、功率。过压会导致绝缘材料击穿、半导体材料产生隧穿效应，进而出现瞬间大电流；过流会导致局部发热，材料升温会导致材料熔化或燃烧；过功率会导致元器件温度升高、功能丧失。很多时候，过压导致过流，过流导致过功率，三种过电应力现象导致的结果几乎一致，统称为过电应力烧毁。因此，大量元器件失效的原因基本上都是 EOS。在电路设计中，一般通过 FMECA 分析来避免烧毁这种危险模式出现，当电路中出现大电流时，只会烧毁局部电路，不会导致大面积电路失效。

是不是出现过压、过流、过功率就一定会导致器件失效呢？实际上是不会的，一个元器件若要出现永久失效，必须有一定能量，这个能量足够导致元器件局部产生缺陷。略低于这个能量的过电应力称为最大应力强度，或称为元器件的破坏极限。这带来一个好处，可以对元器件进行性能测试，如测试元器件的击穿电压，但测试时一定要限制击穿电流大小和测试时间，这种限制是为了让元器件的应力低于其破坏极限。应力是与时间相关的一个概念，元器件短时间出现过压、过流、过功率不会永久失效，但可能出现瞬态失效。

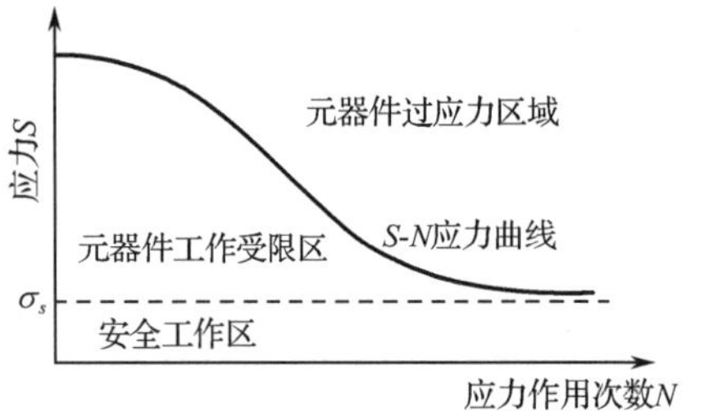

图 2.12　应力 S 与应力作用次数 N 的关系

应力 S 与应力作用次数 N 的关系如图 2.12 所示，虚线 σ_s 是元器件安全工作极限，应力 S 在小于 σ_s 时，元器件是安全可靠的，在 S-N 应力曲线之上时，元器件才会出现过应力失效，元器件应力在应力曲线下且在安全工作极限之上时，可以短时工作。在安全工作极限以下时，元器件不会失效，但因为元器件结构复杂，各种材料界面会发生变化，其安全工作极限会随着元器件使用时间的变化而发生变化。

低于安全工作极限的过压、过流、过功率，虽不会导致元器件永久失效，但会导致电路出现瞬态失效，这种瞬态失效有时会诱导电路出现栓锁效应，进而形成永久失效，或者触发电路保护，出现功能异常，需要设备断电并重启才能恢复正常。瞬态失效也是在电路应用中必须克服的。

EOS 的主要来源如下：雷击或浪涌、静电释放、电源上电或下电、带电插拔、过压、过流、冲突、温度应力。

2．机械应力

单板涉及弯曲应力、冲击应力、单板翘曲应力，这些应力依据应用情况会有较大差别，需要仔细分析。

3．环境应力

环境应力来自于元器件周围的微环境，如温度、湿度、气压、腐蚀气体、灰尘、射线辐射、EMI 等。环境应力有时会立即导致元器件功能异常，如温度过高触发元器件内部电路保护、温度过高导致元器件参数超标。环境应力更多地是缓慢作用到元器件上的，如图 2.13 所示为空气进入电阻内部，腐蚀金属导带，导致电阻器阻值增大。

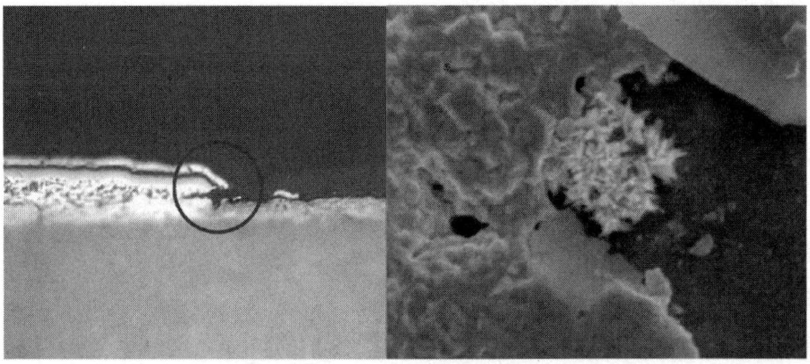

图 2.13　空气进入电阻内部，腐蚀金属导带，导致电阻器阻值增大

4．寿命应力

元器件材料存在老化现象，随着元器件使用时间的增加，其性能逐步衰退，甚至出现失效。常见的寿命较短的有：存在机械磨损的元器件，如硬盘，接插件等；存在物理衰变机制的元器件，如电解电容、Flash 闪存等。寿命在不同环境应力下会不一样，谈论元器件寿命时需要关注元器件的微环境。

2.4.3　板级元器件可靠性保障

板级元器件可靠性的主要保障手段是，使产品设计中用到的元器件可靠性应用条件得到满足，即通过设计构建可靠性，配合设计流程实现可靠性设计，通过对结果的检验持续优化可靠性设计流程。

元器件可靠性保障流程如图 2.14 所示。

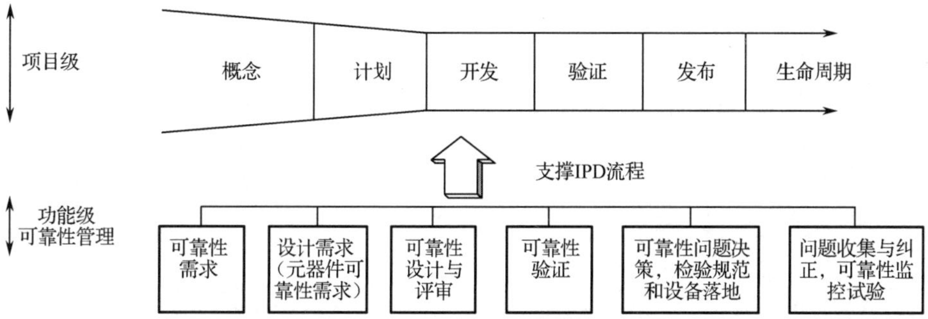

图 2.14　元器件可靠性保障流程

在概念阶段，需要依据产品需求和元器件技术特点分析关键元器件的特点，选定关键元器件的生产厂商，开展供应商认证，启动元器件认证程序，确保选对元器件，输出元器件可靠性需求。在开发阶段，进行单板可靠性需求分析，对单板可靠性需求、历史产品使用过的相似元器件出现的问题进行分析，明确关键元器件、关键电路的可靠性需求和关键元器件规格，参与电路设计评审，检视设计需求是否得到满足，通过白盒测试验证元器件降额是否符合要求。在单板验证阶段，验证单板（产品）是否满足单板可靠性需求。

在产品发布前，检查是否遗留了可靠性设计问题，遗留问题是否有筛选方案，可靠性监控方案和相应的检测规范及设备是否就绪。存在可靠性风险时，需要高层决策后再发布产品。

在产品生命周期中，对于任何元器件失效问题，都必须进行失效分析，发现失效根因并制定和落实解决措施；对单板可靠性数据进行例行监控，持续进行测试，发现可靠性问题后及时分析并解决，问题严重的，应进行产品召回。

任何阶段都需要设定便于质量管理的度量指标和质量基线，对于无法输出测量结果的设计内容，如文档、原理图等，应该组建评审专家团队，依据评审专家提出的意见进行度量，以判断是否满足质量要求。

2.4.4 常用元器件可靠性应用分析

1．TVS

TVS 二极管主要在电路中起到浪涌电压抑制作用，容易在使用中因瞬态功耗超过额定值而出现热击穿短路，应用中的主要关注点如下。

（1）依据脉冲功率降额曲线，见图 2.15（a），浪涌脉冲占空比越大，降额幅度越大。因为 TVS 吸收的浪涌能量将转变为热能耗散，占空比越大，浪涌产生的热耗散越大，导致 TVS 结温越高。

（2）浪涌波形不规则，但基本上类似于图 2.15（b）。浪涌来到后，线路的电容效应导致浪涌曲线快速上升，浪涌消失后，储存在储能元器件（电感器或电容器）上的能量放出，出现一个较缓慢的下降过程，一般以下降到最大值一半时的时间作为浪涌脉冲时间。

（3）元器件外部环境温度过高，散热难度增加，此时也应降额，见图 2.15（c）。否则超过一定温度后，元器件不能承受浪涌功率，将导致永久损坏。

（4）TVS 二极管静态热耗散功率很小，不能用于稳压电路中。

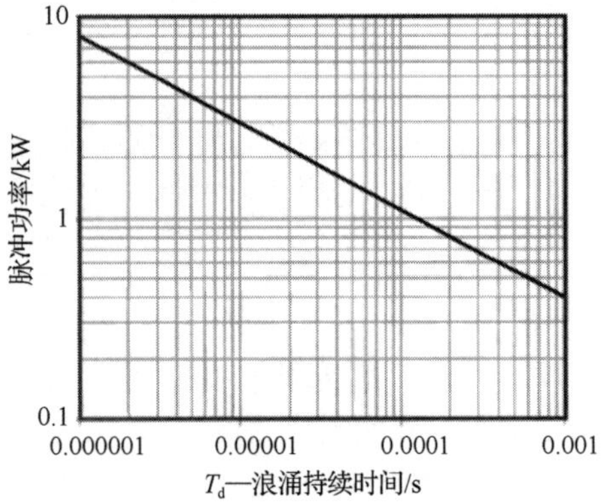

（a）脉冲功率降额曲线

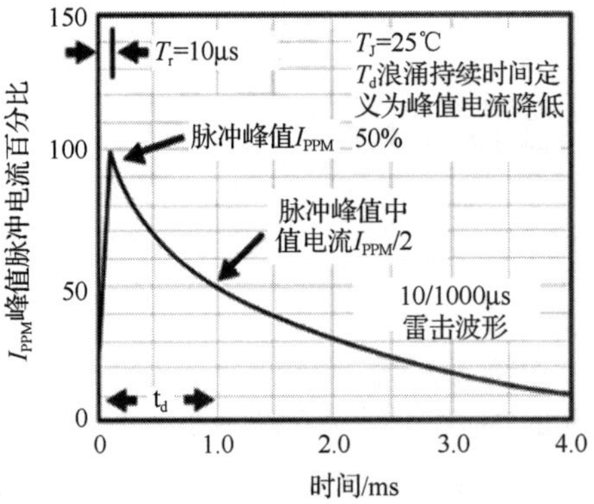

（b）浪涌波形

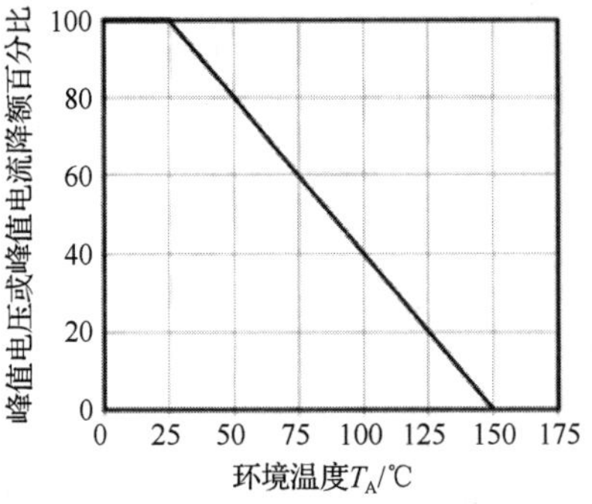

（c）温度降额曲线

图 2.15　TVS 二极管性能曲线

2．晶振

晶振是利用石英晶体的压电效应制作的元器件。切削成特定尺寸的两面晶片制成两个银电极，真空封装形成晶振。加上外部电路激励可产生持续稳定的振荡信号，其振荡频率由晶体的特征尺寸决定，只要晶体的工作温度稳定，就能产生稳定的振荡频率。由于真空封装，且属于机电结合品，其本身固有可靠性并不高，应用时需要留意如下三点：

（1）晶振结构设计合理，最好能二次封装。

（2）避免单板和元器件跌落。

（3）不能过激励。

3．磁珠

磁珠利用导电磁性材料将高频涡流以热的形式消耗，以阻止高频信号通过磁珠。因自身发热且受磁性材料“居里温度”的影响，容易出现高温性能退化而不能恢复的情况。应用注意事项如下：

（1）最高环境温度降额。

（2）高频功率降额。

（3）关注器件结构设计，高低温会导致绕线长度变化。

4．电容器等滤波电路元器件的选择

电源滤波是电源完整性关注的一个重要内容，它与芯片对电源供电要求相关，滤波元器件依据这些要求储存足够的能量，以满足数据电路的浪涌供电要求。重点关注以下内容：

（1）确定 IC 是模拟器件还是数字器件。模拟器件需要减少干扰信号的输入，数字器件是浪涌的产生根源，可就近放入储能电容器以满足其浪涌供电要求。

（2）储能电容器实际上是一个串联 LCR 电路，高频时 LR 越小越好，这样有利于将储存的浪涌电流及时馈送到芯片。

（3）对不同频段配置不同频率特性的电容。

2.4.5 可靠使用元器件的案例

通过元器件的可靠性需求分析，明确元器件的使用约束条件。在约束条件得到满足后，元器件才能可靠地工作。但由于元器件使用环境的复杂性，往往在实际中不能完全满足元器件的使用约束条件，需要针对实际情况持续改进。以下是一个异常环境导致的可靠性问题案例。

问题描述：某风力发电场位于青海茫崖，装备 20 台某型号风力发电设备，其中 3 台设备频繁出现机侧断路器跳闸故障。该风电场海拔在 3000m 左右，附近有一个石棉矿，空气质量较差。

故障原因分析：通过对故障设备的故障日志进行分析，机侧断路器电流传感器频繁

检测到电流超标，在连续 3 次检测到电流超标后，会启动断路器跳闸，并给出机侧断路器故障告警。

每次出现故障告警后，现场维修人员会对故障风机进行现场检查，但均未发现任何明显的断路器问题或电流传感器问题，重启设备运行，设备能正常启动并保持一定时间的正常运行。

对现场出现机侧断路器故障的两台机组进行了重点检查，发现其中一台断路器接线端子存在严重放电痕迹［见图 2.16（a）中圆圈区域］，一台开关柜顶部盖板存在放电痕迹［见图 2.16（b）中圆圈区域］。

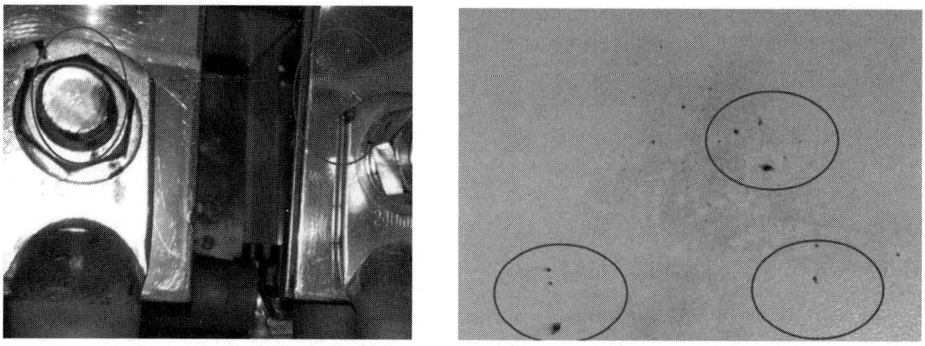

（a）断路器接线端子放电痕迹　（b）开关柜顶部放电痕迹

图 2.16　现场发现的放电痕迹

如果机侧开关柜存在空气放电现象，那么机侧电流传感器必然能检测到放电电流，从放电痕迹看，这个放电电流幅值较大，断路器跳闸应该是这个原因。

由于茫崖海拔较高，空气相对稀薄，在绝缘间距考虑不充分时易出现对地放电或相间放电，从检查的两台机组看，有明显的放电痕迹，因此机侧开关柜中空气放电是导致机侧断路器频繁跳闸的根本原因。

Chapter 3

第3章 板级可靠性设计

3.1 电路板 DFX 设计概述

3.1.1 DFX 设计的理念

DFX 是 Design for X（面向产品生命周期各环节/特性的设计）的缩写，其中 X 代表产品生命周期的某一环节或特性，如可制造性（M，Manufacturability）、可装配性（A，Assembly）、可靠性（R，Reliability）等。DFX 主要包括可制造性设计（DFM，Design for Manufacturability）、可装配性设计（DFA，Design for Assembly）、可靠性设计（DFR，Design for Reliability）、可服务性设计（DFS，Design for Serviceability）、可测试性设计（DFT，Design for Test）、面向环保的设计（DFE，Design for Environment）等。

DFX 设计方法是先进的新产品工程开发方法，在欧美大型企业中应用非常广泛。DFX 强调，在产品开发过程中及系统设计时，不仅要考虑产品的功能和性能要求，也要考虑产品整个生命周期相关的工程特性，只有具备良好工程特性的产品才是既满足客户需求，又具备良好的质量、可靠性与性价比的产品，这样的产品才能在市场上得到认可。

DFM 是 DFX 中最重要的部分，DFM 就是要考虑制造的可能性、高效性和经济性，DFM 的目标是，在保证产品质量与可靠性的前提下，缩短产品开发周期、降低产品成本、提高加工效率。

DFX 在电子产品设计中的出现有其深刻的历史背景。电子产品竞争越来越激烈，企业必须保证产品能够快速、高质量地进入市场，适应电子产品短生命周期的要求。

3.1.2 DFX 设计的流程与方法

DFX 设计的目的是，提倡在产品前期设计中综合考虑包括可制造性、可装配性等相关领域的工程问题，保证工程特性在产品设计阶段就得到贯彻和保障。在传统的电子产品开发方法中，设计、制造、销售各个阶段通常串行完成。由于设计阶段没有全面考虑制造性要求，加之设计人员对工艺知识的欠缺，总会造成在产品生产时出现这样那样的问题，如元器件选择不当、PCB 设计缺陷等，导致设计方案多次修改、PCB 不断改板、多次生产验证等，使产品开发周期延长、成本增加、质量和可靠性得不到有效保证。

DFX 基于并行设计的思想，在产品的概念设计和详细设计阶段就综合考虑到制造过程中的工艺要求、测试要求、装配的合理性，还考虑到维修要求、售后服务要求、可靠性要求等，通过设计手段保证产品满足成本、性能和质量等方面的要求。DFX 不再把设计看作一个孤立的任务，而是利用现代化设计方法和 DFX 分析工具来保证设计出具有良好工程特性的产品。

图 3.1 所示为电子产品传统工艺设计流程与 DFM 设计流程的对比分析，通过 DFM 设计可以减少产品的修改次数、缩短产品上市周期、降低产品成本、提高产品质量与可靠性，将问题解决在设计阶段，而不是让问题在产品进入生产、市场后才发现，避免造成巨大的浪费和损失。

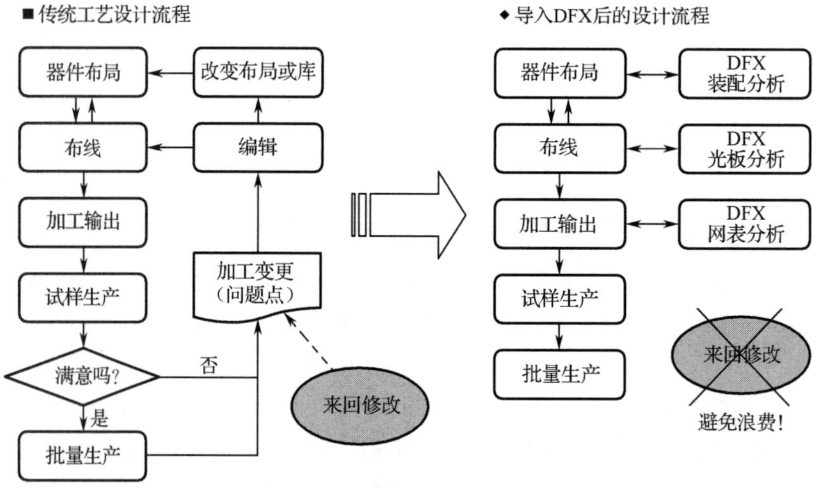

图 3.1　电子产品传统工艺设计流程与 DFM 设计流程的对比分析

根据相关研究，电子产品成本的 70%在设计阶段就决定了，当设计缺陷流到后端时，其解决费用会成百倍地增加，因此越来越多的企业开始关注 DFX 设计，特别是 DFM 设计。

3.1.3　业界领先企业开展 DFX 设计的经验

成功实施 DFX 的一个关键因素就是，要求产品研发团队尽早与 DFX 设计团队进行沟通，尽早开展 DFX 设计工作。在项目正式启动前就要经常进行工程讨论，通过将 DFX 活动集成到企业文化和每个产品的开发活动中，将效益最大化，保证最终产品具备量产和盈利能力。当 DFX 集成到产品开发流程中时，其执行力度会大大地加强，这一工作的基础是得到企业上层管理者的支持，当管理层认为 DFX 是产品设计中非常重要和必要的工作时，推动起来就容易得多。

在 CISCO（思科）公司，成立了一个团队来开发“大工程方法论”（GEM，Great Engineering Methodology）流程。该流程定义了思科开发产品所必需的各个步骤，所有的产品开发项目都必须利用该流程模板，包括必须达成的关键里程碑、团队、功能和文档。图 3.2 所示为思科公司基于 DFX 设计的产品开发流程示例，它描述了产品从概念与计划阶段一直到生命周期终结的整个开发周期。左侧的漏斗形部分代表需求的收集，中间部分代表产品的开发，右侧部分代表产品的应用周期。

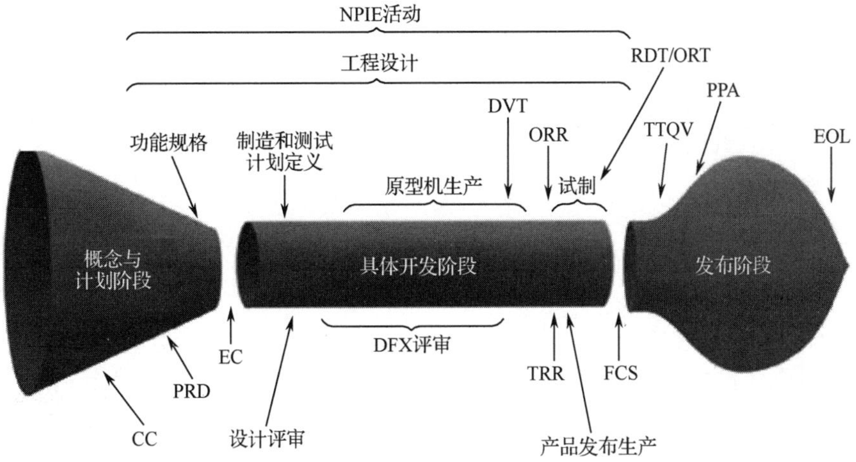

图 3.2　思科公司基于 DFX 设计的产品开发流程示例

思科产品开发流程中关键里程碑包括：产品需求文档（PRD），它定义了产品的设计需求；概念交付会议（CC）；设计实施交付会议（EC）；制造和测试计划定义（制造计划）；工程设计验证测试（DVT）；技术就绪评审（TRR）；订单就绪评审（ORR）；原型机生产；DFX 评审；产品发布生产；试制；可靠性验证测试（RDT）与常规可靠性测试（ORT）；产品首次发货（FCS）；达到质量和生产量要求的时间（TTQV）以及产品开发后评估（PPA）。思科公司基于 DFX 设计的产品开发流程是并行开发流程。在该流程中，DFX 的评审意见反馈贯穿在整个开发活动中，它们需要尽早地得到更改实施，而不是等到相应活动结束后再反馈或更改。从图 3.2 中可以看出，DFX 设计评审是开发阶段最重要的工作之一。

华为技术有限公司在产品开发中采用集成产品开发（IPD，Integrated Product Development）方法。最早将 IPD 付诸实践的是 IBM 公司，1992 年 IBM 在激烈的市场竞争中，遭遇到了严重的财政困难，公司销售收入停止增长、利润急剧下降。经过分析，IBM 发现他们在研发费用、研发损失费用和产品上市时间等几个方面远远落后于业界领先水平。为了重新获得市场竞争优势，IBM 提出了将产品上市时间压缩一半，在不影响产品开发结果的情况下，将研发费用减少一半的目标。为了达成这个目标，IBM 公司率先应用了集成产品开发的方法，在许多业界最佳实践的指导下，从流程重整和产品重整两个方面来达到缩短产品上市时间、提高产品利润、有效地进行产品开发、为顾客和股东提供更大价值的目标。

IBM 公司实施 IPD 后，效果在财务指标和质量指标上都得到了验证，最显著的改进在于：①产品研发周期显著缩短；②产品成本降低；③研发费用占总收入的比例降低，人均产出率大幅提高；④产品质量普遍提高；⑤花费在中途废止项目上的费用明显减少。

在 IBM 成功经验的影响下，国内外许多高科技公司都采用了集成产品开发模式，如波音和华为等，华为从 1998 年开始请 IBM 的咨询团队帮助其建立 IPD 体系，经过 20 多年的引进、改进、提高，IPD 在华为取得了巨大的成功，为华为成为通信行业巨擘奠定了基础。

华为研发集成产品开发体系如图 3.3 所示。

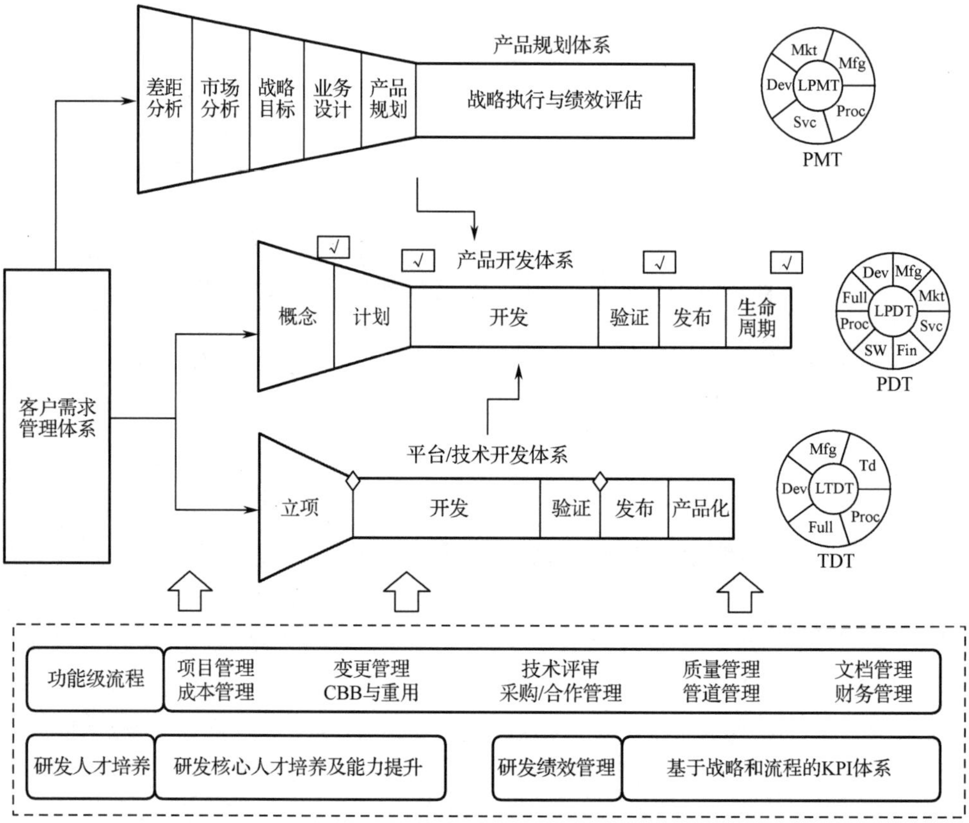

图 3.3　华为研发集成产品开发体系

不管是思科使用的 GEM 还是 IBM、华为使用的 IPD，其核心思想都基于并行设计的研发流程，而 DFX 是并行设计中重要的核心内容和使能技术。国内一些企业实施 IPD 之后感觉效果不够明显，一个很重要的原因就是在 DFX 技术方面存在欠缺，由于没有 DFX 平台、规范、流程、方法的支持，公司又缺乏 DFX 方面的人才和技术积累，导致研发流程中的 DFX 设计与评审无法有效实施，这就是 IBM、华为、波音实施 IPD 取得了巨大成功，而有些中小型公司实施 IPD 之后没有达到期望效果的重要原因。

3.1.4　DFX 问题已经成为板级可靠性的短板

电子产品越来越复杂，产品质量与可靠性问题越来越突出，要想获得高可靠的产品，第一个层次需要从物料来源的可靠性保障和产品的 DFX 设计入手；第二个层次是制造过程的质量与可靠性保障，包括制造现场的可靠性管控措施，如潮敏控制、静电控制、工艺管控、辅料管理等；第三个层次是通过质量与可靠性筛选的方法来保证产品的可靠性，如老化测试、振动测试等。目前整个行业，特别是大部分中小型企业在 DFX 设计方面是普遍缺失的，整体上 DFX 设计人才普遍缺乏，由此造成的设计问题损失巨大。

国内某大企业曾经因为一个非常简单的 DFM 问题造成上亿元的损失，该公司的某款电视产品电路板上布局的一个陶瓷电容由于距离板边太近，在分板过程中造成应力损伤，该产品出口后出现大批量失效，该事件造成的赔偿损失达上亿元。这样的 DFX 问题每天都在不同公司的产品上发生，造成的损失巨大。

另外一个美国出现一款产品失效的案例，其多层陶瓷电容出现 MLCC 裂纹，如图 3.4 所示。

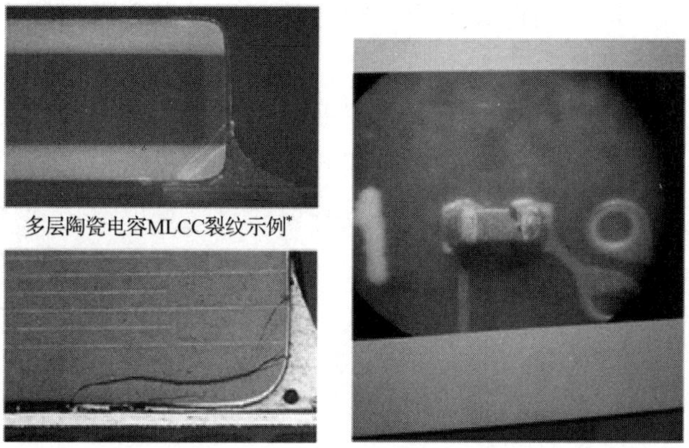

*：图片来自马里兰大学 CALCE 中心。

图 3.4　多层陶瓷电容出现 MLCC 裂纹

DFX 设计不仅是一项技术工作，还是一项管理工作，因为 DFX 的实施必须有流程的保证和平台的支撑，只有流程建立了、节点定义了、人员责任明确了、技术积累达到了，DFX 工作才能落实。

在产品研发中采用 DFX 的思想与方法后，我们会看到以下的优势：产品研发周期显著缩短、产品成本降低、花费在中途废止项目上的费用明显减少、产品质量与可靠性普遍提高、客户满意度不断提升。要达到这样的效果就需要真正将 DFX 方法集成到企业文化和产品开发活动中，这一工作的基础就是 DFX 工作要得到企业上层领导者的支持、中层管理者的组织、基层技术人员的实施。

3.2 可制造性设计

3.2.1 开展可制造性设计的意义

可制造性设计是 DFX 设计最重要、最核心的内容，DFM 基于并行设计的思想，在产品的概念设计和详细设计阶段，就应考虑到制造生产过程中的工艺要求和测试组装的合理性，同时还要考虑到售后服务的要求，以保证在产品制造时满足成本、性能和质量的要求。DFM 不再把设计看成一个孤立的任务，而是利用现代化设计工具 EDA 和 DFM 软件分析工具设计具有良好可制造性的电子产品。

根据相关统计结果，电子产品成本的 70%在设计阶段就决定了，若设计缺陷留到后端，其解决费用会成百倍地增加。电子产品开发实施 DFM 可以带来的意义包括：保证选择的元器件能够满足本公司或外协厂家组装工艺的要求，保证设计出的 PCB 满足 PCB 供应商的制造性能、成品率和效率要求，保证组装工艺路线高效、可靠性高和低成本，减少产品试制中的 DFM 问题，PCBA 组装直通率达到公司的期望水平，元器件的布局和 PCB 的布线满足 DFM 设计规则要求等。通过这些设计规范要求的实施，使电子产品开发满足产品进度要求，同时制造成本低、制造效率高、上市时间短、改板次数少，从而提高客户对产品的满意度。

电子产品可制造性设计的核心在于印制电路板 PCBA 的 DFM，即板级电路模块面向制造的设计技术，此技术旨在开展高密度和高精度板级电路模块的组装设计、制造系统资源能力与状态的约束性分析，最终形成可制造性设计标准及指导性规范。

3.2.2 可制造性设计的主要内容

电子产品 DFM 设计的主要内容包括以下几方面。

1．基于产品特点的电子元器件的选择技术和新型封装元器件的焊盘图形设计技术

不同电子产品采用的元器件封装类型有很大的差别。例如便携类电子产品，如手机、PDA、笔记本电脑和数码相机等，采用的元器件一定是微型化的表面贴装器件，因为这样封装的器件有助于产品的微型化和便携性。

2．PCB 几何尺寸设计、自动化生产所需的传送边、定位孔和定位符号设计

尽管印制电路板种类繁多，制造工艺不尽相同，但是在产品可制造性方面主要反映在设计工作受设备加工尺寸和精度要求限制，设计时应考虑最大加工尺寸和最小加工尺寸，以及尺寸精度和工艺方面的设计。

3．PCB 加工能力设计

PCB 加工能力设计包括最小线宽、最小线间距、最小过孔孔径和最大厚径比的设计。

4．组装工艺辅助材料的选用技术

组装工艺的辅助材料也是 DFM 设计的重要内容，如采用无铅焊接后，相应的助焊剂就需要更换为与无铅焊料相兼容的。

5．印制电路板工艺路线设计

工艺路线是整个电路板组装的加工流程，它决定了 PCBA 的加工效率、成本和元器件的选择。对于工艺路线，在选择器件时就要考虑，如果 PCBA 设计为双面 SMT 工艺，这时就要保证所有的元器件都是 SMD 的，并且在 PCB 布局时要考虑到那些质量较大的 IC 元器件不布局到第一次加工面（B 面），因为对于双面 SMT 工艺来说，加工 T 面时，B 面的器件会再次经受一次回流过程，质量较大的器件可能会在焊膏熔化时出现“掉件”。同样，对于正面是 SMT 工艺，而背面是波峰焊工艺的单板，必须考虑到有些元器件是不能用波峰焊来焊接的，如细间距的 SOP 元器件、QFP 元器件和 BGA 元器件，即使对于间距较大的 SOP 元器件，在布局设计时也要考虑到波峰焊特点，对器件的布局方向做要求，使用的焊盘要考虑到波峰焊的特点，使用偷锡焊盘设计，以避免在波峰焊过程中器件引脚间连锡缺陷的发生。

6．印制电路板印刷模板设计

模板是进行 SMT 焊料印刷必需的工具，模板设计主要指根据 PCB 和元器件的特点来选择模板的加工类型，如激光切割模板或电铸模板等。对于复杂的 PCB，往往有细间距 IC 元器件，同时也有对焊膏需求量很大的元器件，而细间距 IC 元器件要求的焊膏量较少，模板的厚度要求薄，而要求焊膏量多的元器件需要厚的模板才能保证焊接的可靠性，这时就会出现矛盾。这种情况阶梯形模板就是一个很好的选择。

7．印制电路板的可制造性设计规范

印制电路板的可制造性设计规范作为指导产品进行 DFM 设计的纲领性文件是必不可少的，应根据公司产品特点、质量要求和加工能力制定本企业的 DFM 设计规范。DFM 设计规范应就 PCB 设计主要方面提出明确而具体的要求，用来指导 PCB 工艺设计。

8．印制电路板的可制造性设计流程与平台

可制造性流程与工艺平台是进行 DFM 设计的保证，DFM 的工作实现必须有流程的保证和平台的支撑，只有流程建立了，节点定义了，人员责任明确了，DFM 的工作才能落实。这些工作的技术支撑就是平台，如 DFM 软件分析平台（如 VALOR 等软件工具），可以对 PCB 的可制造性进行详细的分析。将企业的设计规范加入 VALOR 规则中，它就可以自动对 PCB 进行可制造性分析。

3.2.3　电子产品 DFM 设计案例

一般来说，在电子产品中价格最高的元器件是印制电路板，没有推行 DFM 设计的企业在产品概念设计阶段很少分析 PCB 制造成本的影响，比如拼版方式的不同就会对 PCB 的制造成本产生较大影响。比较 DFM 进行拼版优化和未进行拼版优化两种情形，PCB 利用率有着巨大的差异，如图 3.5 所示，通过拼版优化，PCB 板材的利用率可以从

58%提高到 83%。

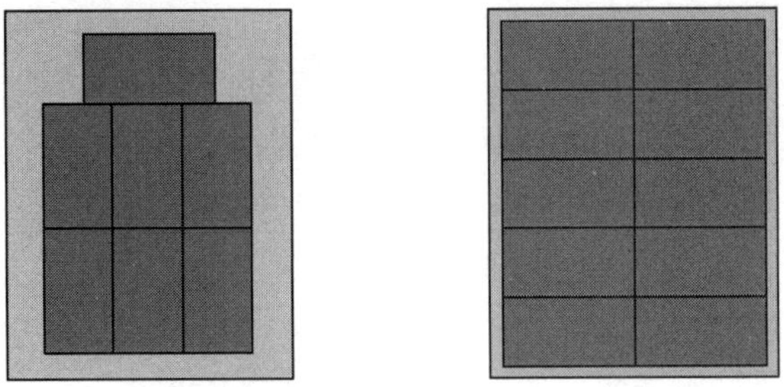

（a）未拼版优化的 PCB 布局　　（b）拼版优化后的 PCB 布局

图 3.5　拼版优化对 PCB 利用率的影响

如图 3.6（a）所示，元器件末端焊盘设计得太窄，波峰焊接时元器件出现连锡缺陷；而图 3.6（b）则通过设计偷锡焊盘解决了此问题，这是一个典型的 DFM 设计技巧。

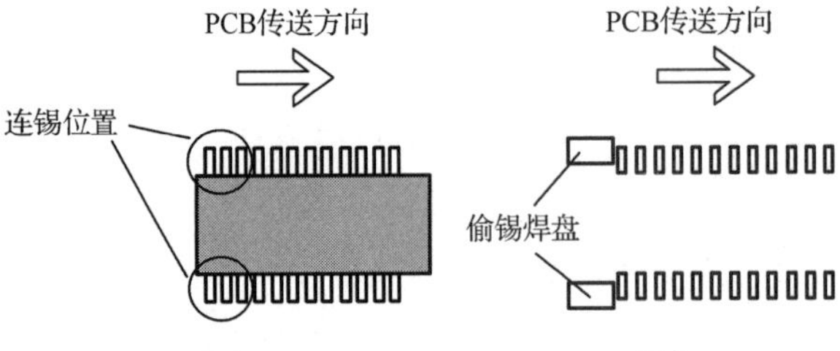

（a）　（b）

图 3.6　为解决波峰焊连锡的焊盘优化设计

3.3 可制造性设计的工艺路线设计

3.3.1 工艺路线设计的基本原则

可制造性设计（DFM）的目标是，设计出坚固的制造工艺。所谓坚固的制造工艺是指，在某一生产环境下，其特性不会随外界因素的变化而发生大的改变。坚固的制造工艺能够保证产品的重复性、稳定性。

工艺路线设计是 DFM 设计的重要内容，工艺路线设计需要根据产品特点、单板复杂程度、选用的元器件类型、未来产品销量等因素综合考虑。工艺路线确定了，能够给单板布局、布线，才能为元器件封装类型选择提供要求和指导。有不少企业在产品设计阶段不了解工艺路线设计的重要性，等到单板布局布线阶段才去做工艺路线设计，结果发现有很多工艺上的矛盾无法解决，比如核心元器件的封装类型选得不合适；再如将某些生产设备（选择性波峰焊）用于大批量产品的工艺生产，而设备能力无法支撑大批量生产，诸如此类的问题都是因为在 DFM 设计的前期没有做好工艺路线的设计。

优良的可制造性包括：高的生产效率，产品的高稳定性，生产线的缺陷率可以接受。产品的高可靠性包括：产品能够适应环境的变化，产品能够具有较长的使用周期。

3.3.2　常见单板工艺路线的优缺点

随着电子产品复杂性的提高，单面板越来越少，双面布局成为常规设计。双面布局全部为表面贴装元器件是自动化程度较高、制造效率较高的一种工艺路线，也是建议优选的工艺路线。如图 3.7 所示即为双面 SMT 工艺路线。

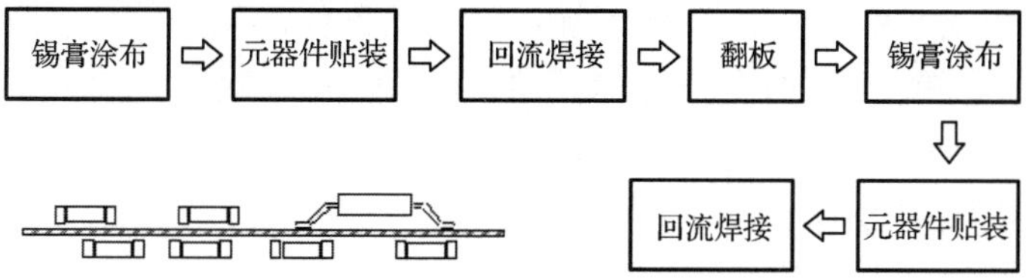

图 3.7　双面 SMT 工艺路线

但是在目前的情况下，又存在少部分功率器件、电源器件、接插件等无法做到表面贴装，所以还存在少部分插装元器件，这时工艺路线的设计有三种选择。

第一种选择是 SMT+THT 工艺路线，也就是行业常见的“红胶工艺”，即背面的表面贴装元器件和插件通过波峰焊一次完成焊接过程。当然，这样的工艺路线设计对布局背面的表面贴装元器件是有要求的，如 BGA、细间距的 SOP 和 QFP 等元器件不能布局在背面，这样的双面 SMT+THT 工艺路线如图 3.8 所示。

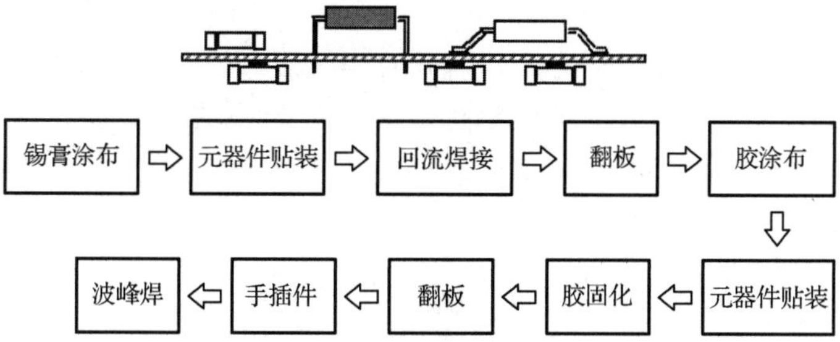

图 3.8　双面 SMT+THT 工艺路线

第二种选择是双面 SMT 工艺+选择性波峰焊工艺路线，也就是表面贴装元器件都采用 SMT 工艺焊接，插件采用选择性波峰焊焊接。这种工艺路线中，元器件选择、布局的灵活性高，不足之处在于，选择性波峰焊的效率低、成本高。

第三种选择是双面 SMT 工艺+手工焊接。这个工艺路线与跟选择性波峰焊类似，只是采用人工的方式完成插件焊接。其优点是焊接灵活；缺点是效率低、焊接质量保障性弱，高可靠性要求的产品不建议采用。

在工艺路线的设计中，需要根据产品特点，综合考虑效率、成本、可靠性，选择合适的工艺路线。

3.4 PCB 布局设计

3.4.1 应力敏感元器件的布局设计

在 SMT 组装、测试、运输、使用过程中，不可避免地会应对机械应力，当机械应力超出某些元器件和走线的应力极限时，就会导致元器件产生裂纹，严重时甚至导致元器件开裂失效，严重影响产品的可靠性。常见的应力敏感元器件有多层陶瓷电容（MLCC）、小尺寸的 CSP 等 IC 元器件，大尺寸的 MLCC 更是对应力比较敏感。

常见的产生机械应力的场合有：

（1）在贴片过程中，贴片头产生的机械应力。

（2）焊接后，若 PCB 上存在较大的翘曲变形，整机装配时板子变形恢复时产生的机械应力。

（3）拼板 PCB 在分割时产生的机械应力。

（4）ICT 测试时产生的机械应力。

（5）使用螺钉固定时产生的机械应力。

从可靠性设计的角度出发，可以通过布局来改善机械应力造成的可靠性问题，基本原则是：布局时，对应力敏感的元器件，如 MLCC 等，应考虑“应力禁布区域”，使它们避开高应力区域。

比如分板时，不同布局方向的元器件产生的应力大小是不同的，平行于辅助边的元器件产生的应力会小于垂直于辅助边的元器件。因此在布局时，除了“禁布区”内不要布局元器件，对布局方向也有要求，如图 3.9 所示。同样，PCB 的变形方向对元器件的影响也不一样，如图 3.10 所示，当 PCB 产生图示的变形时，布局元器件的长边应与变形方向一致，元器件内部的应力较大，相反方向则应力较小，因此推荐的布局方向如图 3.10 所示。

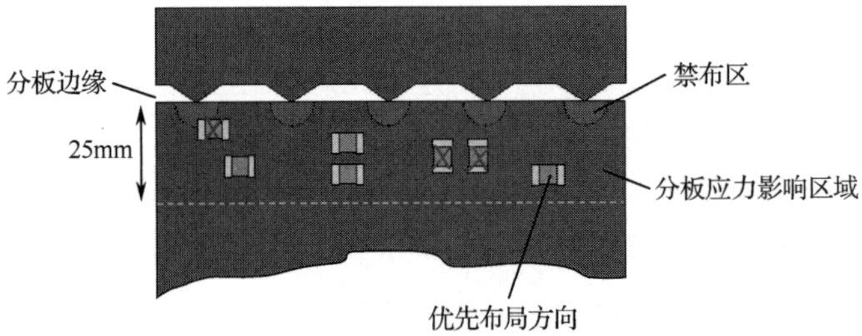

图 3.9　考虑分板应力影响对元器件布局的要求

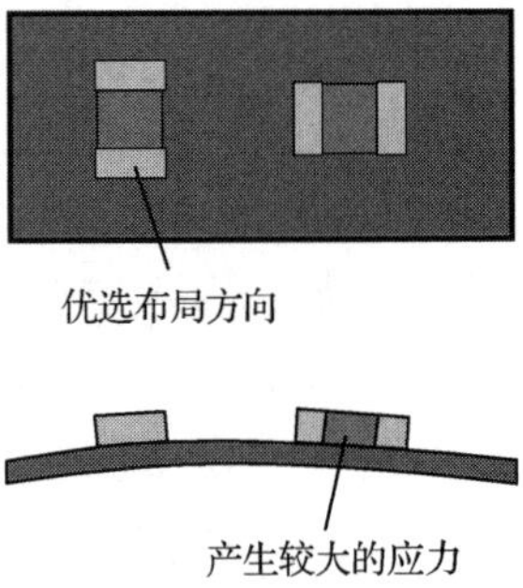

图 3.10　考虑 PCB 变形对元器件布局的要求

3.4.2　考虑 ICT 测试应力的设计

ICT 测试时尽量设计专用的测试焊盘，避免采用元器件焊盘或元器件引脚作为测试点，以免对元器件造成应力损伤，如图 3.11 所示。单板密度较高时可以采用“过孔兼做测试点”的设计方式。

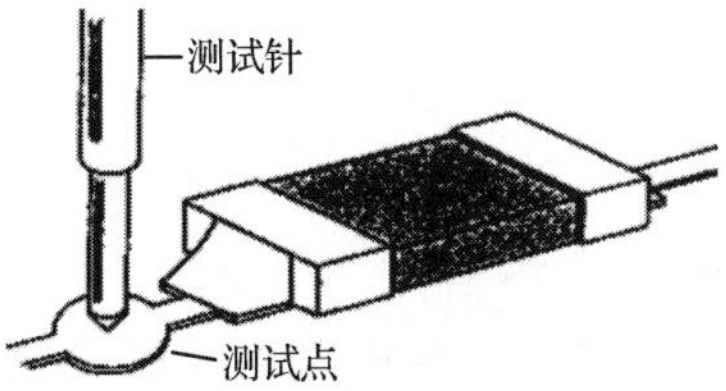

（a）推荐设计方式

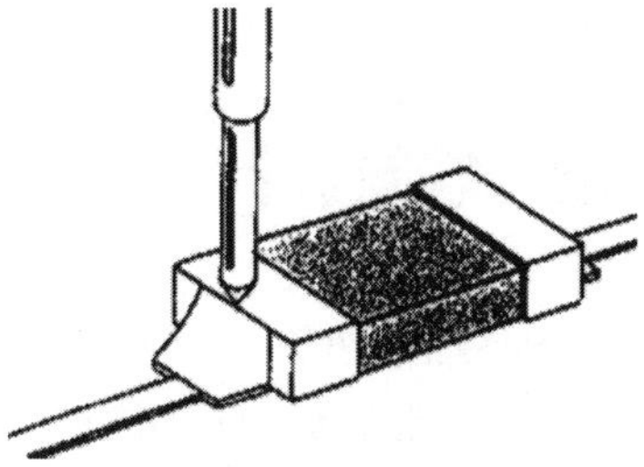

（b）不可接受方式

图 3.11　ICT 测试专用焊盘设计

3.4.3　大功率、热敏元器件的布局设计

大功率元器件由于发热量大，在布局时应尽量靠板边热沉区域布置，便于热量快速散发出去。如图 3.12 所示为大功率元器件布局示例。

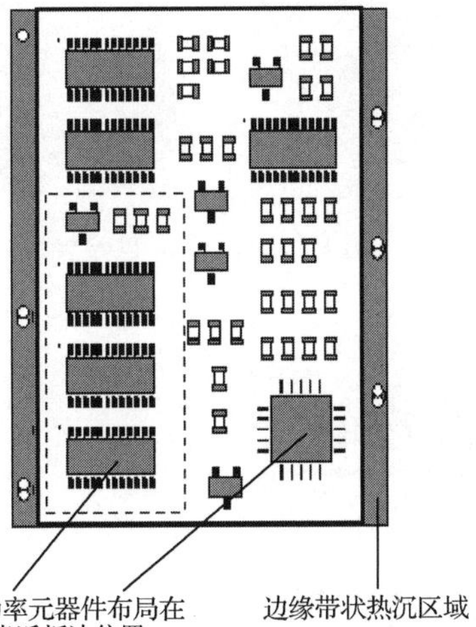

图 3.12　大功率元器件布局示例

热敏元器件尽量布局在风道的上游，因为上游温度低，同时尽量远离发热元器件。发热元器件避免布局在长、高元器件附近，因为长、高元器件会阻碍气体的流动，影响热量的散发。图 3.13 为热敏元器件和发热元器件布局不良设计示例。

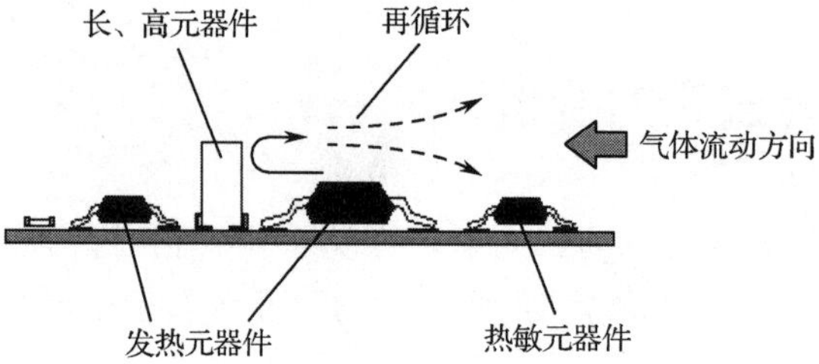

图 3.13　布局不良设计示例

3.4.4　焊盘的散热设计

在 PCB 设计时加散热铜箔或利用大面积电源、地铜箔可以有效地提高热传导效率，焊盘的热设计是否得当对焊点的可靠性有较大的影响。一般情况下，要求 SMT 焊盘两端的热容量尽量相当，否则很容易在回流焊接时产生片式元器件“立碑”现象。当焊盘需要和大面积铜箔连接时，焊盘与铜箔间应以“米”字形或“十”字形连接，以增加与铜箔间的热阻，防止加工时焊盘热量传导过快。散热焊盘设计如图 3.14 所示。

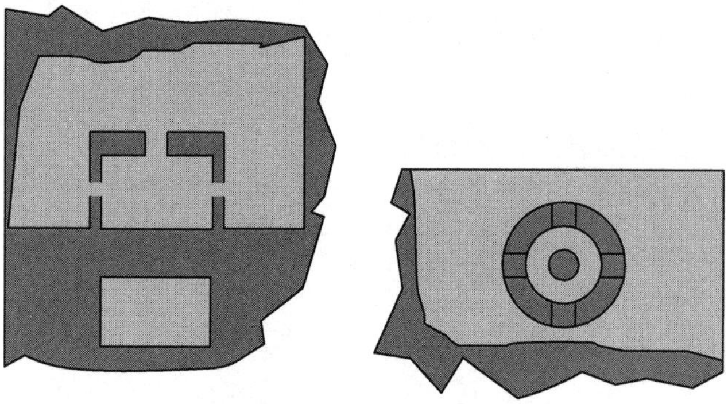

图 3.14　散热焊盘设计

3.5　小孔可靠性设计

3.5.1　印制电路板上孔的分类

孔（via）或称过孔是多层 PCB 的重要组成部分，钻孔的费用通常占 PCB 制作费用的 30%～40%。因此，过孔设计也成为 PCB 设计的重要部分之一。简单地说，PCB 上的每一个孔都可以称为过孔。从作用上看，过孔可以分成两类：一类用作各层间的电气连接点；另一类用于元器件的固定或定位。从工艺制程上来说，这些过孔一般又分为三类，即盲孔（blind via）、埋孔（buried via）和通孔（through via）。

PCB 结构及各类孔的结构图如图 3.15 所示。

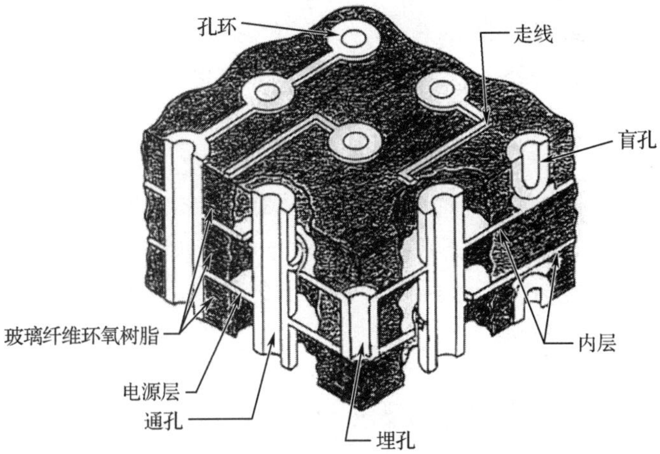

图 3.15　PCB 结构及各类孔的结构图

盲孔位于印制电路板的顶层或内层表面，具有一定的深度，用于表层线路和内层线路的连接，孔的深度通常不超过一定的比率（孔径）。盲孔结构图如图 3.16 所示。

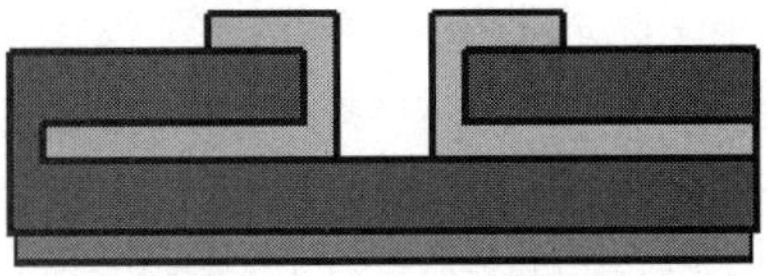

图 3.16　盲孔结构图

埋孔是指位于印制电路板内层的连接孔，它不会延伸到电路板的表面。上述两类孔都位于电路板的内层，层压前利用通孔成型工艺完成，在过孔形成过程中可能还会重叠做多个内层。埋孔结构图如图 3.17 所示。

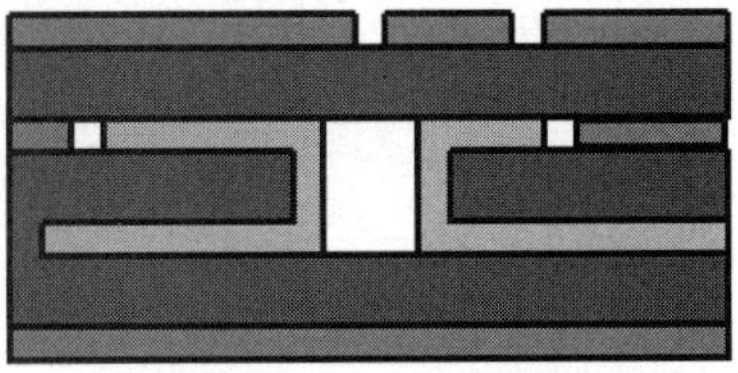

图 3.17　埋孔结构图

通孔穿过整个电路板，可用于实现内部互连或作为元器件的安装定位孔。由于通孔在工艺上更易于实现，成本较低，所以绝大部分印制电路板均使用通孔，而不用另外两种过孔。以下所说的过孔，若没有特殊说明，均指通孔。从设计的角度来看，一个过孔主要由两部分组成：一是中间的钻孔（drill hole）；二是钻孔周围的焊盘区。这两部分的尺寸大小决定了过孔的大小。通孔结构图如图 3.18 所示。

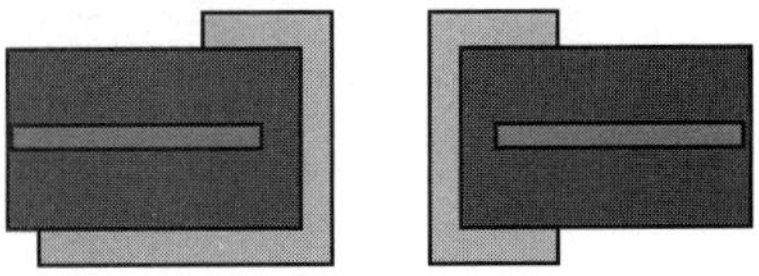

图 3.18　通孔结构图

显然，在设计高速高密度的 PCB 时，设计者总是希望孔越小越好，这样 PCB 上可以留有更多的布线空间；另外，孔越小，其自身的寄生电容也越小，更适合作为高速电路。但孔尺寸减小的同时带来了成本的增加，而且孔的尺寸不可能无限制地减小，它受到钻孔（drill）和电镀（plating）等工艺技术的限制：孔越小，钻孔需花费的成本越高，孔也越容易偏离中心位置。就目前的 PCB 制作技术水平来说，当 PCB 基板厚度与孔径之比（即厚径比）超过 10 时，就需要重点关注小孔质量，因为工艺能力不强的 PCB 厂家无法保证孔壁镀铜的均匀，而镀层厚度的不均匀特别是镀层中间位置的镀层疏松、过薄均会严重影响孔的疲劳寿命。

3.5.2 影响通孔可靠性的关键设计参数

印制电路板通孔（PTH）的热循环疲劳失效是电子产品互连失效的主要形式之一。通孔可靠性评估主要分为两个步骤，即首先进行应力-应变评估，然后进行低周疲劳寿命评估。在 IPC 的研究报告中给出了上述两个评估模型，即应力-应变评估模型和疲劳寿命评估模型，以及进行通孔可靠性评估所需的相关参数信息。

在工程实际中，仍主要应用这两个模型对 PTH 的可靠性进行评估。IPC 的 PTH 疲劳寿命评估模型是根据对铜箔进行的大量试验的数据结果总结得到的。由于 IPC 方法的假设前提，其应力-应变评估模型不满足 PTH 镀层端面的边界自由条件，也不满足镀层与基板黏结处的位移连续条件。由此模型计算得到的应力在 PTH 镀层中是均匀分布的，但工程实际中，PTH 失效通常发生在镀层中心位置和孔肩位置，如图 3.19 所示。IPC 研究报告中记录的 39 组样品的试验结果也表明，试验样品中有 9 组未发生失效，2 组失效发生在焊盘转角处，其余 28 组失效均发生在镀层轴向靠近中心处。可见，镀层轴向中心处的裂纹失效是 PTH 失效的最主要形式，这与工程实际中经常发生失效的位置是一致的。

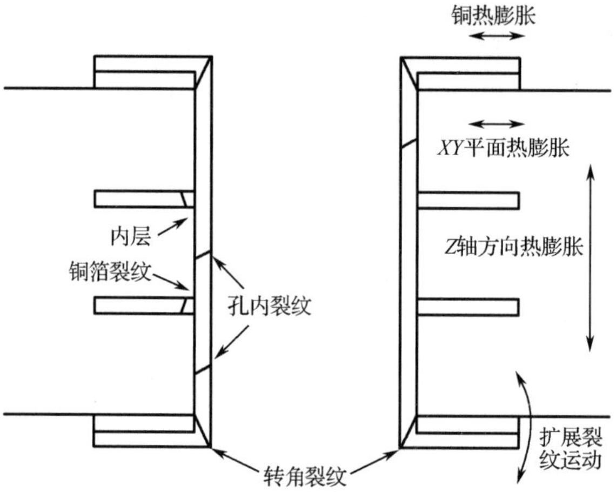

图 3.19　PTH 常见失效位置

PTH 孔中间位置的热应力疲劳失效如图 3.20 所示。

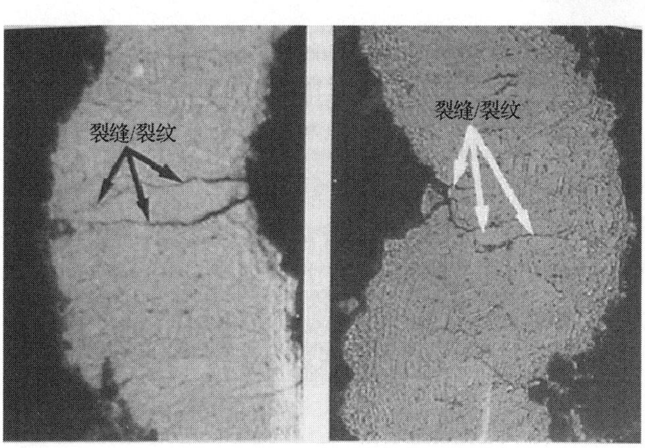

图 3.20　PTH 孔中间位置的热应力疲劳失效

3.5.3　单板厚径比的概念

孙博等专家在“PCB 镀通孔疲劳寿命对设计参数的灵敏度分析”中针对 3.5.2 节中的问题，对 IPC 的应力-应变模型进行了改进。在改进模型的研究中发现，PCB 基板厚度与孔径之比（即厚径比）、基板厚度与镀层厚度之比及基板作用半径与孔半径之比是影响 PTH 疲劳寿命的主要几何设计参数。

小孔厚径比（H/D）是影响小孔可靠性的主要指标如图 3.21 所示。

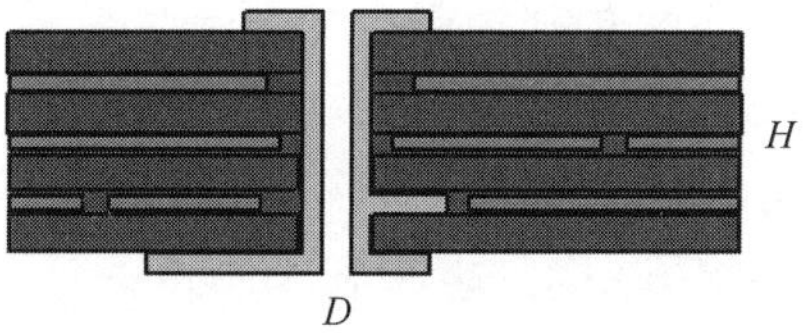

图 3.21　小孔厚径比（H/D）是影响小孔可靠性的主要指标

在改进的解析模型基础上，给出并分析了 PTH 疲劳寿命对这三组几何设计参数的灵敏度。选取工程取值范围内的 PCB 几何设计参数，计算得到的灵敏度可以用于指导 PCB 的设计，提高 PCB 和 PTH 的可靠性。

3.6　PCB 走线的可靠性设计

印制导线宽度和间距是重要的设计参数，它们既影响 PCB 的电气性能、电磁兼容性，又影响 PCB 的可制造性和可靠性。印制导线的宽度由导线的负载电流、允许温升和铜箔的附着力决定。

导线的宽度和厚度决定着导线的截面积，导线的截面积越大，载流量就越大，但是电流流过导线会产生热量并引起导线温度升高，温升的大小受电流和散热条件影响。而允许的温升大小是由电路的特性、元器件的工作温度要求和整机工作的环境要求等因素决定的，所以温升必须控制在一定的范围之内。

印制导线附着在绝缘基材上，过高的温度会影响导线对基材的附着力，所以设计导线宽度时应在选定铜箔厚度的基材基础上，使导线需要的负载电流、导线允许的温升和铜箔的附着力都能满足要求。例如，对于导线宽度不小于 0.2mm、厚度为 35μm 以上的铜箔上，其负载电流为 0.6A 时，温升一般不会超过 10℃。对于 SMT 印制板和高密度的信号导线，其负载电流很小，目前制造能力下导线宽度可达 0.1mm，甚至可达 0.05mm，但导线越细其加工难度就越大，负载电流也小，所以在布线空间允许的情况下，应适当选择宽一些的导线，一般接地线和电源线应设计得较宽，这样既有利于降低导线的温升又有利于制造。

3.6.1　考虑电磁兼容的走线设计 2W 原则

印制导线的间距由导线之间的绝缘电阻、耐电压要求和电磁兼容性及基材的特性决定，也受制造工艺的限制。印制电路板表面层导线间的绝缘电阻是由导线间距、相邻导线平行段的长度、绝缘介质（包括基材和空气）、印制电路板的加工工艺质量、温度、湿度和表面的污染等因素所决定的。

一般来说，绝缘电阻和耐电压要求提高时，导线间距就应适当加宽。当负载电流较大时，导线间距小则不利于散热，导线间距小的印制电路板温升也比导线间距大的板高，所以设计时对于负载电流较大的导线和电位差较大的相邻导线，在布线空间允许的情况下，应适当加大导线间距，这样既有利于制造也有利于降低高频信号线的相互干扰。

一般地线、电源线的导线宽度和间距都大于信号线的宽度和间距。考虑到电磁兼容性要求，对于高速信号传输线，其相邻导线边缘间距应不小于信号线宽度的 2 倍（即 2W 原则），这样可以大大降低信号的串扰，也有利于制造。

3.6.2　保证可靠性的走线设计原则

设计印制电路板时应根据信号质量、电流容量及 PCB 厂家的加工能力，选择合适的走线宽度及走线间距。同时应考虑以下的工艺可靠性要求：

（1）根据目前大多数 PCB 厂家的加工能力，一般要求线宽/线间距不小于 3mil/3mil。

（2）走线拐弯处不允许有直角转折点。

（3）为避免两条信号线之间的串扰，平行走线时应拉开两线间距，最好采取垂直交叉方式或在两条信号线之间加一条地线。

（4）板面布线应疏密得当，当疏密差别太大时，稀疏区域应以网状铜箔填充。

3.6.3　考虑可制造性的焊盘引出线设计

SMT 焊盘引出的走线，应尽量垂直引出，避免斜向走线，如图 3.22 所示。

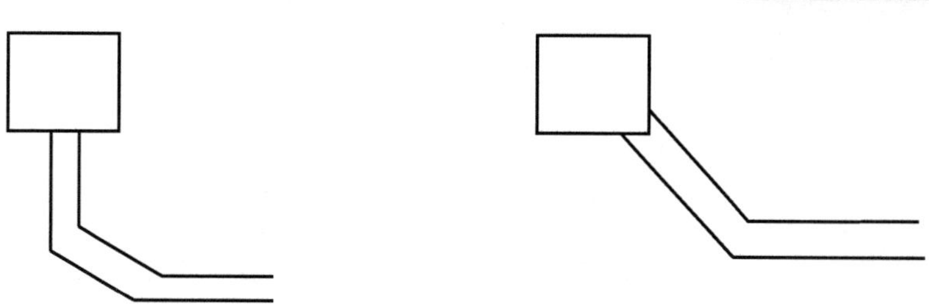

（a）合理走线　　（b）不合理走线

图 3.22　SMT 焊盘引出走线

当从引脚宽度比走线细的 SMT 焊盘引线时，走线不能从焊盘上覆盖而过，应从焊盘末端引线，如图 3.23 所示。

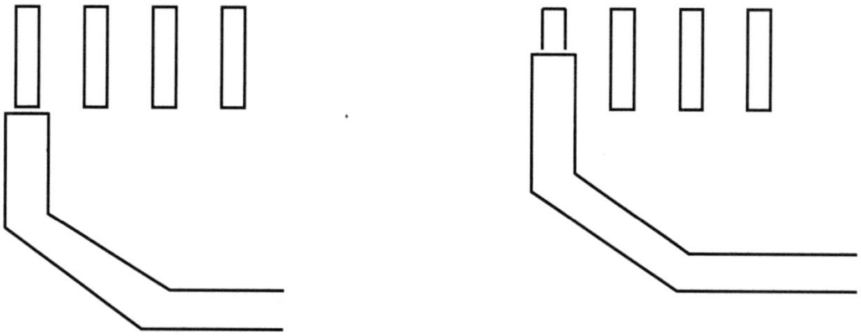

（a）合理走线　　（b）不合理走线

图 3.23　SMT 焊盘末端走线

当密间距的 SMT 焊盘引线需要互连时，应在焊盘外部进行连接，不允许在焊盘中间直接连接，如图 3.24 所示。

（a）合理走线　　（b）不合理走线

图 3.24　SMT 焊盘引脚间走线

应尽可能避免在细间距元器件焊盘之间穿越连线。确需在焊盘之间穿越连线的，应用阻焊对其加以可靠的遮蔽。

3.6.4　走线禁忌规则

在金属壳体直接与 PCB 接触的区域，不允许走线。如散热器、卧装电压调整器等金属体不能与布线接触；各种螺钉、铆钉安装孔的禁布区的范围内严禁走线，以免造成短路隐患。板边也要保持 3～5mm 的走线禁布区。

3.7 无铅 PCB 表面处理与可靠性

为了使焊接环境达到真正的无铅化，不仅焊料本身要无铅，印制电路板上焊盘的表面处理和引线等也要做到无铅化。这主要是基于环境安全和连接可靠性两方面考虑的。在有铅焊接阶段，Sn-Pb 表面处理广泛地应用在电子工业中。Sn-Pb 的 HASL 仍然在一些军工、航天等高可靠性要求的产品中使用，但它的使用比例已经越来越低。

常见的无铅表面处理，包括有机可焊性保护膜 OSP、化学镍金 ENIG、化学镀锡、浸银等。自 1990 年以来，出现了许多新的无铅表面处理技术，作为 DFM 设计的重要一项工作，选择表面处理方式时需要考虑很多因素，包括焊接能力、与焊料合金的兼容性、焊接可靠性、引线可键合能力、连接磨损阻抗、电子连接阻抗、存储期、与自动光学检测系统的对比等。

3.7.1 有机可焊性保护膜

OSP 是 Organic Solderability Preservatives 的简称，中文译为有机可焊性保焊膜。简单地说，OSP 就是在洁净的裸铜表面上，以化学的方法长出一层有机膜，这层膜具有防氧化、耐热冲击、耐湿等特性，用以保护铜表面于常态环境中不再继续生锈（氧化或硫化等）；但在后续的焊接高温中，此保护膜又必须很容易被助焊剂迅速清除，这样才可使露出的干净铜表面在极短时间内与熔融焊锡结合成为牢固的焊点。

其实 OSP 并非新技术，它的实际应用比 SMT 的历史还长。OSP 具备许多好处，例如平整度好，和焊盘的铜之间没有 IMC 形成，焊接时允许焊料和铜直接焊接（润湿性好），属于低温加工工艺，成本低（低于 HASL），加工时的能源使用少，等等。OSP 技术早期在日本很受欢迎，有约四成的单板使用这种技术，而双面板也有近三成使用它。在美国，OSP 技术的应用从 1997 年起激增。

OSP 工艺的缺点主要有：实际配方种类多，性能不一。也就是说，供应商的认证和选择工作要做得够、做得好。OSP 工艺的不足之处就是，所形成的保护膜极薄，易被划伤（或擦伤）。同时，经过多次高温焊接过程的 OSP 膜（指未焊接的连接盘上的 OSP 膜）易发生变色或裂缝，影响可焊性和可靠性。锡膏印刷工艺必须处理好，因为印刷不良的板不能使用 IPA 等进行清洗，否则会损害 OSP 层。透明的和非金属的 OSP 层的厚度也不容易测量，透明性使得 OSP 的覆盖质量不容易看出，所以供应商 OSP 的质量稳定性较难评估；OSP 技术在焊盘的 Cu 和焊料的 Sn 之间没有其他材料的 IMC 隔离，在无铅技术中，含 Sn 量高的焊点中的 SnCu 增长很快，影响焊点的可靠性。

OSP PCB 的 SMT 应用指南：

（1）OSP PCB 包装、储存及使用。

OSP PCB 表面的有机涂层极薄，若长时间暴露在高温高湿环境下，PCB 表面将发生氧化，可焊性变差，经过回流焊制程后，PCB 表面的有机涂层也会变薄，导致 PCB

铜箔容易氧化。所以 OSP PCB 与 SMT 半成品板保存及使用应遵守以下原则：

① OSP PCB 来料应采用真空包装，并附上干燥剂及湿度显示卡。运输和保存时，带有 OSP 的 PCB 之间要使用隔离纸以防摩擦损害 OSP 表面。

② 不可暴露于直接日照环境，保持良好的仓库储存环境。如相对湿度为 30%～70%，温度为 15～30℃，保存期限小于 6 个月。

③ 在 SMT 现场拆封时，必须检查湿度显示卡，并于 12 小时内上线，绝对不要一次拆开好多包，万一贴片不能完成，或者设备出问题，将要用很长时间解决。印刷之后尽快过炉，不要停留，因为锡膏里的助焊剂对 OSP 膜腐蚀性很强。保持良好的车间环境：相对湿度 40%～60%，温度 22～27℃。在生产过程中要避免直接用手接触 PCB 表面，以免其表面受汗液污染而发生氧化。

④ SMT 单面贴片完成后，必须于 24 小时内要完成第二面 SMT 零件贴片组装。

⑤ 完成 SMT 后要在尽可能短的时间内（最长 36 小时）完成 DIP 手工插件的安装。

⑥ OSP PCB 不可以烘烤，高温烘烤容易使 OSP 变色劣化。假若裸板超过使用期限，可以退厂商进行 OSP 重工（重新加工）。

（2）OSP PCB 印刷锡膏不良的重工。

① 尽量避免印刷错误，因为清洗会损害 OSP 保护层。

② 当 PCB 印刷锡膏不良时，由于 OSP 保护膜极易被有机溶剂侵蚀，所以 OSP PCB 不能用高挥发性溶剂浸泡或清洗，建议以无纺布蘸 75%酒精擦除锡膏。

③ 清洗完成后的 PCB，应该在 2 小时内完成当次清洗 PCB 面的 SMT 焊锡作业。

（3）OSP PCB 的 ICT 测试。

采用 OSP 表面处理，如果测试点没有被焊料覆盖，将导致在 ICT 测试时出现针床夹具的接触问题。有很多因素会影响 ICT 测试效果，如 OSP 材料供应商类型、在回流炉中经过的次数、是否采用波峰焊工艺、氮气再流还是空气再流等。仅仅改以采用更锋利的探针来穿过 OSP 层，将会导致损坏并戳穿 PCB 测试过孔或者测试焊盘。所以建议不要直接对裸露的铜焊盘进行探测，要求在做钢网时考虑给所有测试点印刷锡膏。

3.7.2 化学镍金

化学镍金工艺的原理是，在已经处理好的铜表面上把催化剂通过氧化还原反应沉积一定厚度的镍层，然后利用镍层与金溶液的置换反应浸上一定厚度的金层。镀镍金早在 20 世纪 70 年代就应用在印制电路板上。电镀镍金特别是闪镀金、镀厚金、插头镀耐磨的 Au-Co 、Au-Ni 等合金一直在带按键的通信设备、压焊的印制电路板上应用着。但它需要“工艺导线”达到互连，受高密度印制电路板安装限制。20 世纪 90 年代，由于化学镀镍金技术的突破，加上印制板要求导线微细化、小孔径化等，而化学镍金具有镀层平坦、接触电阻低、可焊性好，且有一定耐磨性等优点，特别适合打线（Wire Bonding）工艺的印制电路板，化学镍金成为不可缺少的镀层。但化学镍金有工序多、返工困难、生产效率低、成本高、废液难处理等缺点。

1．化学镍金可焊性控制

1）金层厚度对可焊性和腐蚀的影响

在化学镍金上，不管是进行锡膏熔焊还是随后的波峰焊，由于金层很薄，在高温接触的一瞬间，金迅速与锡形成“界面合金共化物”（如 AuSn、$AuSn_2$、$AuSn_3$ 等）而熔入锡中。故所形成的焊点实际上着落在镍面上，形成良好的 Ni-Sn 合金共化物 Ni_3Sn_4，并且表现出固着强度。换言之，焊接发生在镍面上，金层只是为了保护镍面，防止其钝化（氧化）。因此，若金层太厚，会使进入焊锡的金量增多，一旦超过 3%，焊点脆性积累从而降低其连接强度。

2）镍层中磷含量的影响

化学镀镍层的品质取决于磷含量的大小。磷含量较高时，可焊性好，同时其抗蚀性也好，一般可控制在 7%～9%。当镍面镀金后，因 Ni-Au 层的 Au 层薄、疏松、孔隙多，在潮湿的空气中，Ni 为负极，Au 为正极，由于电子迁移产生化学电池式腐蚀（又称焦凡尼式腐蚀），造成镍面氧化生锈。严重时，还会在第二次波峰焊之后发生潜伏在内的黑色镍锈，导致可焊性劣化与焊点强度不足。原因是金面上的助焊剂或酸类物质通过孔隙渗入镍层。如果此时镍层中磷含量适当（最佳值为 7%），情况会改善。

3）镍槽液老化的影响

镍槽反应副产物磷酸钠（根）造成槽液“老化”，污染溶液。镍层中磷含量也随之升高。老化的槽液中，阻焊膜渗出的有机物量增高，沉积速度减慢，镀层可焊性变坏。这就需要更换槽液，一般在金属追加量达 4～5MTO 时，应更换。

4）pH 值的影响

过高的 pH，使镀层中磷含量下降，镀层抗蚀性不良，焊接性变坏。

5）稳定剂的影响

稳定剂可阻止在阻焊 Cu 焊垫之间的基材上析出镍。但必须注意，稳定剂太多不但会减慢镍的沉积速度，还会危害到镍面的可焊性。

6）不适当加工工艺的影响

为了减少 Ni/Au 所受污染，烘烤型字符印刷应安排在 Ni/Au 工艺之前。光固型字符油墨不宜稀释，并且也应安排在 Ni/Au 工艺之前。做好 Ni/Au 之后，不宜返工，也不宜进行任何酸洗，因为这些做法都会使镍层埋伏下氧化的危险，危及可焊性和焊点强度。

2．化学镍金与其他表面镍金工艺

化学镍金除了通常所指之化学镀薄金外，因打金线等需求，又派生出化学厚金工艺；出于耐磨导电等性能要求，也派生出化学镍金后的电镀厚金工艺；针对 HDI 板 BGA 的拉力要求，派生出选择性沉金工艺。

3. 化学镍金常见问题分析

由于化学镍金制程敏感因素多，化学镍金板的用途多种多样，且对表观要求极严，因此化学镍金生产中所遇到的问题很多。其中常见的一些问题及解决方法见表 3.1。

表 3.1 化学镍金常见问题及解决方法

问 题	原 因	解 决 方 法
可焊性差	（1）金层太厚或太薄； （2）沉金后受多次热冲击； （3）最终水洗不干净； （4）镍槽生产超过 6MTO	（1）调整参数，使厚度在 0.05～0.15μm； （2）出板前用酸及 DI 水清洗； （3）更换水洗槽； （4）保持 4～5MTO 生产量
Ni/Cu 结合力差	（1）前处理效果差； （2）一次加入镍成分太高	（1）检查微蚀量及更换除油槽； （2）用光板拖缸 20～30min
Au/Ni 结合力差	（1）金层腐蚀； （2）金槽、镍槽之间水洗 pH>8； （3）镍面钝化	（1）升高金槽 pH 值； （2）检查水的质量； （3）控制镀镍后沉金前打气及停留时间
漏镀	（1）活化时间不足； （2）镍槽活性不足	（1）延长活化时间； （2）使用校正液，提高镍槽活性
渗镀	（1）蚀刻后残铜； （2）活化后镍槽前水洗不足； （3）活化剂温度过高； （4）钯浓度太高； （5）活化时间过长； （6）镍槽活性太强	（1）反馈至前工序解决； （2）延时水洗或加大空气搅拌； （3）降低温度至控制范围； （4）降低浓度至控制范围； （5）缩短活化时间； （6）适当使用稳定剂
镍厚偏低	（1）pH 值太低； （2）温度太低； （3）拖缸不足； （4）镍槽生产超 6MTO	（1）调高 pH 值； （2）调高温度； （3）用光板拖缸 20～30min； （4）更换镍槽
金厚偏低	（1）镍层磷含量高； （2）金槽温度太低； （3）金槽 pH 值太高； （4）开新槽时起始剂不足	（1）提高镍槽活性； （2）提高温度； （3）降低 pH 值； （4）适当加入起始剂

把金涂覆在 Ni 上替代 HASL 已经很多年了，涂覆的 Ni 具有很多优势，如表面较平、高稳定性、好的储存寿命及焊接能力较强。在细间距表面安装器件和球栅阵列封装（BGA）中是一个比较理想的表面处理方法。Ni 作为可焊接的扩散势垒能够阻止铜向焊料中迁移。经过焊接和老化，Ni 与 Sn-Pb 或 Sn-Ag 合金形成了 Ni_3Sn_4 互熔物，在其他情况下，比如用 Sn-Ag-Cu 合金焊接时，也能够在（NiCu）Sn_4 互熔物上形成 CuAuNiSn。由于 Ni 的热膨胀系数（CTE）为 12.96ppm/℃，低于 Cu 的 16.56ppm/℃，因此 Ni 也能够在热偏移中使穿孔电镀稳定。虽然 Ni 能够形成比 Cu 稳定得多的焊料连接，但它容易氧化，而 Au 层可以作为 Ni 的氧化势垒层。

如果 Au 层很薄，它能够很快溶解在浸焊料中，从界面移出，从而可以不考虑由于

Au 的脆性带来的影响。如果 Au 层不是很薄的话，还是需要考虑 Au 的脆性带来的影响。在同样程度的过热情况下，Au 溶解进 Sn 的速度要比溶解进 Sn-Pb 焊料中的速度快得多。对于共熔 Sn-Ag 也是这样，虽然 Sn-Ag 中 Au 的溶解度高于共熔 Sn-Pb。在焊接应用中，如果焊料中的金含量超过 3%，则金的脆性积累是一个很严重的问题，这种含量相当于焊盘上存有 0.75μm 厚的金层。因此，如果金层厚度在 0.075～0.375μm 之间，那么金的脆性可得到有效控制。

3.7.3 无铅热风整平

在所有保护 PCB 裸板的可焊性的加工工艺中，热风整平仍然有其特点：①最好的性价比；②具有好的可焊性；③具有优良的保存寿命；④热风整平加工后产品具有与制造工艺广泛的兼容性，如波峰焊接、SMT、选择性焊接等。

热风整平的表面涂覆层“不是焊料却胜似焊料”。无铅热风整平加工的成本主要是焊料本身。由于欧盟立法促使无铅合金的开发，很多可焊接合金由于各种各样的理由（如成本因素，与其他焊料合金或焊接工艺兼容性问题，可靠性方面的因素等）而被排除。用于无铅热风整平的合金主要有两大类别：①锡/银/铜合金；②锡/铜合金。

锡/银/铜合金体系中焊料合金的成分是 95%以上的锡、1%～4%的银和 0.1%～1%的铜。在这类合金中，SAC305 合金是应用最广泛的，它的熔点为 217℃，比常规的锡/铅合金共熔点 183℃高出 34℃。SAC305 的无铅热风整平操作温度为 255～265℃之间。

锡/铜合金体系中含有 99%以上的锡，其他成分为铜。合适熔点的焊料由 99.7%的锡和 0.3%的铜组成，其熔点为 227℃。但是，试验表明，锡/铜合金用于无铅热风整平时，所形成板面涂覆层将呈发暗、颗粒状、大晶粒结构。在过去，这样的表面涂覆表明质量差，这种差的表面涂覆对焊接是很不利的。正因为如此，可加入少量晶粒细化剂到锡/铜合金体系中去，以产生光亮的表面涂覆层。可以加入的晶粒细化剂有钴、镓、锗或镍等。这类合金之一，如含钴的锡/铜（Sn/0.3Cu/0.06Co）合金，其熔点为 227℃。尽管锡/铜体系合金与锡/铅（63/37）合金熔点之间差别 44℃，而在实际的热风整平加工中，这两种合金的操作温度差别为 20～30℃。常规锡/铅合金的操作温度为 240～250℃，而锡/铜/钴合金在垂直式或水平式的热风整平设备中的操作温度为 260～270℃。

为了获得较低的熔点，SAC 合金体系全部都含有银。而锡/铜合金体系，其成本比 SAC305 合金低 1/3，从印制电路板的制造成本的观点来看，选择锡/铜合金体系进行热风整平是合适的。

对于共面性要求高的 PCB，传统的锡铅焊料热风整平工艺已不能适应了。大家关心的问题是：“在共面性要求高的 PCB 上，无铅合金焊料热风整平的 PCB 比起传统锡铅焊料热风整平的 PCB，是更好、更坏，还是相当呢？”相关的研究表明，采用 Sn/Cu/Co 合金的无铅热风整平生产的板具有稍薄的涂覆层，因此，比传统的锡/铅合金的热风整平具有较好的共面性。

当电子行业转向无铅化焊接的时候，热风整平技术仍然是保持可焊性的优选方法。由于无铅焊料较昂贵，所以，它的成本要稍高些，但是，它仍然保持着比其他表面涂（镀）

覆方法高的性价比。另外，还具有其他的优点，如良好的可焊性、较长的保存时间和耐久性，因此，在无铅的环境条件，无铅热风整平的比例应该是不会缩小的。PCB 制造商能够提供比锡铅焊料更薄、更光亮和共面性更好的无铅热风整平产品。

3.7.4 化学镀锡

化学镀锡可以满足高平整度、高可焊性等要求，并且可取代含铅的热风整平表面涂覆工艺。化学镀锡工艺操作简单、成本低，适合规模生产，垂直、水平式均可实施。化学镀锡工艺可在 60～70℃下进行，具有工作温度低、镀层厚度均匀、镀液稳定、操作方便、可焊性好等优点。由于它兼备有机焊接保护剂（OSP）和热风整平工艺等优点，正愈来愈受到人们的重视。置换法化学镀锡又称浸镀锡，把工件浸入锡盐溶液中，按化学置换原理在金属工件表面沉积出金属镀层，这是一个无电解的反应过程。目前，化学镀锡液的种类比较多，常用的有甲基磺酸锡、硫酸亚锡、氯化亚锡和氟硼酸锡等。化学镀锡液的基本组成是锡盐、酸、配位剂、还原剂、表面活性剂、光亮剂等。

化学镀锡工艺类似于沉铜、沉镍金工艺，但比后两者简单，它不需要表面活化处理，是一种改变反向电位的置换反应，可以用下面的反应式来表示：

$$2Cu+Sn^{2+}\rightarrow 2Cu^{+}+Sn$$

尽管化学镀锡优异的性能使其在印制线路板等领域具有很好的应用前景。但是化学镀锡仍然未能发展成为主流的表面处理工艺。主要是它存在一些问题，例如，化学镀锡沉积速率低、镀层比较薄，目前仍不能满足人们对其钎焊性能或耐蚀性能的要求；而且锡层表面存在发灰、发黑等现象，使其应用受到限制。因此，增加镀锡层厚度，并使镀层表面光洁平整，对于扩展化学镀锡的应用领域有着重要的理论和实际价值。

目前应用的化学镀锡严格地说只能称为化学浸锡或置换镀锡，其厚度一般在 0.15～1.2μm，难以达到 2μm 的期望值。化学镀锡可产生一种可焊性良好的涂层，其表面的平整性能确保元器件的安装精度和稳定的尺寸，特别适用于高精度、细导线、窄焊盘的印制电路板表面处理。为适应微电子产品的需要，目前元器件所使用的载板，有相当部分的产品都已采用化学镀锡工艺。除此之外，化学镀锡工艺还用作印制电路板的金属抗蚀层。基板表面经过全板电镀和化学镀锡表面处理后，再采用最新发展的 LDS 激光直接成像，可轻而易举地制成 SMT 线路。它不需要底片，取代了贴膜、曝光、显影等工艺程序，大大降低了成本，减少了报废率，可快速制作出高品质的电路板。

总之，化学镀锡工艺的采用，使印制电路基板表面处理工艺有了很大的改进，它不仅能提高基板表面的平整性，又适合制作微细导线（0.025～0.050mm）、微细脚距 0.30～0.40mm），更符合环保要求，是一种极佳的电子产品用化学镀锡工艺。

3.7.5 浸银

浸银是一种通过电流反应进行的无铅表面处理工艺。之所以选择 Ag，基于以下四点考虑。

（1）Ag 的电动势为 0.8V，高于铜的+0.34V，可以选择浸泡沉积工艺。

（2）Ag 具有高的电导率，与接触焊盘应用相兼容，能满足内电路探针测试和信号传输的要求。

（3）Ag 是贵金属，稳定性较好。

（4）Ag 能够很快溶解进焊料中，因此具有很好的可焊性。

银沉积由三个阶段组成：预浸、浸银镀和去离子水清洗。预浸的目的有三个：一是避免铜和前面微蚀槽中的其他离子成分被带入浸银槽；二是为了得到清洁的铜面，便于后面的置换反应；三是使其表面与后段浸银槽具有一样的化学环境，因为预浸槽和浸银槽具有相同的药液成分，从预浸槽中带入的药水与从浸银槽中带出的药水基本相同，而浸银槽中又不会在自我补充过程中带入不希望出现的有机物成分，从而实现槽中药水的自我平衡。

用于 PCB 表面涂覆层的化学浸银具有如下几个方面的优点。

（1）化学浸银是以银离子与铜表面上的铜进行置换反应来沉积的。既不是电镀提供"电子"而沉积的，也不是像化学沉铜那样先在溶液中形成"原子"并吸附于铜表面上，因此，它比吸附的沉积层具有较好的致密性和结合力。

（2）银和锡等比较，界面的银向铜或铜向银之间的扩散是很小的，因而形成银铜的界面化合物（IMC）是很弱的。

（3）试验表明：表面涂覆的银是不发生"银迁移"现象的，即使在很恶劣的温度和湿度条件下，也很难发生"银迁移"现象，因此它具有较长的可焊性期限。

（4）在化学涂（镀）覆中，化学浸银的表面涂覆可用于 Al 线邦定（bonding），而化学镀锡是不能用于金属线焊接（或搭接）的。

（5）湿润性试验表明银表面涂覆层具有好的抗拉力效果，严格温度循环试验以后的焊点比其他表面涂覆层具有更高的可靠性。

3.7.6 无铅表面处理总结

由于微间距元器件和 BGA 器件的使用越来越多，电子行业早在无铅化焊接热潮到来之前就开始使用一些无铅表面处理工艺了。除有铅 HASL 之外，所有表面处理工艺都适合锡铅和无铅组装使用，如有机可焊性保护膜（OSP）、化学镍金（ENIG）、浸银和浸锡。因为需要的是平整的表面涂覆层，所以它们可以用来取代有铅 HASL，目前无铅 HASL 也已经得到广泛的使用。这些表面处理工艺各有各的优缺点，没有一种是完美的。

HASL 因为具有表面不平的特性（有的地方厚度不够，而有的地方又太厚），所以锡/铅工艺中也正在减少它的使用。人们一开始选用 OSP 来取代 HASL，但 OSP 很脆而且需要经过特殊处理，在孔的填充和在电路板上进行测试时，可能存在问题，尤其是需要经过再流焊和波峰焊两道工序的情况下。在化学镍金制程中，镍能够有效地避免铜从 PCB 焊盘转移到焊球封装界面上：防止形成脆性的金属化合物。浸银中平面的微孔或香槟状气泡，以及化学镍金中呈黑色的焊盘，都是关注的焦点。这些缺陷的产生机理不同，但有一点是一致的：它们都与印制电路板最终制造厂家的工艺控制有关，而且与电镀的化学材质有关。

哪种表面涂覆层最适合无铅表面处理呢？目前还没有统一的结论。在某些情况下，可能会使用两种表面涂覆层。例如，单板 SMT 使用 OSP，双面板和混装（SMT 与插装）电路板使用浸银工艺。如果使用的是 OSP，可以在再流焊和波峰焊时使用氮气或者腐蚀性很小的助焊剂（可以根据产品灵活掌握），如果使用化学镍金工艺，就不需要使用氮气。在选择表面涂覆层时，氮气的使用、助焊剂的类型和对成本的敏感性都是重要的因素。表面处理出现的问题往往跟 PCB 厂家的质量管控有关，出问题往往是因为质量管理没做好，而不是因为选择的方式有问题。

Chapter 4

第4章 焊点疲劳寿命预测与可靠性设计

4.1 焊点疲劳寿命预测模型

在环境温度循环条件下，焊点失效是导致板级电子装联失效的主要原因。针对焊点在温度历程下的失效行为，国内外学者进行了广泛的试验研究，主要方法是测试表面组装焊点的热疲劳寿命和软钎焊焊点的等温疲劳行为。前者可以用于评价不同的软钎焊工艺及不同的焊点形式结构对热疲劳寿命的影响，但由于表面组装焊点结构的微细特征，温度循环试验过程中对焊点内部力学信息变化的实时测量极为困难，因此热疲劳试验可得到的有价值信息仅为疲劳寿命。后者虽然可以通过巧妙的试验设计得到等温疲劳过程中焊点部位的应力-应变实时信息，但由于标准温度循环试验涉及的温度范围较大（按照美国军标为-55～+125℃），因此如果考察不同温度的影响，试验工作量是相当大的。

有限元数值仿真模拟方法是可节省试验资源和指导试验设计的有效方法。相关研究表明，在温度循环载荷下，焊点内部的应力-应变场分布具有动态特性而且与温度循环过程相关。因此，正确评价温度循环历程不同阶段在焊点失效过程中所起的作用，确定出对焊点失效行为起主要作用的温度区间，将有助于等温疲劳试验设计和节省试验资源。焊点失效是焊点内部力学条件和金属学条件共同作用的结果，而归根结底是力学条件作用的结果。

从钎焊的角度来看，表面组装焊点是一种软钎焊搭接接头，其结构特点是：一薄层韧性的软钎料合金受到相对刚性的陶瓷芯片载体和树脂基板的约束。由于陶瓷芯片载体和树脂基板之间存在热膨胀系数差，焊点服役环境的温度循环或设备自身的功率循环将导致焊点内部产生热应力和热应变。应力的周期性变化会造成焊点的疲劳损伤，同时相对于服役环境的温度，Sn/Pb 钎料的熔点较低，随着时间的延续，产生明显的黏性行为，导致焊点蠕变损伤。在确定焊接工艺、设备的前提下，研究焊点可靠性问题主要是研究焊点在服役条件下的蠕变疲劳问题。研究结果表明，焊点的失效与材料的热膨胀系数匹配情况、焊点内部钎料的显微结构、空洞及金属间化合物的生长情况等密切相关。

国内外许多学者针对焊点疲劳寿命预测进行了大量研究，提出了多种寿命预测模型。这些模型主要以塑性变形为基础、以蠕变变形为基础、以能量为基础或以断裂参量为基础。其中以塑性变形为基础的寿命预测模型主要考虑与时间无关的塑性效应；以蠕变变形为基础的模型则主要考虑与时间相关的效应；以能量为基础的寿命预测模型考虑了应力与应变的迟滞能量；以断裂参量为基础的破坏理论则以断裂力学为基础计算裂纹的扩展、累积过程所造成的破坏效应。

4.1.1　以塑性变形为基础的寿命预测模型

在热循环过程中，由于塑性应变积累而造成 SMT 焊点等温低周疲劳损伤，最后导致焊点疲劳失效。基于塑性变形的焊点疲劳寿命模型应用较多的是 Coffin-Manson（简称 C-M 方程）疲劳模型、Engelmaier 疲劳模型和 Solomon 疲劳模型。这些模型提供了破坏循环数与每一循环焊点塑性剪应变大小的经验关系。焊点的塑性剪应变可以通过理论计算、数值模拟或试验的方法获得。

在 Coffin-Manson 模型中，焊点失效循环数（N_f）通过疲劳延性系数（ε_f）和疲劳延性指数（c）与焊点每一循环的塑性应变幅值（$\Delta\varepsilon_p$）之间建立起指数关系：

$$\frac{\Delta\varepsilon_p}{2}=\varepsilon_f(2N_f)^c \tag{4.1}$$

式（4.1）仅适用于焊点的损伤完全依赖于塑性变形的情况。实际应用中，为了考虑其他因素的影响，许多人对 Coffin-Manson 模型进行修正，如 Engelmaier 疲劳模型，此时，疲劳破坏时的循环数由总的剪应变和修正的疲劳延性指数 c 决定：

$$N_f=\frac{1}{2}\left(\frac{\Delta\gamma}{2\varepsilon_f}\right)^{1/c} \tag{4.2}$$

对疲劳延性指数的修正是因为考虑到温度和循环频率的影响，即

$$c=-0.042-6\times10^{-4}T_s+1.74\times10^{-2}\ln(1+f)$$

式中，$\Delta\gamma$ 是总的塑性剪切应变幅值；T_s 是焊点平均温度；f 是循环频率。如果考虑蠕变的影响，则可以用 ΔD 取代 $\Delta\gamma$（ΔD 是包含蠕变损伤和塑性松弛的循环疲劳损伤参量）。

Solomon 低周疲劳模型基于塑性剪应变是导致焊点疲劳破坏的主要原因。有如下关系式：

$$\Delta\gamma_p N_p^a=\theta \tag{4.3}$$

式中，$\Delta\gamma_p$ 是塑性剪切应变幅值；N_p 是破坏时的循环数；θ 是疲劳延性系数的倒数；a 是材料常数。

也有人认为，焊点的疲劳寿命与焊点所承受的最高温度 $T_{\max}$ 和循环频率 f 有关，Norris 和 Landzberg 根据这个理论提出了 Norris 和 Landzberg 疲劳模型：

$$N_f=cf^m(\Delta\varepsilon_p)^{-n}\exp(Q/kT_{\max}) \tag{4.4}$$

式中，c、m、n 是材料常数；$\Delta\varepsilon_p$ 是塑性应变幅值；Q 是激活能；k 是 Boltzmann 常数。

4.1.2 以蠕变变形为基础的寿命预测模型

蠕变机制相当复杂，影响因素非常多，至今仍无模型能完全预测其整个过程。简单地说，蠕变可分两个机制：幂级蠕变和颗粒边界滑移蠕变。一般认为，蠕变是晶界滑移或基体位错的结果。Kench 和 Fox 将蠕变基体位错滑移理论应用于焊点寿命分析，提出了 Kench-Fox 模型，对幂级蠕变进行预测：

$$N_f = \frac{C}{\Delta\gamma_{\mathrm{mc}}} \tag{4.5}$$

式中，N_f是焊点破坏时的循环数；$\Delta\gamma_{\mathrm{mc}}$是基体蠕变应变幅值；$C$ 是与焊料微观组织结构相关的材料常数。

Syed 模型则综合考虑了基体蠕变和晶界滑移，得到如下公式：

$$N_f = (0.022D_{\mathrm{gbs}} + 0.063D_{\mathrm{mc}})^{-1} \tag{4.6}$$

式中，D_{gbs} 和 D_{mc} 分别是晶界滑移引起的累积等效蠕变应变幅值和由基体蠕变引起的等效蠕变应变幅值。

由于以上两个模型只考虑了蠕变应变而忽略了塑性变形的影响，所以有很大的局限性。

4.1.3 以能量为基础的寿命预测模型

以能量为基础的寿命预测模型，主要利用迟滞能量来预测焊点的寿命。其方法大致可以分为两类：①直接预测焊点的失效循环数；②先预测其裂纹开始发生的循环数，再利用断裂力学方法预测裂纹的扩展速率，推出裂纹扩展至区域完全破坏的时间，将两者结合起来即得到焊点失效的循环数。

在这类疲劳寿命预测模型中，最典型的是 Akay 模型，它以应力-应变循环历程中应变能参量表征焊点的疲劳寿命。常用有限元方法计算每一循环的应变能或应变能密度，有时也用试验方法测量。

在 Akay 模型中，破坏时的平均循环数 N_f与总应变能密度 $\Delta W_{\mathrm{total}}$之间有如下关系：

$$N_f = \left(\frac{\Delta W_{\mathrm{total}}}{W_0}\right)^{1/k} \tag{4.7}$$

式中，N_f为平均失效循环数，$\Delta W_{\mathrm{total}}$为总应变能密度，$W_0$为疲劳系数，$k$ 为疲劳指数。

针对 BGA、CSP 焊点，Darveaux 提出了具有 4 个相关系数的寿命预测方程，目前这些方程广泛应用于新型芯片封装焊点的寿命预测中。

Darveaux 将每一循环中的平均塑性功密度的累积 ΔW_{avg} 与焊点起裂时的循环数 N_0 及裂纹扩展速率 $\mathrm{d}a/\mathrm{d}N$ 相关联，给出如下关系式：

$$N_0 = C_3 \Delta W_{\mathrm{avg}}^{C_4} \tag{4.8}$$

$$\mathrm{d}a/\mathrm{d}N = C_5 \Delta W_{\mathrm{avg}}^{C_6} \tag{4.9}$$

式中，N 是循环数，C_3、C_4、C_5、C_6是与裂纹扩展有关的常数，a 是裂纹表征长度。

与以蠕变变形和塑性变形为基础的寿命预测模型相比，以能量为基础的寿命预测模型将迟滞能量效应考虑到寿命预测模型中，故其对元器件的破坏循环预测较准确。缺点是使用此模型分析破坏周期时，须分成两部分：先求出裂纹发生的周期；再利用断裂力学方法求出裂纹扩展速率，估计裂纹扩展至失效所需要的循环数，最后再将两循环数相加，才能得到失效的总循环数。

4.1.4　以断裂参量为基础的寿命预测模型

根据断裂力学原理，焊点的断裂分为裂纹萌生阶段和裂纹扩展阶段。由于此类模型能很好地显示裂纹萌生和裂纹扩展情况，所以许多研究工作采用该模型来描述焊点失效。具体的模型有应力强度因子模型、J 积分模型等。

在应力强度因子模型中，很难将裂纹归类为 I 型裂纹体、II 型裂纹体或III型裂纹体。为简单起见，可定义焊点裂纹体的有效应力强度因子幅 K_{eff} 如下：

$$\Delta K_{\text{eff}} = \sqrt{\Delta K_{\text{I}}^{\ 2} + \Delta K_{\text{II}}^{\ 2}} \tag{4.10}$$

式中，ΔK_{I} 和 ΔK_{II} 分别是 I 型裂纹和 II 型裂纹应力强度因子幅。应用 Paris 指数关系，裂纹扩展速率和有效应力强度因子幅之间有如下关系：

$$\mathrm{d}a/\mathrm{d}N = c(\Delta K_{\text{eff}})^m$$

式中，N 是循环数，a 是裂纹表征长度，c 和 m 是材料常数。

对低强度焊料来说，疲劳裂纹尖端有较大的塑性区，可以用 J 积分的幅值来描述这种大范围屈服的情况。此时，以表征循环塑性为主的裂纹扩展速率和以表征时间相关应变为主的裂纹扩展速率可分别表示为

$$\mathrm{d}a/\mathrm{d}N = c_1(\Delta J)^{m_1} \tag{4.11}$$

$$\mathrm{d}a/\mathrm{d}t = c_2(C^*)^{m_2} \tag{4.12}$$

式中，c_1、m_1、c_2、m_2 分别是材料常数；$\Delta J = \dfrac{S_p}{B(W-a)} f(a,W)$，$S_p$ 是裂纹闭合时的载荷-位移曲线的面积；B、W、a 分别是厚度、宽度和裂纹长度；$f(a,W)$是由 W 和 a 确定的几何函数；$C^* = \dfrac{PV_c}{BW}\left[\dfrac{n}{n+1}\left(\dfrac{2}{1-a/W}+0.522\right)\right]$，$P$ 是外载荷；V_c 是加载点位移速率；n 是蠕变指数。

4.2　典型焊点疲劳寿命预测举例

有铅无铅混装（简称混装）工艺会涉及大量兼容性问题，需要耗费大量的人力和物力来验证，有限元数值仿真分析研究周期短、投入经费少，因此成为研究混装焊点可靠性的首选方法。本例采用 ANSYS 仿真分析方法研究了混装球栅阵列（BGA，Ball Grid Array）回流焊后产生的残余应力对热循环寿命的影响，建立了有铅 BGA 和混装 BGA 封装体有限

元模型，通过加载不同峰值温度（220～265℃）和不同降温速度（1～6℃/s）的回流温度曲线，得到 BGA 封装体焊点残余应力、应变。随后选取峰值温度 243℃、降温速度 3℃/s 条件下的回流焊后 BGA 封装体模型施加热循环载荷，根据修正 Coffin-Manson 方程来预测焊点寿命。

4.2.1 模型建立和参数选择

在不同峰值温度 220～260℃回流焊条件下对 PCBA 组件中的混装 BGA 微观组织进行分析，假设回流焊后焊球均完全混合，即焊球为均匀型，其中混装 BGA 成分为 Sn63Pb37 与 Sn3.0Ag0.5Cu。本例主要对回流焊峰值温度为 220～265℃的情况进行分析，因此其中混装 BGA 模型均采用成分均匀的模型，并与 SnPb 模型进行对照试验。

模型中焊球材料为 Sn63Pb37 与 Sn3.0Ag0.5Cu，采用 FR-4、考虑上下铜焊盘及硅芯片等，PCB 尺寸为 160mm×125mm×245mm，焊点阵列布局为 34×34，具体尺寸如表 4.1 所示。有铅 BGA 和混装 BGA 模型均采用上述模型。

表 4.1　BGA 元器件材料尺寸　　单位：mm

焊盘厚度	下焊盘直径	BT 基板厚度	焊球间距
0.05	0.60	0.50	1.00
Si 芯片厚度	球径	上焊盘直径	Mold 塑封厚度
1.00	0.60	0.50	0.42

混装 BGA 焊点钎料为黏塑性材料，在热循环中发生塑性应变和蠕变，所以选用黏塑性单元 Visco107，采用统一黏塑性 Anand 方程描述其力学行为。PCB、BT 树脂基板采用各向异性弹性材料，其他部分采用各向同性材料，均采用 Solid45 单元。表 4.2 给出了混装 BGA 的材料参数。表 4.3 为有铅钎料和混装钎料 Anand 模型系数。

表 4.2　混装 BGA 的材料参数

材　料		弹性模量/MPa	切变模量/MPa	热膨胀系数/$\times 10^{-6}$K	泊　松　比
Sn63Pb37		75842-152T	—	24.50	0.35
Sn3.0Ag0.5Cu		86748-176T	—	25.00	0.35
硅芯片		162716	—	2.54	0.28
铜焊盘		128932	—	13.80	0.34
FR-4 PCB 板	x、y 向	27924-37T	12600-16.7T	16.00	0.11
	z 向	12204-16T	5500-7.3T	84.00	0.39
树脂基板	x、y 向	17890	8061	12.40	0.11
	z 向	7864	2822	57.00	0.39
密封外壳		15513	—	15.00	0.25

注：T 为温度。

表 4.3　有铅钎料和混装钎料 Anand 模型系数

物　理　量	有铅钎料	混装钎料
初始变形抗力/MPa	56.63	43.07
激活能/通用气体常数/K	10830	10191
指前因子/×$10^{-7}s^{-1}$	1.49	1.94
压力倍数	11	9.11
应变速率敏感指数	0.303	0.26
硬度/MPa	2640.75	5219.3
变形阻力饱和系数/MPa	80.415	76.07
变形阻力/（kg/mm^3）	0.0231	0.02
与硬度相关的应变速率敏感系数	1.34	1.4

在热循环过程中，由于各材料热膨胀系数不匹配，并且芯片边缘变形最大，所以边角的热应力最大，故在划分网格时边缘两个焊点划分最细。由于封装结构体具有面对称性，这里采用 1/8 模型进行计算和分析，在对称面内施加对称边界约束条件，考虑到受热过程中封装体底部基板可能存在翘曲变形，选取底面中心点施加 x、y、z 三个方向自由度。1/8 对称模型网格划分及焊点网格划分图如图 4.1 所示，其中共有 88590 个单元、207582 个节点。

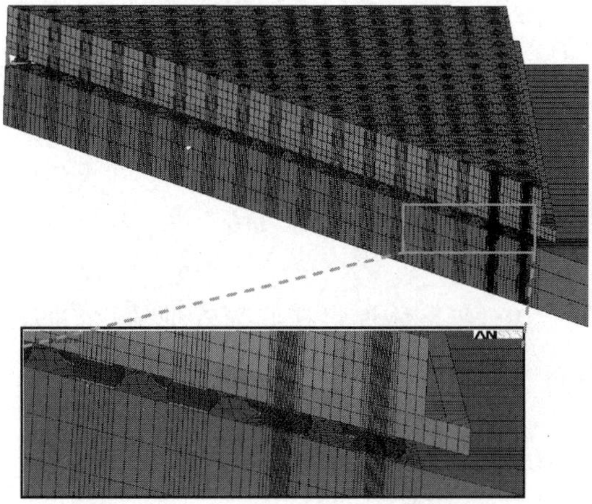

图 4.1　1/8 对称模型网格划分及焊点网格划分图

考虑回流焊中 BGA 焊球形态的变化，焊球在峰值温度时已熔化，应力几乎为零。这里以峰值温度为时间零点开始应用回流焊冷却曲线，分析峰值温度和降温速度对焊后应力、应变的影响。降温速度为 1～6℃/s，峰值温度为 220～265℃，共 10 条温度曲线。作为对照试验的有铅 BGA，按照典型的回流工艺曲线，设峰值温度为 220℃，降温速度为 3℃/s。

表 4.4 为不同降温速度下的 5 种回流焊曲线，曲线 1～5 的峰值温度设为 243℃。表 4.5 为不同峰值温度下的 5 种回流焊曲线，曲线 6～10 的降温速度为 3℃/s。

表 4.4　不同降温速度下的回流焊曲线

降温速度/（℃/s）	1	2	3	4	6
回流焊曲线号	1	2	3	4	5

表 4.5　不同峰值温度下的回流焊曲线

峰值温度/℃	220	232	243	255	265
回流焊曲线号	6	7	8	9	10

热循环温度范围为-55～80℃，高低温各保温 1h，升降温 10min。有限元分析共进行 4 个循环，热循环温度曲线如图 4.2 所示。

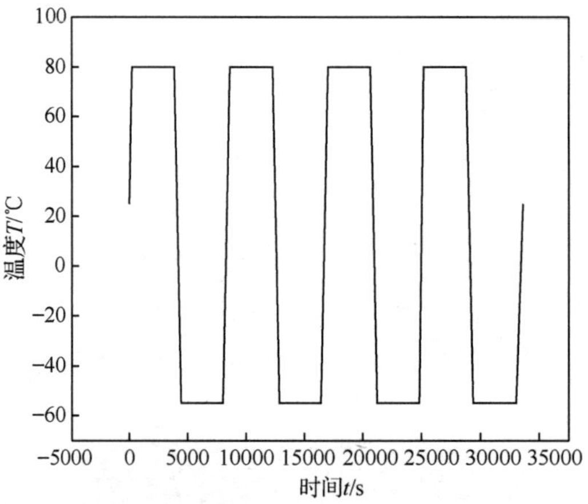

图 4.2　热循环温度曲线

4.2.2　关键焊点及回流焊曲线的影响

图 4.3 与图 4.4 为混装 BGA 整体焊点在回流焊曲线 3（即峰值温度为 243℃、降温速度为 3℃/s）焊后应力云图和应变云图。

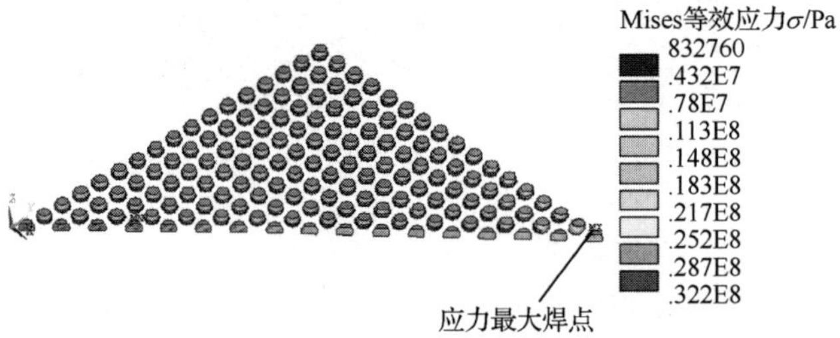

图 4.3　混装 BGA 整体焊点回流焊后应力云图

仿真结果表明：应力、应变最大的位置均在边角钎料焊点左侧与上焊盘接触的位置。边角最外侧焊点恰好位于芯片边缘的底部，由于芯片的弹性模量很大、热膨胀系数很小，对焊点形成相当大的挤压，因此位于芯片下方的焊点应力、应变表现比其他位置大。对于尺寸相同的有铅 BGA 与混装 BGA，在其余 9 条回流焊曲线后应力、应变也都出现在边角最外侧焊点。所以提取该关键焊点进行应力、应变分析。在混装 BGA 模型中取 1630 号单元的 2234 号节点，在有铅 BGA 模型中取 1008 号单元的 1663 号节点。

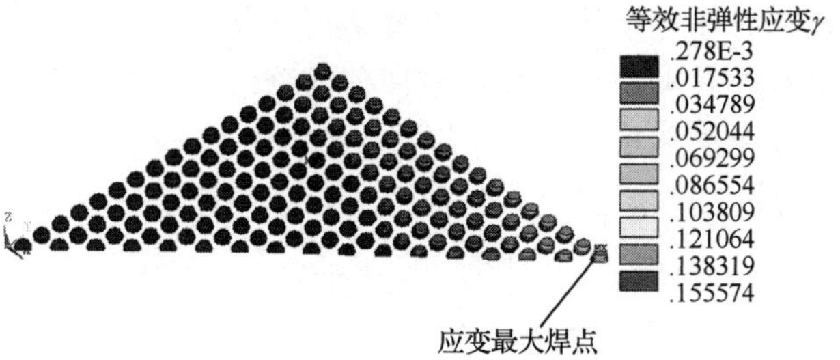

图 4.4　混装 BGA 整体焊点回流焊后应变云图

为研究降温速度和回流焊峰值温度对焊后残余应力的影响，提取 10 个回流焊工艺应力、应变数值进行比较，如图 4.5 和图 4.6 所示。图 4.5 和图 4.6 中的横坐标试验组分别为降温速度 1～6℃/s、峰值温度 220～265℃，表示在表 4.4 中为回流焊曲线 1～曲线 5。

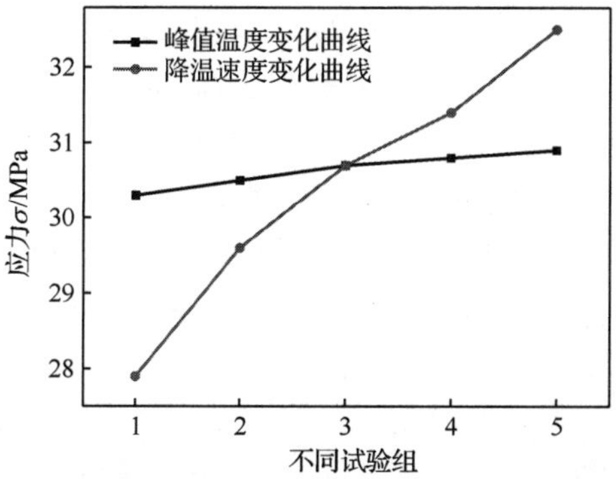

图 4.5　不同降温速度、峰值温度下的应力图

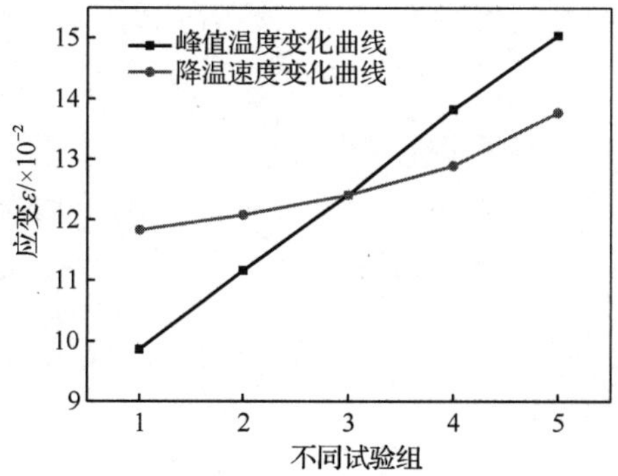

图 4.6　不同降温速度、峰值温度下的应变图

由图 4.5 可知，不同降温速度回流焊后，随着降温速度的增加，应力逐渐由 27.9MPa 增加到 32.5MPa；而应变随降温速度变化并无很大变化。当降温速度为 6℃/s 时，观察到回流焊后应变改变较大，即为不良焊接，因此降温速度不能过快，以防对元器件造成冲击引起过大应变，所以降温速度一般应维持在 2～4℃/s。

对不同峰值温度回流焊后应力、应变的变化值进行分析发现，峰值温度在 220～255℃变化时，回流焊后应变有较大改变，而应力改变并不大。

对比降温速度和峰值温度改变对回流焊后应力、应变的影响，可知应力随降温速度增加呈近似线性增长，而几乎不随峰值温度变化而变化，所以降温速度对焊后应力值影响较大。从图 4.6 中可以看出，回流焊后应变值随降温速度和峰值温度增加都呈现增长趋势，但峰值温度对应变值影响更大。

所以回流焊峰值温度对焊后应变影响较大；而降温速度对焊后应力值影响较大。

已知 Sn63Pb37 的屈服强度为 37MPa，抗拉强度为 46MPa；Sn3.0Ag0.5Cu 的屈服强度为 35MPa，抗拉强度为 51MPa。对于混装 BGA，降温速度从 1～6℃/s、峰值温度从 265～220℃变化，焊后应力都未达到屈服极限，焊点不会断裂失效，但假如不进行应力释放处理，焊点中则存在残余应力。下面分析回流焊后应力残余对热循环可靠性的影响。

4.2.3 仿真分析结果

本小节以回流焊曲线 3（即峰值温度 243℃、降温速度 3℃/s）为例，说明残余应力对热循环可靠性的影响。前面已进行 4 组有限元仿真，分别针对无残余应力的有铅 BGA 和混装 BGA，加载回流焊曲线 3 后有残余应力的有铅 BGA 和混装 BGA。下面针对无残余应力的混装 BGA 分析说明计算过程，并给出其他模拟结果的寿命预测。

对加载热循环载荷的整体混装 BGA 焊点进行应力、应变分析，结果与 4.2.2 节中加载回流焊曲线载荷类似，最大应力、应变出现在边角最外侧焊点。所以选取关键焊点进行应力、应变分析，如图 4.7 和图 4.8 所示。

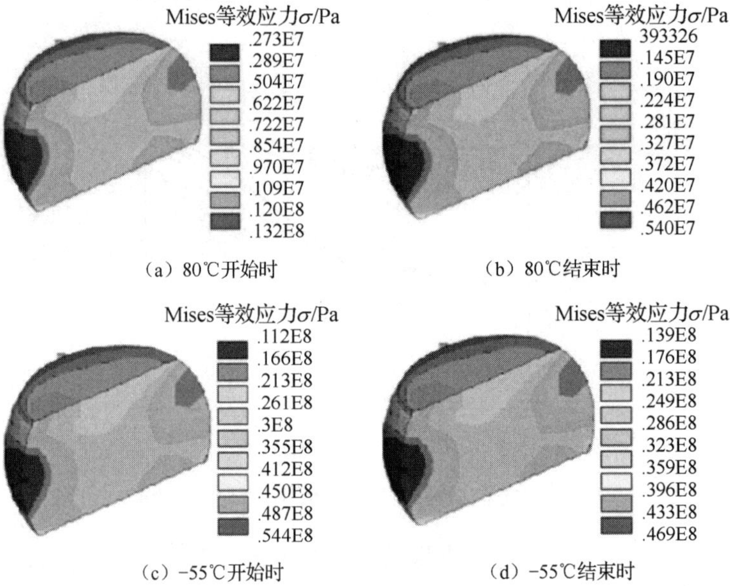

（a）80℃开始时　（b）80℃结束时

（c）−55℃开始时　（d）−55℃结束时

图 4.7　混装 BGA 关键焊点应力云图

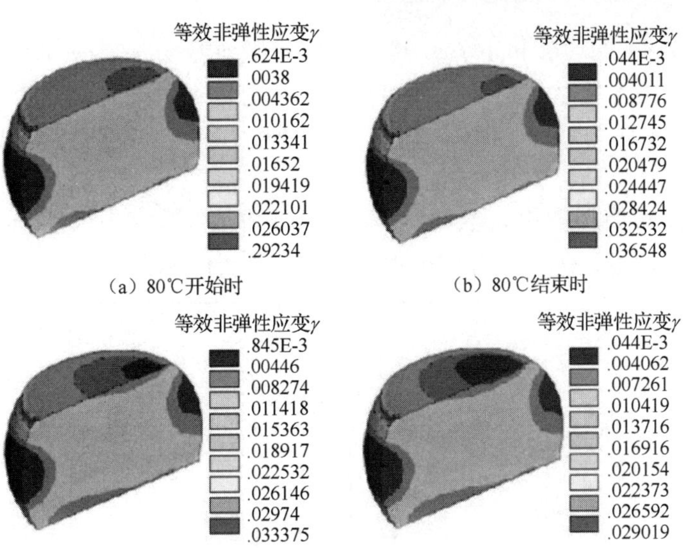

（a）80℃开始时　（b）80℃结束时　（c）−55℃开始时　（d）−55℃结束时

图 4.8　混装 BGA 关键焊点应变云图

图 4.7 所示的混装 BGA 在不同温度下应力云图显示，高温加载阶段（80℃）应力最大部分出现在焊点上侧与焊盘接触的地方，并且上侧焊点内的应力水平明显高于下端有铅焊点，随着高温保温的结束，发生应力松弛，最大应力从 13.2MPa 降到了 5.40MPa。到低温−55℃时，由于弹性模量变大，应力大幅提高，在−55℃低温保温开始阶段达到最大应力值。图 4.8 为混装 BGA 关键焊点在高温开始、高温结束，低温开始、低温结束时焊点内部的应变云图。可见无铅焊点钎料内的应变分布随着温度的变化也是不均匀的。上侧焊点与铜焊盘接触的地方始终为应力和应变最大的位置，因此失效发生在上侧无铅焊点部位。

由此可见，温度影响焊点内部的应力、应变水平。保温阶段应力、应变变化不大，但温度升高后，应变骤然变大，应力变小；温度降低时，正好相反。这是因为高温下焊料弹性模量小，低温下弹性模量大；应变变化是由于温度高时非弹性应变速度大，低温时非弹性应变速度小。保温有应力松弛作用，高低温保温期间，应力都有所降低；高温保温时应变水平进一步升高；低温保温促使应变水平进一步降低。

对于寿命预测，需要提取最危险位置的应变范围。由分析可知，高温时最大应变位于焊点的左侧顶端与上基板交界处；低温时应变反差很大，因此此位置为焊点的最薄弱点，可用于焊点寿命预测。

4.2.4　焊点寿命预测

修正 Coffin-Manson 方程：

$$N_f = \frac{1}{2}\left(\frac{\Delta\gamma}{2\varepsilon_f}\right)^{1/c}$$

式中，N_f为热疲劳失效寿命；$\Delta\gamma$ 为等效非弹性剪应变范围；ε_f 为疲劳延性系数，ε_f=0.325；

c=−0.442−6×$10^{-4}T_m$+1.74×10^{-2}ln(1+f)，其中，T_m为平均温度；f为热循环频率。

在均匀混装 BGA 模型中，最边缘焊点为应变范围最大的位置，所以取 1630 号单元的 2234 号节点。其应力-时间曲线、应变-时间曲线、应力-应变滞回环如图 4.9～图 4.11 所示。

在应力-应变滞回环图中，取第 4 个热循环中应变值 ε_{min} =0.0284， ε_{max} =0.0365，$\Delta\varepsilon$ =0.0082，由 Coffin-Manson 方程可得出寿命为 6071 个循环周次。

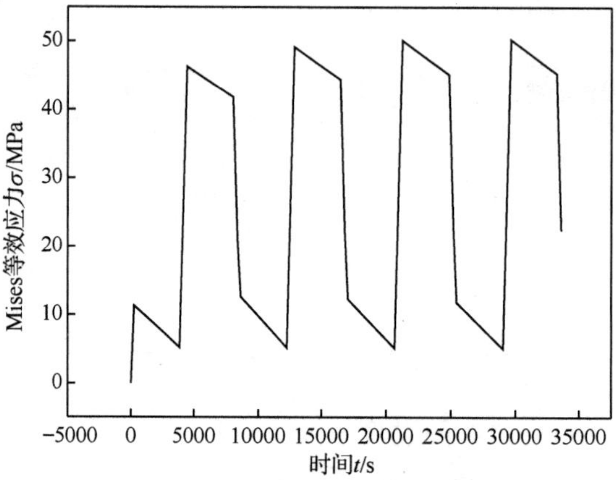

图 4.9　均匀混装 BGA 应力随时间变化图

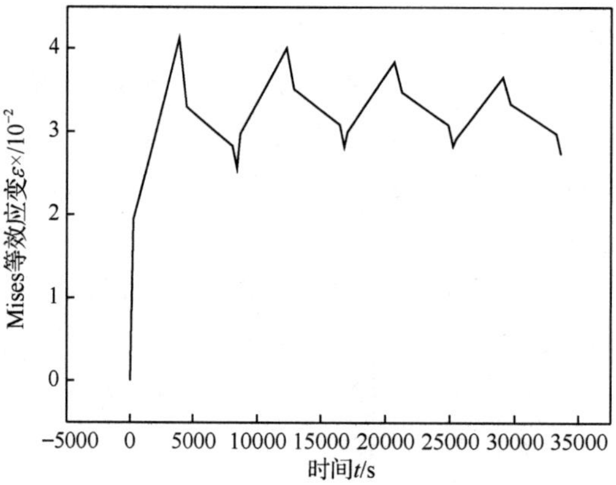

图 4.10　均匀混装 BGA 应变随时间变化图

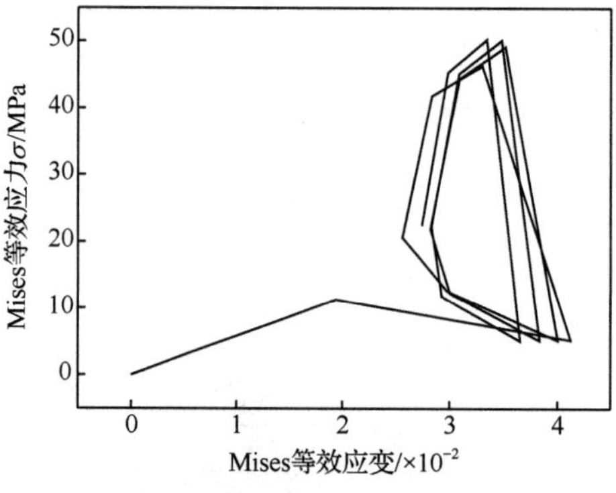

图 4.11　均匀混装 BGA 应力-应变滞回环

对 1/8 模型还进行了其余 3 组数值试验，分别是无残余应力有铅 BGA、回流焊曲线 3 后残余应力有铅 BGA 和均匀混装 BGA 寿命预测。相应的寿命如表 4.6 所示。

表 4.6　各模型下寿命预测

BGA 类型	无残余应力 有铅 BGA	残余应力 有铅 BGA	无残余应力 混装 BGA	残余应力 混装 BGA
危险位置	最外侧焊点	最外侧焊点	最外侧焊点	最外侧焊点
寿命/周	7773	8007	6071	6585

在热循环各组数值试验结果分析中：有铅 BGA 应力在 60MPa 左右，混装 BGA 应力在 50MPa 左右；Sn63Pb37 的屈服强度为 37MPa，抗拉强度为 46MPa；Sn3.0Ag0.5Cu 的屈服强度为 35MPa，抗拉强度为 51MPa。热循环模拟结果得出的应力最大值都超过了抗拉强度，但应力最大值出现时间极短，大部分时间在抗拉强度以下，所以热循环失效方式是钎料多次冲击导致疲劳累积。

由表 4.6 可知，均匀混装 BGA 都有较高寿命，但稍低于有铅 BGA。说明在合适的回流焊工艺条件下形成均匀形态的 BGA 焊球具有很好的可靠性，能承受长期的温度循环载荷。

有残余应力时，有铅 BGA 寿命预测相对于有残余应力混装 BGA 变化值为 17.8%，而无残余应力混装 BGA 相对于有残余应力混装 BGA 寿命预测变化值为 8.5%，可以看出，残余应力对寿命并没有很大的不良影响，反而残余应力会使寿命稍微提高，原因是实际中回流焊后 BGA 残余应力会随时间释放一部分。

4.2.5　仿真分析研究结论

回流焊分析表明，降温速度影响回流焊后残余应力，峰值温度影响焊后应变状态；随着降温速度和峰值温度的增加，应力、应变值都不同程度地升高。

热循环分析说明，应力、应变最大值出现在最外侧焊点边角；温度对焊点内部的应力、应变水平影响很大，升温时应变骤然变大，而应力骤然变小，温度降低时正好相反；保温有应力松弛作用，高温保温时应变水平进一步升高，低温保温促使应变水平进一步降低。

均匀混装 BGA 可靠性高，能承受长期的温度循环载荷；在回流焊之后，残余应力对混装 BGA 寿命预测无很大影响。

4.3　焊点失效与寿命预测研究前沿方向

4.3.1　多场耦合作用下焊点的失效与寿命预测

国内外学者针对焊点疲劳寿命预测，提出了多种寿命预测模型。早期的研究主要考虑单一物理场作用下焊点的应力、应变的仿真分析和寿命预测分析等。随着电路板在各个领域的广泛应用，焊点在实际工作中受到多物理场的耦合作用，而且耦合作用的影响越来越大，因此近年关于焊点多场耦合作用下的仿真分析、寿命预测研究越来越多。

一些特殊的电子设备（如深空探测装备），在服役过程中会遭受环境变化导致的极端温变的影响，如大功率装备在工作过程中也会受到短时间的高温冲击，这些工作场景会对焊点施加非常严酷的热冲击载荷。

随着电子元器件的小型化，焊点也越来越小，流经焊点的电流密度随之变大。相关研究表明，当通过焊点的电流密度超过 1×10^4A/cm^2 时，极易引发电迁移的现象，在电迁移过程中，电子风力使金属原子从阴极向阳极迁移，在阴极处易形成柯肯达尔空洞；而阳极处由于大量金属原子的堆积，界面金属间化合物的厚度逐渐增大，从而加速焊点失效的发生。

汤巍等针对实际服役条件下电路板级焊点失效引起的电子设备故障问题，基于单一时间因子传递熵方法，建立了振动与温度耦合条件下的焊点非经验疲劳寿命模型。首先，通过分析焊点裂纹萌生前后的能量变化，构建了能够表征焊点结构损伤的平均能量测度指标。其次，根据该指标在焊点微裂纹出现前呈现出的单调性特点，建立了用以评估焊点疲劳寿命的公式。

李胜利等研究了深空探测环境中电子设备焊点面临极端温度和电场耦合的情形。在−196～150℃热冲击和 1.5×10^4A/cm^2 电流密度的耦合载荷下，对 Sn3.0Ag0.5Cu 焊点的微观组织演变规律和电流拥挤效应进行分析，描述焊点微观组织演变及电阻变化之间的联系。

当前关于焊点的多场耦合研究不仅涉及仿真和寿命预测的问题，还牵涉焊点在不同场作用下的失效模式的关联性，是一个比较复杂的综合问题。目前，关于耦合的研究主要集中在焊点机械冲击振动、温度冲击、大电流与焊点温度循环等方面，相关的理论和方法与耦合失效机理还需要进一步的深入系统研究。

4.3.2 极端温度环境下焊点寿命预测

焊点仿真分析与寿命预测理论出现以来，绝大部分研究集中在−55～150℃温度范围内，但随着空天技术的快速发展，空天装备的深空探测环境多为极低温、大温变环境，如月球（-180～150℃）、火星（-140～20℃）、木卫二（-188～-143℃）等。为保证电子产品在极端环境中的可靠运行，目前一般采用热保护方式来维持电子元器件的环境温度。但是一些舱外设备（如太阳翼上电池片互连焊点），由于难以采用热保护措施，将直接暴露在极端温度环境下。在极低温、大温变的工作环境中，如果电子产品封装材料之间的热膨胀系数不匹配，将在焊点内部产生热应力，从而导致焊点中裂纹的产生和扩展，最终导致焊点失效。因此，有必要对典型元器件焊点在极低温、大温变条件下的可靠性进行研究。

李胜利对现有的力学本构模型进行了综述，阐述在不同温度下力学性能和微观组织对焊点可靠性的影响，总结了目前面临的问题和挑战，最后对小于−55℃时 Sn 基钎料和焊点的力学本构模型研究进行了初步探索及展望。

焊点是元器件和电路板的物理连接与电气连接核心，保障焊点的可靠性是保证电路板功能实现的必要条件。电路板应用领域越来越多、应用环境越来越复杂，焊点的可靠性必将面临越来越大的挑战，全面系统地研究焊点新的失效模式、多场耦合作用机理、极端环境下的可靠性，变得越来越重要。

Chapter 5

第5章

单板组装过程的可靠性

5.1 软钎焊原理

钎焊属于固相连接，钎焊时母材不熔化，采用比母材熔点低的钎料，加热温度低于母材固相线而高于钎料液相线。当被连接的零件和钎料加热到钎料熔化后，液态钎料在母材表面润湿、铺展，在母材间隙中润湿、毛细流动、填缝，与母材相互溶解和扩散，实现零件间的连接。

电子组装中的焊接属于熔点低于 450℃的软钎焊。软钎焊是用加热熔化的液态金属（钎料）把固体金属连接在一起的技术，起连接作用的金属材料称为软钎料，被连接的金属叫基底金属或母材。软钎焊具有如下特点：

（1）软钎焊时只有钎料熔化而母材保持固态；

（2）钎料的熔点低于母材熔点，因此其成分也与母材有很大差别；

（3）熔化的钎料依靠润湿和毛细作用被吸入并保持在母材的间隙内；

（4）依靠液态焊料与固态母材间的相互扩散形成冶金结合。

焊料在零件与印制电路板之间形成可靠的机械性连接与必要的电性连接，机械性连接是指焊料将零件固定在电路板上，需具备一定的机械强度；电性连接是指能够帮助电流可靠地流通与信号正确地传递，使产品正常工作。

软钎焊工艺过程可以分成三个阶段：①扩散；②基底金属的溶解；③金属间化合物的形成，如图 5.1 所示。为了焊接，焊料首先必须加热到熔融状态，然后熔融的焊料会润湿基底金属表面，如图 5.1（a）所示。基底金属上液态焊料的润湿必须符合界面张力的物理平衡规则，平衡关系式：

$$\gamma_{SF} = \gamma_{LS} + \gamma_{LF} \times \cos\theta \tag{5.1}$$

式中，γ_{SF} 表示在基底金属和焊剂流体之间的界面张力；

γ_{LS} 表示在熔化焊料与基底金属之间的界面张力；

γ_{LF} 表示在熔化焊料与焊剂流体之间的界面张力；

θ 表示液态焊料和基板之间的接触角。

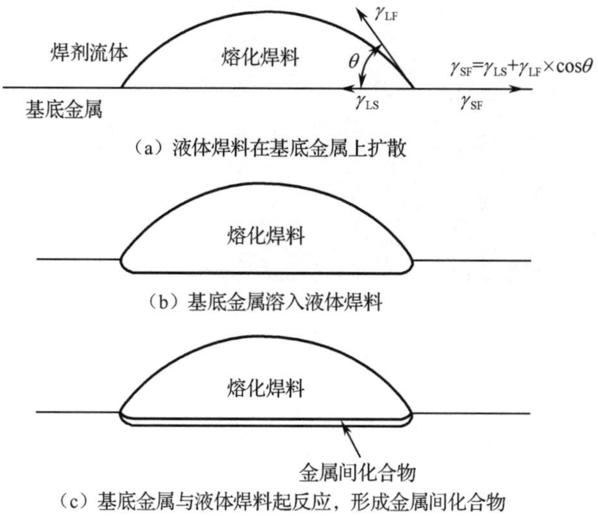

图 5.1　焊料焊接过程

由式（5.1）可知，当接触角伸展到某一 θ 值时，γ_{SF} 和 $\gamma_{LS}+\gamma_{LF}\times\cos\theta$ 达到平衡，在固体表面上的液体扩散达到了平衡稳定状态。在电子焊接中，期望焊点有好的焊缝形成，可以减少应力集中，为此，焊料扩散需要一个小的 θ 值，同时小的 θ 值也是优良冶金润湿的保证。在基底金属上的熔化焊料的流动扩散只是可靠焊接的第 2 步，要想形成可靠的焊点，必须有冶金结合的形成，即形成金属间化合物（IMC）。金属间化合物的形成对焊接的影响有：①增强焊料在基底金属上的润湿；②金属间化合物层的扩散阻挡作用，可减缓基底金属溶入焊料的溶解率；③因为金属间化合物的氧化，造成表层润湿性能降低。

图 5.2 所示为锡铅共晶焊料（Sn63Pb37）在 PCB 表面处理方式为化学镍金的 PCB 焊盘上焊接后形成的界面结构，基底金属为镍（Ni），IMC 层为 Ni_3Sn_4。但如果 PCB 板的表面处理方式是 OSP，则锡铅 Sn60Pb40 焊料焊接后形成的界面结构如图 5.3 所示，基底金属为铜（Cu），IMC 层为 Cu_3Sn 和 Cu_6Sn_5，因此，不同的 PCB 焊盘表面处理方式与不同焊料，在焊接时的界面结构成分和 IMC 是不同的。

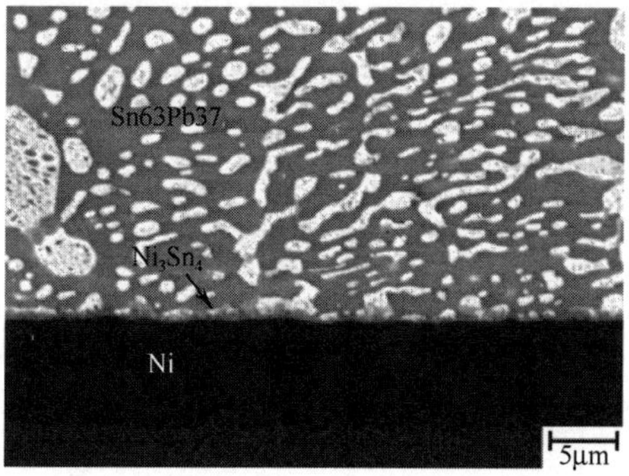

图 5.2　Sn63Pb37 与 Ni 界面焊接后的结构

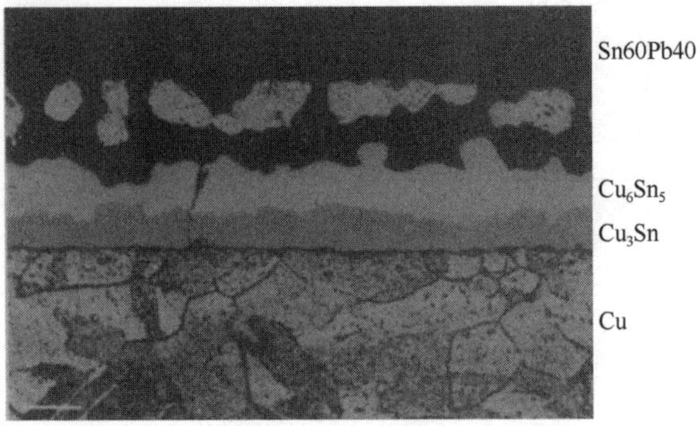

图 5.3　在基底金属铜（Cu）上 Sn60Pb40 焊料焊接后的界面结构

5.2 可焊性测试

在电子产品焊接工艺中，焊接质量直接影响整机的质量。为了提高焊接质量，除严格控制工艺参数外，印制电路板和电子元器件必须有良好的可焊性。

金属材料的可焊性是指金属材料在一定的焊接工艺条件下能否获得优良的焊接接点的能力，表现为一种材料被焊料润湿的能力。

可焊性测试是一种模拟焊接工艺的试验方法。在可焊性测试领域，有多种方法可以对材料的可焊性进行评价，如边缘浸渍法、润湿平衡法、液面上升法、焊球法等。这些方法大致分为两类：一类是定性的评价，如边缘浸渍法，它以润湿程度为依据；另一类是定量的评价，如润湿平衡法，它是以数据为依据的评定方法。本节重点介绍目前常用的边缘浸渍法和润湿平衡法的原理和操作方法。

5.2.1 边缘浸渍法

边缘浸渍法是可焊性测试方法中最简单、最容易实施的方法。焊料与焊剂满足国标 GB 2423 系列或 IEC 68-2-20 系列要求，待测试样品在做试验前不应接触手指或受到其他污染。该方法浸入装置示意图如图 5.4 所示。

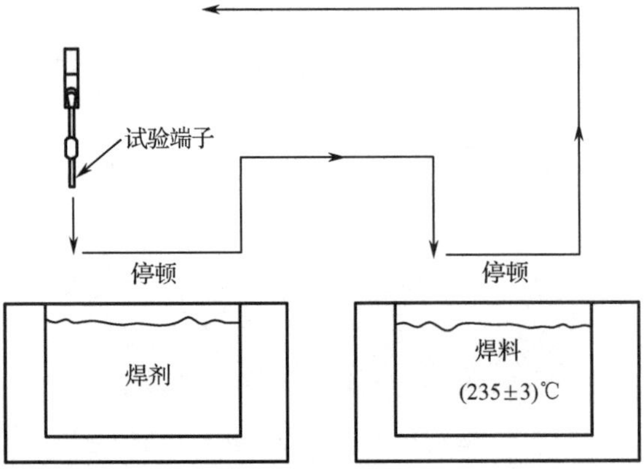

图 5.4　边缘浸渍法浸入装置示意图

1. 边缘浸渍法试验步骤

（1）焊料槽加热到（235±3）℃（对于有铅焊料），并保持。

（2）将涂有焊剂的样品夹在夹具中。

（3）样品浸入前，将熔融焊料液面上的氧化物及焊剂残留去除。

（4）将涂有焊剂的样品与焊料液面呈 20°～45° 夹角，以（25±6）mm/s 的速度浸入焊料中，直至样品引线浸入。

（5）样品在熔融焊料中停留（5±0.5）s。

（6）将样品以（25±6）mm/s 的速度从焊料中提出，当样品出焊料液面至浸入前的高度时，允许样品表面的焊料通过空气冷却。

2. 边缘浸渍法结果的检测和评定

应使用 10～30 倍以上的放大镜来检测。合格标准：所有引线应展示连续的焊料覆盖面或至少各引线焊料覆盖面积达到 95%，低于这一要求算不合格。允许少量分散的针孔等不润湿或弱润湿，但这些缺陷不能集中在一起。

5.2.2　润湿平衡法

1. 润湿平衡法机理

当样品浸入焊料时，样品、熔化的焊料和大气构成一个三相体系，当达到平衡时，由于表面张力的作用，在样品上形成了弯月面形状及三个不同方向的表面张力，液-气相表面张力 $\sigma_{液气}$ 与固-液相表面张力 $\sigma_{固液}$ 之间形成一个夹角，即为润湿角，如图 5.5 所示。根据 Young 氏方程，当液态焊料润湿固体呈弯月形时，满足平衡方程：

$$\cos\theta=\frac{\sigma_{固气}-\sigma_{固液}}{\sigma_{液气}} \tag{5.2}$$

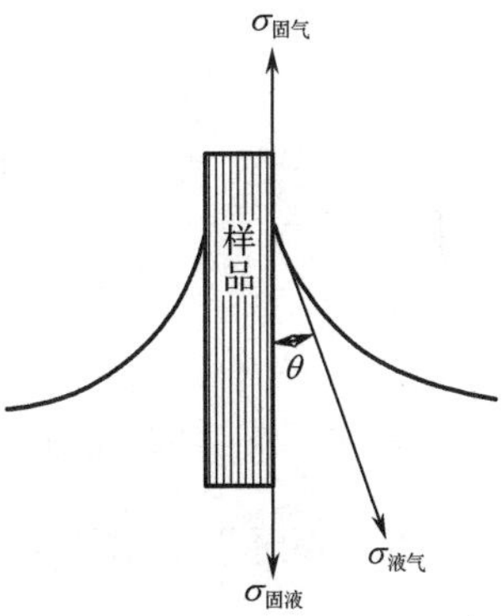

图 5.5　测试样品润湿平衡时的状态图

从式（5.2）可以看出，θ 角与表面张力有着直接的关系，因此它可以反映润湿的质量，从而测定样品的可焊性。但是，θ 是一个比较难以测量的参数，需要选择一个简单易测的参数来实现样品可焊性的测量。

当样品浸入熔融的焊料时，受到浮力和润湿力的作用，合力 F 的表达式如下：

$$F=F_m-F_a \tag{5.3}$$

式中，F_m 为润湿力，F_a 为浮力。

$$F_m=\sigma_{液气}L\cos\theta \tag{5.4}$$

$$F_a=\rho Vg \tag{5.5}$$

式中，L 为样品在弯月面区域内的周长；ρ 为熔融合金的密度；V 为样品浸入焊料的体积。

将式（5.4）、式（5.5）代入式（5.3）中：

$$F = \sigma_{液气} L\cos\theta - \rho Vg$$

得

$$\cos\theta = \frac{F + \rho Vg}{\sigma_{液气} L} \tag{5.6}$$

从式（5.6）可以看出，合力 F 的变化与 θ 的变化存在直接的关系。因此，反映润湿质量的参数 θ 的测量可以转化为简单的润湿力和浮力的合力 F 的测量。这就是根据润湿平衡定量地测试出样品可焊性的基本原理，据此可以设计出润湿平衡测试仪，其原理如图 5.6 所示。

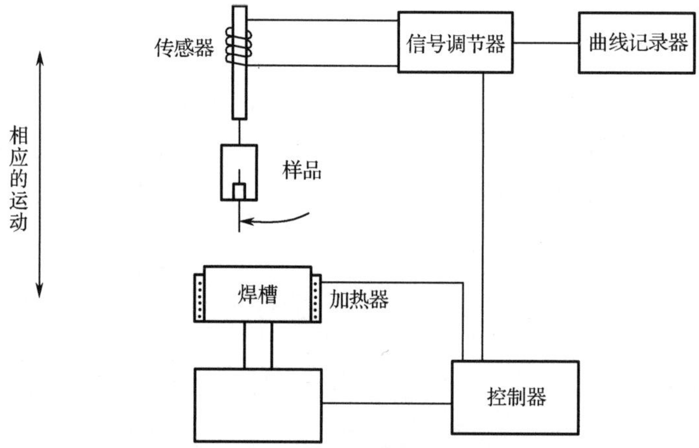

图 5.6　润湿平衡测试仪原理图

从图 5.6 中可见，样品从一台灵敏度很高的平衡器上悬挂下来（其典型结构是一个弹簧系统），使其边缘浸入熔融焊料中某个预定深度，焊料的温度是可以控制的。这样作用在样品垂直向上的浮力与表面张力的合力，可以用一个传感器进行测定，转换成信号并在高速图像记录仪上连续地记录成时间的函数，然后把这条曲线与另一条从有着相同性质和尺寸的完全润湿的试验样品所得到的曲线做比较。

2. 润湿平衡法试验步骤

（1）将样品焊端放入焊剂中，浸渍数秒后拿出，用吸纸吸掉底部多余的焊剂。

（2）将样品吊在焊槽上方，预热数秒，样品放置方向同边缘浸渍法。

（3）刮掉熔锡上的氧化层。

（4）将预热后的样品焊端插入熔锡中：①SMD 浸入深度 0.1～0.3mm，浸入速度 10mm/s，停留时间 5s；②THD 浸入深度 1.5～2.5mm，浸入速度 20mm/s，停留时间 5s。

（5）根据润湿平衡曲线判断可焊性。

图 5.7 为润湿曲线测量全过程。图 5.8 为常见的润湿曲线。

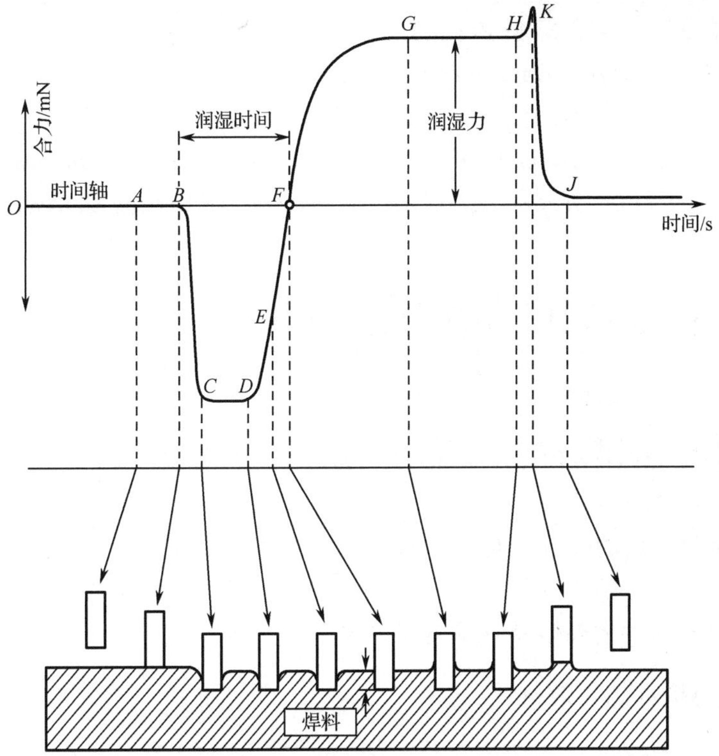

图 5.7　润湿曲线测量全过程

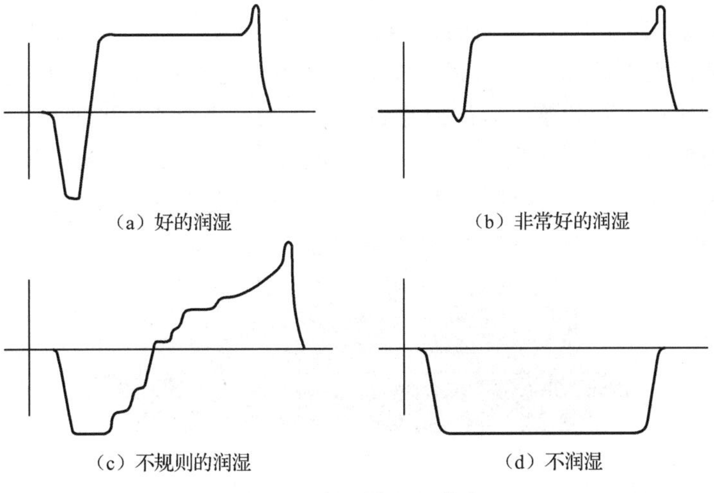

图 5.8　常见的润湿曲线

3．采用润湿平衡法的可焊性测试标准

（1）GB 2423.32—2008《电工电子产品环境试验　第 2 部分：试验方法》。该标准规定：一般不清洗样品，不允许用手指接触样品。浸渍速度为 20±5mm/s，但没有给出具体的深度值。

（2）MIL-STD-883E METHOD 2022.2 *Wetting Balance Solderability*。该标准规定过零

线的时间要小于 0.5s，并且在 1s 内达到最大合力的 2/3。

（3）IEC 68-2-54 *Basic Environmental Testing Procedures Part2: Test Ta: Soldering-Solderability Testing by the Wetting Balance Method*。

（4）IEC 68-2-69 *Environmental Testing-Part2: Tests-Test Te: Solderability Testing of Electronic Components for Surface Mount Technology by the Wetting Balance Method*。

5.3 组装过程的潮湿敏感问题

5.3.1 潮湿敏感元器件的可靠性问题

随着电子器件组装的高密度化，BGA、CSP 等塑料封装器件的应用愈来愈广泛，这些塑封器件受潮后，在回流焊接工序产生的封装裂纹甚至分层会严重影响组装质量和生产效率，认识这些器件的潮敏特性就非常重要。

1．潮湿敏感器件的失效机理

潮湿敏感器件（MSD，Moisture Sensitive Device）指的是采用塑料封装或由其他潮湿可渗透性封装材料制成的器件。来自潮湿空气中的湿气通过扩散作用渗入器件封装材料内部，首先凝聚在不同材料之间的接触面上。当 MSD 暴露在回流焊接中的高温环境中时，聚集在器件内部的潮气会迅速变成蒸汽，产生足够的蒸汽压力，在材料热膨胀系数不匹配的综合作用下，将导致器件内部封装产生裂纹甚至分层。在一些严重的情况下，裂纹会延伸到器件表面。内部压力引起器件鼓胀并发出“啪啪”的爆裂声，这就是通常所说的“爆米花”现象。在无铅回流焊接的高温（>250℃）环境下，这种情况更加多见。图 5.9 给出了 PBGA 封装 DIE ATTACH-载板界面分层示意图。

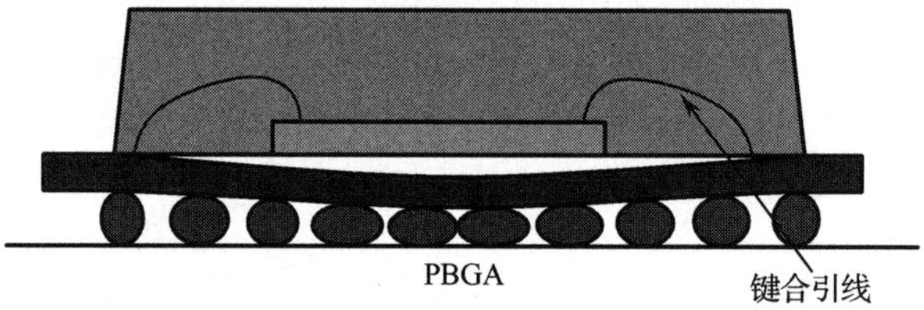

图 5.9 PBGA 封装 DIE ATTACH-载板界面分层示意图

2．有关潮湿敏感器件使用和管理的国际标准

MSD 的分类、处理、包装、运输和使用指南已经在工业标准 IPC/JEDEC J-STD-020，IPC/JEDEC J-STD-033 中有清楚的定义。IPC/JEDEC J-STD-020《非密封固态表面贴装器件湿度/回流焊敏感度分级》明确规定了非密封固态表面贴装器件（SMD）的潮湿敏感等级及对潮湿敏感等级的试验、鉴定程序、失效标准和方法。该标准要求正确地封装、存储和处理 SMD，避免在组装回流焊接或返修过程中带来的热损伤、机械损伤和可靠性问题。

IPC/JEDEC J-STD-033《潮湿/回流焊敏感元器件的处理、包装、运送及使用规范》描述了潮湿/回流焊敏感的器件在处理、包装、运送及使用过程中，避免失效的方法、敏感度的分级及车间寿命。此规范中的方法能够避免生产中因暴露、吸潮而导致在回流焊接过程中元器件的损伤和可靠性下降。

3. 潮湿敏感器件（潮敏器件）烘烤的必要性

潮敏器件烘烤从时间和费用两方面来说都是一个负担。因此判断受潮器件是否需要烘烤就非常有意义。

一般塑封器件吸潮至饱和的质量变化在 0.3%～0.4%。1990 年出版的 IPC-SM-786 标准中将吸水 0.11%作为危险阈值。事实上，潮湿敏感器件有两个重要的水汽阈值：①分层阈值：当水汽吸收到该量，回流焊接时即会出现器件内部分层；②爆裂阈值：若吸水量继续增加，就可能导致回流焊接过程中产生爆裂，该阈值为爆裂阈值。若器件吸水超过爆裂阈值，由于其危害极大，因此无论器件或产品是否功能失效，都应视为失效。对于分层阈值，在功能正常的情况下，是否应按照失效处理则取决于器件设计和分层位置。如果在芯片表面或第二焊点位置出现分层，一般应按照失效处理；如果芯片焊盘分层，但芯片焊盘上无丝焊点，则一般可以接受；如果黏接层分层，但黏接层无导电功能和散热功能，一般也可以接受。

要判断受潮器件是否可以安全使用，可以采用如下两种方法。

1）*称重法*

不同器件的分层阈值和爆裂阈值不同，但同一厂家的同一器件除非材料和结构有明显变化，否则阈值基本是不变的。可以通过前期的吸潮和再流试验事先定出器件的分层阈值和爆裂阈值，当器件受潮或怀疑受潮时，只要通过称重法即可判断所吸收的水分是否仍然在安全的范围内。如果超出安全范围，则必须进行烘烤。

2）*超声扫描分析法*

对受潮或怀疑受潮的器件直接进行 1～3 次回流试验（按照组装需要的实际曲线进行），回流后进行超声扫描，检测分析是否出现分层和爆裂。如果器件仍然可以承受三次回流焊接而无失效，则说明器件在安全规范之内，组装过程中承受的加热次数不受限制。如果器件不能承受回流试验，则需要进行烘烤；否则需要根据器件实际能够承受的加热次数来控制器件的组装。必须指出，该方法适用于对受潮器件立刻进行组装或立刻封入干燥包装的情形。若希望了解受潮器件还有多少安全环境存放时间，则需要设计更复杂的试验方案。

4. 组装过程导致潮敏器件失效的常见原因

（1）原始来料烘干不足，或包装漏气。

（2）器件拆封后在环境条件下暴露时间超出环境储存时间的规定。

（3）器件拆封后由于种种原因未用完，未及时封入干燥包装且重新组装时未做烘干处理。

（4）由于 PCB 板上其他类型器件的限制，导致回流曲线超出器件能够耐受的温度范围。

（5）返修或返工时，未对相应器件进行烘干处理。

（6）器件拆封后在环境条件下的暴露时间虽然未超出存储时间的规定，但环境条件明显劣于规定的环境条件。

5.3.2 吸湿造成的 PCB 爆板问题

PCB 爆板主要是由材料的吸水率高、材料本身的热稳定性差或工艺温度超过材料极限等造成。组装过程中温湿度控制不当造成的吸湿也会导致爆板的发生。

PCB 板件的保质期一般为 6～12 个月，最好控制在 3～6 个月。PCB 板件如果超出保质期，需重新进行 120℃/2h 烘干，并根据 IPC-TM-650 2.6.8 的热应力条件[（288±5℃）/10s/3]循环，测试后若样板无分层和气泡等现象则判定为合格。如果出货前没有进行试验和评估，则有爆板的隐患。为保证板件在保质期内不受潮、吸湿，板件一般都进行真空包装，同时在包装袋内加干燥剂。

存储环境温度或湿度超标会导致板件吸湿，板件拆包前的 PCB 存储环境一般控制在温度低于 30℃、湿度小于 75%的范围内。但如果拆包后整包或尾数板件裸露在装配线上时间过长、内包装破损使板件吸湿超标，就会对 PCB 有影响。若在板件未装配的停放时间内出现台风、暴雨等极端天气，PCB 板件在此高湿环境下更容易吸潮，会给组装过程爆板留下隐患。

当板件出现吸湿爆板时，通常可以使用分析天平对样品进行称重，然后将样品置于烘箱中，在 120℃条件下烘干 2 小时，冷却后再重新称重，计算板件前后的质量则可以得知吸潮情况。一般吸湿率在 0.15%左右 PCB 板就有爆板风险，而且埋孔越密集的地方爆板隐患越严重。

PCB 爆板（起泡）图片如图 5.10 所示。

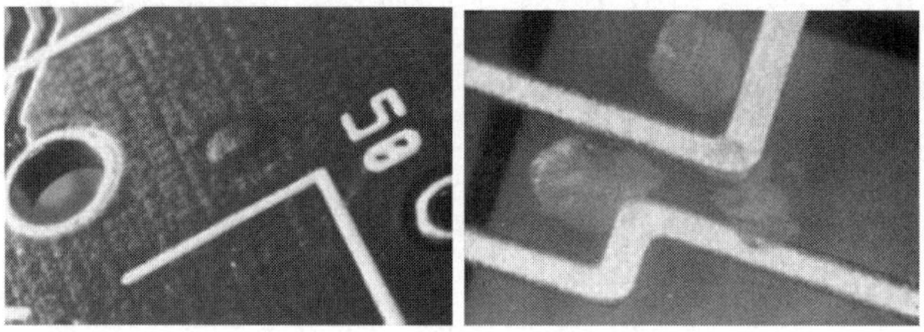

图 5.10 PCB 爆板（起泡）图片

5.4 单板组装过程的静电损伤问题

5.4.1 电子元器件的静电损伤

静电放电（ESD，Electrostatic Discharge）是指处于不同静电电位的两个物体间的静电电荷转移的现象。一般来说，静电只有在发生静电放电时，才会对元器件造成损伤。

对电子元器件来说，静电放电（ESD）是广义的过电应力的一种。广义的过电应力（EOS，Electrical Over Stress）是指元器件承受的电流或电压应力超过其允许的最大范围。表 5.1 是三种过电应力现象的特点比较。

表 5.1　三种过电应力现象的特点比较

闪电（Lightning）	过电（EOS）	静电放电（ESD）
极端的高电压； 极大的能量	低电压（16V）； 持续时间较长； 较低的能量	高电压（4kV）； 持续时间短（几百纳秒）； 很低的能量； 极短的上升时间

静电放电现象是过电应力一种，但与通常所说的过电应力相比又有其自身的特点：①其电压较高，至少有几百伏，典型值在几千伏，最高可达上万伏；②持续时间短，多数只有几百纳秒；③相对于通常所说的 EOS，其释放的能量较低，典型值在几十到几百微焦耳。另外，ESD 电流的上升时间很短，如常见的人体放电，其电流上升时间短于 10ns。

5.4.2　单板组装过程中的静电来源

在日常生活中，静电的来源是多方面的，如人体携带、塑料制品、仪器和设备及电子元器件本身。

1．人体静电

人体是最重要的静电来源之一，这主要有三个方面的原因。其一，人体接触面广，活动范围大，很容易与带有静电荷的物体接触或摩擦而带电，同时也有许多机会将人体自身所带的电荷转移到元器件上或者通过元器件放电。其二，人体与大地之间的电容小，约为 50～250pF，典型值为 150pF，故少量的人体静电荷即可导致很高的静电势。其三，人体的电阻较小，相当于良导体，如手到脚之间的电阻只有几百欧姆，手指产生的接触电阻为几千至几万欧姆，故人体处于静电场中也容易感应起电，而且人体某一部分带电即可造成全身带电。

影响人体静电的因素十分复杂，主要体现在以下几个方面：

（1）人体静电与人体所接触的环境及活动方式有关。

（2）人体静电与环境湿度有关，湿度越低则静电势越高。

（3）人体静电与所穿戴的衣物和鞋帽的材料有关，化纤和塑料制品比棉制品更容易产生静电。工作服和内衣摩擦时产生的静电是人体静电的主要起因之一。

（4）人体静电与个体的体质有关，主要表现在人体等效电容与等效电阻上。人体电容越小，则越容易因摩擦而带电；带电电压越高，人体电阻越小，则越容易因感应带电。人体电容与所穿戴的衣服和鞋帽的材料及周围所接触的环境（特别是地板）有关，人体电阻则与皮肤表面水分、盐和油脂的含量、皮肤接触面积和压力等因素有关。由于人体电容的 60%是脚底对地电容，而电容量正比于人体与地之间的接触面积，所以单脚站立的人体静电势远大于双脚站立的人体静电势。

（5）人体静电与人的操作速度有关，操作速度越快，人体静电势越高。

（6）人体各部位所带的静电电荷不是均等的，一般认为手腕侧的静电势最高。

2．仪器和设备的静电

仪器和设备也会由于摩擦或静电感应而带电。如传输带在传动过程中由于与转轴的接触和分离产生的静电，接地不良的仪器金属外壳在电场中感应产生静电，等等。仪器和设备带电后，与元器件接触也会产生静电放电现象，并造成静电损伤。

3．电子元器件本身的静电

电子元器件的外壳（主要指陶瓷、玻璃和塑料封装管壳）与绝缘材料相互摩擦也会产生静电。电子元器件外壳产生静电后，会通过某一接地引脚或外接引线释放静电，也会对元器件造成静电损伤。

4．其他静电来源

除上述三种静电来源外，在电子元器件的制造、安装、传递、运输、试验、储存、测量和调试等过程中，会遇到各种各样的由绝缘材料制成的物品，这些物品相互摩擦或与人体摩擦都会产生很高的静电势。

5.4.3 静电放电的失效模式及失效机理

由静电放电引发的电子元器件失效可分为突发性失效和潜在性失效两种模式。突发性失效是指元器件受到静电放电损伤后，突然丧失其原有的功能，主要表现为开路、短路或参数严重漂移。潜在性失效是指静电放电能量较低，仅在元器件内部造成轻微损伤，放电后元器件电参数仍然合格或略有变化，但元器件的抗过电应力能力已经明显削弱，或者使用寿命已明显缩短，再受到工作应力或经过一段时间工作后将进一步退化，直至彻底失效。

在使用环境中出现的静电放电失效大多为潜在性失效。据统计，在由静电放电造成的使用失效中，潜在性失效约占 90%，而突发性失效仅占 10%。而且，潜在性失效比突发性失效具有更大的危险性，一方面是因为潜在失效难以检测，而元器件在制造和装配过程中受到的潜在静电损伤会影响它装入整机后的使用寿命；另一方面，静电损伤具有积累性，即使一次静电放电未能使元器件失效，多次静电损伤累积起来最终必然使之完全失效。

5.4.4 保障工艺可靠性的静电防护措施

静电现象是客观存在的，防止静电对元器件损伤的途径有两条：一是从元器件的设计和制造上进行抗静电设计和工艺优化，提高元器件内在的抗静电能力；二是采取静电防护措施，使元器件在制造、运输和使用过程中尽量避免静电带来的损伤。对元器件的使用方，包括元器件生产厂家、电路板、组件制造商以及整机厂商来说，主要采取甚至只能采取后一种静电防护措施来防止或减少静电对元器件的损害。

1．静电防护的作用和意义

多数未采取静电防护措施的元器件的静电放电敏感度都很低，很多在几百伏的范围，如 MOS 单管在 100～200V 之间，砷化镓场效应管在 100～300V 之间，而且这些单管是不能增加保护电路的。一些电路尤其是 CMOS 元器件采取了静电防护设计，虽然可以明显提高抗 ESD 水平，但大多也只能达到 2000～4000V，而在实际环境中产生的静电电压则可能达到上万伏。因此，没有防护的元器件很容易受到静电损伤。随着元器件尺寸越来减小，这种损伤就会越来越多。所以，绝大多数元器件是静电敏感元器件，需要在制造、运输和使用过程中采取静电防护措施。

对电子行业（如微电子、光电子）的制造和使用厂商来说，静电造成的损失和危害是相当严重的。据日本的行业统计数据，日本不合格的电子器件中有 45%是由静电而引起的。图 5.11 是美国 TI 公司某一年对客户失效器件原因进行分析统计的结果，由 EOS/ESD 引起的失效占失效总数的 47%。图 5.12 是美国半导体可靠性新闻对 1993 年从制造商、测试方和使用现场得到的 3400 例失效案例的统计，EOS/ESD 造成的失效占比达到 20%。而图 5.13 是一个 CMOS 元器件和一个双极型元器件在受到 ESD 损伤后芯片内部的形貌。

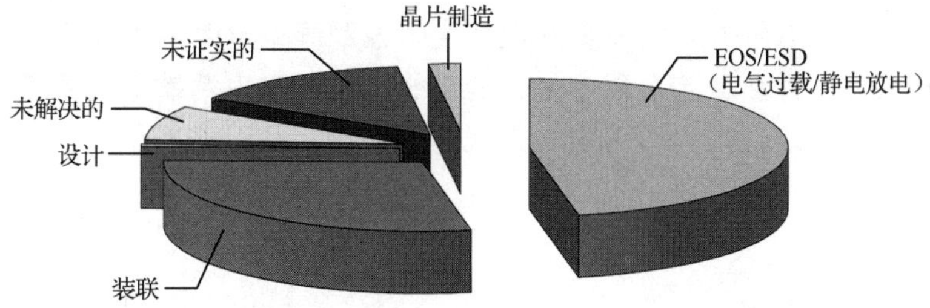

图 5.11　美国 TI 公司某一年客户失效器件原因分析统计

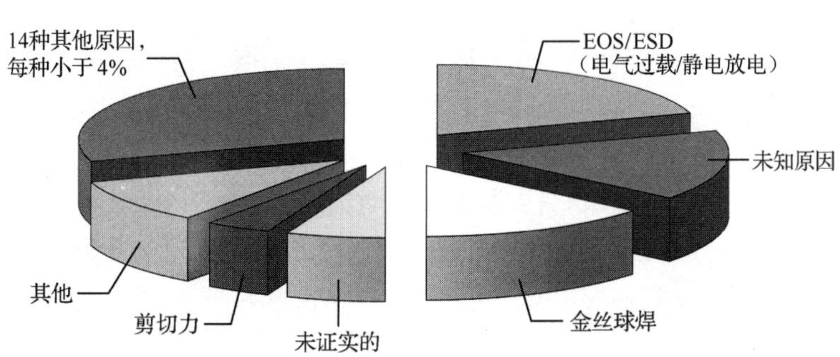

图 5.12　1993 年从制造商、测试方和使用现场得到的 3400 例失效案例统计

（a）CC4069 4.0kV　　（b）JF709 2.0kV

图 5.13　电路受 ESD 损伤后，芯片内部的形貌实例

2. 静电防护的目的、原则及技术途径

1）目的和原则

静电防护的根本目的是，在电子元器件、组件、设备的制造和使用过程中，通过各种防护手段，防止因静电放电的力学和放电效应而产生或可能产生的危害，或将其危害限制在最低程度，以确保元器件、组件和设备的设计性能及使用性能不受到影响。

静电防护和控制的主要目的应是控制静电放电，即防止静电放电的发生或将静电放电的能量降至所有敏感元器件的损伤阈值之下。

从原则上说，静电防护应从控制静电产生和控制静电消散两方面进行。控制静电产生主要是控制工艺过程和工艺过程中材料的选择；控制静电消散则主要是快速而安全地将静电释放或中和。两者共同作用的结果就有可能使静电电平不超过安全限度，达到静电防护的目的。

2）基本思路和技术途径

通过采取正确和适当的静电防护措施，建立静电防护系统，就可以消除或控制静电放电的产生，使其对元器件的损害降至最小。对静电敏感元器件进行静电防护和控制的基本思路有两条：

（1）对于可能接地的地方，要防止静电的聚集，采取一定的措施，避免或减少静电放电的产生，或采取“边产生边泄漏”的方法达到消除电荷积聚的目的，将静电荷控制在不致引起危害的程度。

（2）对于已存在的电荷积聚，应迅速可靠地消除掉。

生产过程中静电防护的核心是“静电消除”。为此，可建立一个静电安全工作区，即通过使用各种防静电制品和器材，采用各种防静电措施，使区域内可能产生的静电电压保持在对最敏感元器件安全的阈值下。

5.5 焊接过程的可靠性问题

5.5.1 冷焊

焊接完成后，可能出现不完全回流现象，如出现粒状焊点、形状不规则焊点，或焊粉未完全融合。如图 5.14 所示即为 BGA 焊点的冷焊现象，图 5.15 所示为表面贴装电容焊点的冷焊现象。

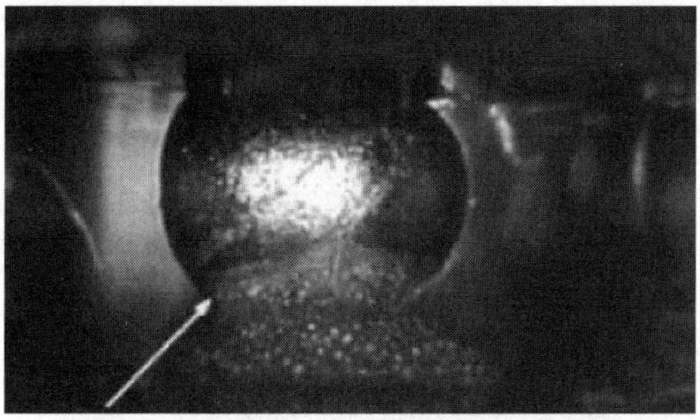

图 5.14　BGA 焊点的冷焊现象

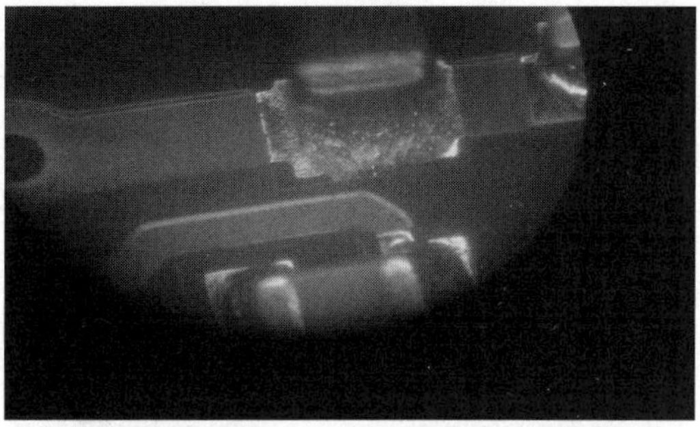

图 5.15　表面贴装电容焊点的冷焊现象

顾名思义，冷焊是指回流不充分时出现的焊点，其产生原因多样，如回流焊曲线的峰值温度不够高，或者回流焊曲线中液相线以上时间太短。对于共晶 Sn/Pb 焊料，建议峰值温度约为 215℃，且超过液相线温度的驻留时间为 60～90s。

其他因素也会造成冷焊现象的产生，例如：①回流时加热不充分；②冷却阶段时的扰动（如图 5.16 所示），冷却阶段扰动造成焊点表面不光滑；③表面污染抑制了焊剂活性的发挥；④焊剂活性不足；⑤焊粉质量不良等。

图 5.16　冷却阶段扰动造成的焊点表面不光滑

在冷却阶段，如果焊点受到扰动，焊点表面就会呈现高低不平的状态。尤其是在等于或稍微低于熔点时，焊料非常柔软。这种缺陷或者是由强烈的冷却空气造成的，或者是由传送带的抖动造成的。

焊盘、引脚及周围的表面污染会抑制焊剂活性，导致不完全回流。在有些情况下，能在焊点表面观察到没熔化的焊粉。典型的例子就是某些焊盘、引脚金属所用电镀化学物的残留物，此种情况应该采用适当的电镀后清洗工艺来解决。

焊剂活性不足将导致金属氧化物的不完全清除，随后导致焊料金属不能紧密结合在一起。与表面污染的情况类似，焊点周围会经常出现锡球。焊粉质量不良也会引起冷焊。

5.5.2 空洞

焊点空洞是 SMT 回流焊接工艺中的常见现象。如图 5.17 所示为表面贴装器件焊点空洞。空洞将影响焊点的机械性能、强度、延展性，对蠕变和疲劳寿命也会产生影响。多个空洞结合在一起形成的连续裂纹会造成焊点的开裂失效，如图 5.18 所示即为 BGA 焊点多个空洞相连造成的开裂失效。焊点恶化的原因是，空洞造成焊点应力和应变的增大。此外，空洞也会引起焊点过热，降低焊点的可靠性。一般来说，插件焊点的空洞起因于：①在凝固期间焊料收缩；②在焊接电镀通孔时层压材料放气；③焊剂的释放。

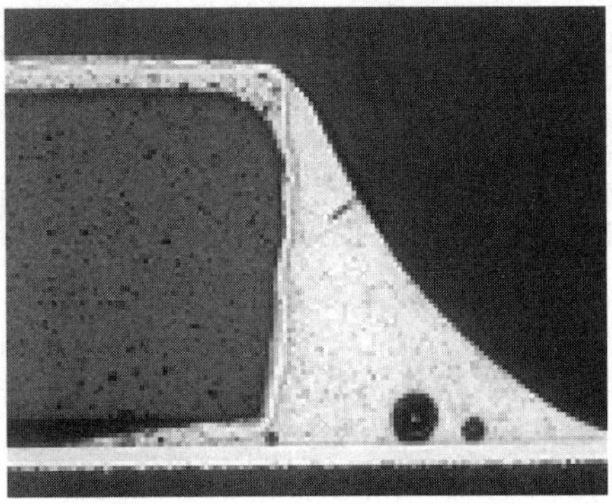

图 5.17　表面贴装器件焊点空洞

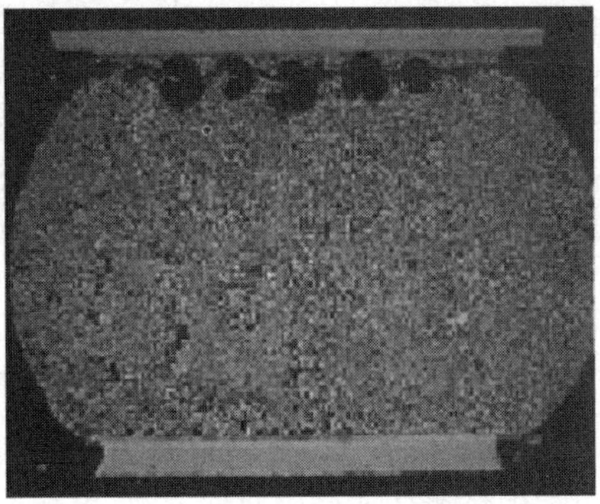

图 5.18　BGA 焊点空洞相连造成的开裂失效

在长时间的回流焊接中，裂纹主要沿着 IMC 层和焊料基体之间的界面扩展。如果在峰值温度为 220℃时的回流时间太短，空洞面积的百分比会变得很大，裂纹大部分开始于大的空洞。

空洞的产生主要是由于金属镀层的可焊性，且随着金属镀层可焊性或焊剂活性的下降而增多，也随着金属颗粒含量的增加而增多。焊料颗粒尺寸的减小会引起空洞轻微地增多。空洞也是金属焊料接合与金属氧化物消除的时间函数。金属焊料焊接接合得越快，空洞形成得越厉害。空洞增加通常伴随着空洞比例的增加。控制空洞的措施有：①改善元器件、基板的可焊性；②使用活性高的焊剂；③减少焊粉的氧化；④回流炉中使用惰性气体；⑤元器件引脚覆盖面积尽量小；⑥在焊接时使熔融焊点开裂，使焊点中的气体释放；⑦回流前预热速度减慢以促进焊剂活性发挥；⑧在峰值温度以上的时间足够长。

5.5.3 片式元器件开裂

在 SMT 组装生产中，片式元器件开裂常见于多层片式电容器（MLCC）。图 5.19 所示为典型的多层陶瓷电容器的结构，开裂失效主要是应力作用所致，包括热应力和机械应力。图 5.20 所示即为热应力造成的 MLCC 器件的开裂现象。

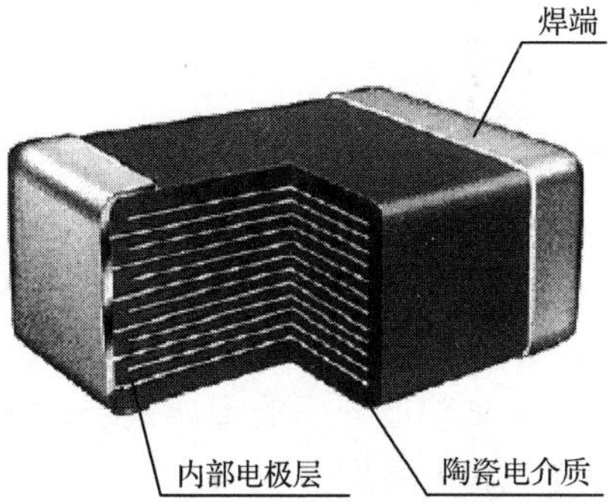

图 5.19　典型的多层陶瓷电容器的结构

图 5.20　热应力造成的 MLCC 器件开裂现象

片式元器件开裂经常出现在以下一些情况下：

（1）采用 MLCC 类电容的场合。对这类电容来说，其结构为多层陶瓷电容叠加，所以其结构脆弱、强度低、极不耐热与机械力的冲击，这一点在波峰焊时尤为明显。

（2）贴片过程中，贴片机 Z 轴的吸放高度出现偏差，吸放高度由片式元器件的厚度而不是由压力传感器来决定，故元器件厚度的公差会造成开裂。

（3）焊接后，若 PCB 上存在翘曲应力，则容易造成元器件的开裂。

（4）拼板的 PCB 在分板时的应力也会损坏元器件。

（5）在 ICT 测试过程中，机械应力造成 MLCC 器件开裂（见图 5.21）。

（6）组装过程中的打螺钉产生的应力对其周边的 MLCC 也会造成损坏。

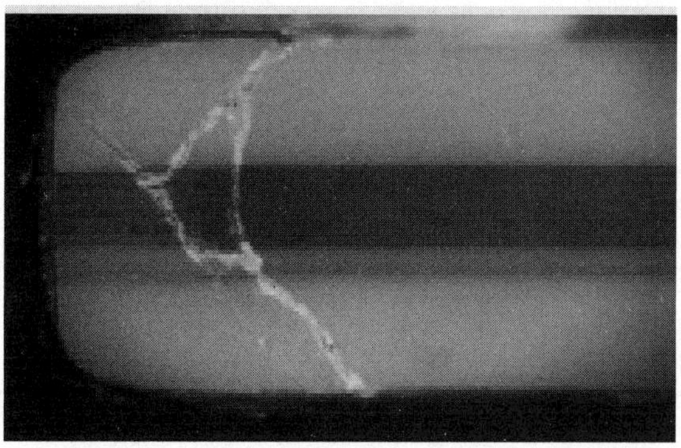

图 5.21　机械应力造成的 MLCC 器件开裂现象

为预防片式元器件开裂，可以采取以下措施：

（1）认真调节焊接工艺曲线，特别是升温速度不能太快。

（2）贴片时保证贴片机压力适当，特别是在厚板和金属衬底板、陶瓷基板上贴装 MLCC 等脆性元器件时要特别注意。

（3）注意拼板时的分板方法和割刀形状。

（4）PCB 的翘曲度，特别是焊后的翘曲度，应进行有针对性的矫正，避免大变形产生的应力对元器件产生影响。

（5）PCB 布局时，MLCC 等器件避开高应力区。

5.5.4 金属渗析

渗析是回流焊接时基底金属溶解到熔融焊料里的现象。其结果会造成这些外来的金属渗入焊点并达到饱和状态，这些外来金属形成的颗粒状金属间化合物分散在焊点中。最常见的现象是，由于这些颗粒在焊点表面堆积，焊点表面会呈现砂粒状。基底金属在过度渗析的情况下（如厚膜的表面金属层）可能会溶解掉，从而导致焊端不润湿。

产生渗析的原因有：①基底金属在焊料中的高溶解率；②过分薄的金属镀层；③焊剂的活性过高；④过高的回流焊接温度；⑤回流时在熔点以上驻留时间长。

图 5.22 是金属和金属层在 Sn60Pb40 中溶解的例子。溶解率按如下顺序减少：Sn>Au>Ag>Cu>Pd>Ni。理论上，渗析问题是由一些基底金属的高溶解率所引起的，可通过更换金属或加一些较低溶解率的金属进行调节。锡的高溶解率及低熔化温度，使得它只可用作表面镀层，不能作为基底金属。金可以作基底金属，如金厚膜。假定金的渗析问题可用铜、钯或镍来替换以减小渗析率，由于铜易于氧化，所以必须用某些表面涂层来保护铜，如 OSP；钯虽然是稳定的，但钯没有很好的可焊性；镍是活性金属，易于氧化，也必须用某些表面涂层来保护。所以，一个实用的办法是，采用复合镀层方法，如在化学镀镍的上部浸金。这里的金层是 0.076～0.2μm 的薄膜，用作氧化保护层，而镍层厚 2.6～5μm，它作为溶解阻挡层和扩散阻挡层。当在化学镀镍/浸金上焊接时，金在零点几秒之内溶解到焊料里，因此在焊料和无氧化的镍之间直接形成冶金键合。

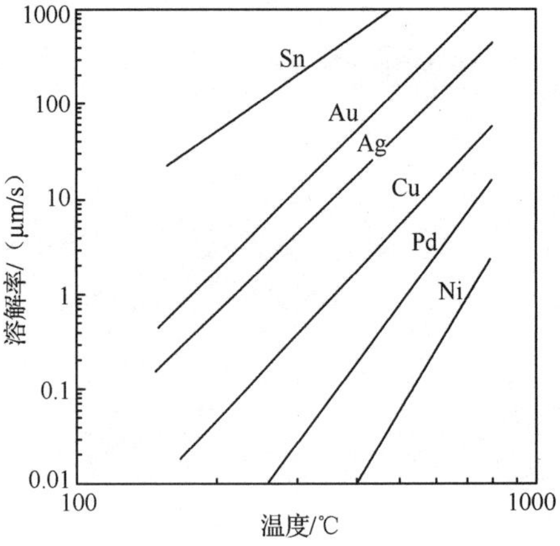

图 5.22　金属和金属层在 Sn60Pb40 中的溶解率

如果基底金属层太薄，渗析就会成为问题，因为轻微的溶解就会把它从基板上完全除去，从而产生不润湿问题。对于混合器件的应用，由于不良的烧结工艺在厚膜里产生了高气孔率，厚膜也会表现出高溶解率。

基底金属层的高溶解率可以通过在焊料中预先掺杂基底金属的方法来解决。例如，在焊料 Sn60Pb40 中加少量的银就可有效地减少银在 Sn60Pb40 焊料合金中的溶解。如图 5.23 所示，可以看出在 Sn60Pb40 焊料中掺杂银对溶解率的影响。

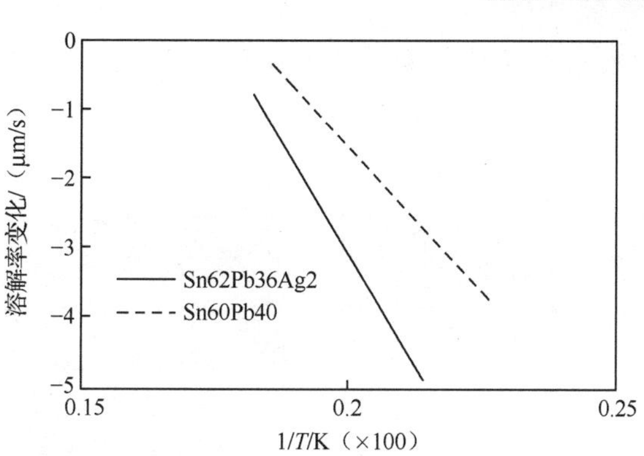

图 5.23　在 Sn60Pb40 里掺杂银对银溶解率的影响

但是，相同的方法不能应用于金表面之上的焊接。掺加金到 Sn-Pb 焊料系统中，会形成过多的 $AuSn_4$ 金属间化合物。过多的 $AuSn_4$ 金属间化合物会把焊料转换成惰性流体，从而导致润湿不良。

虽然渗析是一种冶金现象，但焊剂的活性也会对它产生影响。使用活性更强的焊剂经常会加重渗析的发生。因为高活性的焊剂会更迅速地除去金属氧化物，使得基底金属和熔融焊料更快地形成接触，这样，熔融焊料和基底金属的接触时间更长。对于一个固定的回流曲线，较长的接触时间就意味着较大的渗析程度。

回流焊接时，高的工艺温度和长的再流驻留时间对渗析有着双重影响。首先，会增加金属层向焊料中的溶解，如图 5.22 所示，随着温度的增加，金属的溶解率不断增大。其次，焊剂的活性也会随着温度的增加而增强，如上面所讨论的那样，活性增强会更进一步增加渗析现象。一般来说，考虑到大多数回流工艺，窗口为“目标峰值温度（220±15）℃”和“目标驻留时间（75±15）s”（对于锡铅焊料）。在此工艺窗口之内，回流温度的变化比驻留时间对渗析的影响更大。例如，当驻留时间从 60s 增加到 90s 时，Sn60Pb40 里的金的溶解率增加 1.5 倍；但当焊接温度从 205℃增至 235℃时，Sn60Pb40 里的金的溶解率大约增加 3 倍。

减少渗析的解决方法有：①用较低溶解率的金属作为基底金属，需要时使用表面镀层；②在基底金属里掺入较低溶解率的元素；③在焊料里掺入基底金属元素；④保证厚膜的烧结质量；⑤使用低活性的焊剂；⑥使用较小的热量输入。

5.5.5　焊点剥离

焊点剥离（lifted pad）现象多出现在通孔波峰焊接工艺中，也在回流焊接工艺中出现过。现象是焊点和焊盘之间因出现断层而剥离，如图 5.24 所示。产生这类现象的主要原因是无铅合金和基板之间的热膨胀系数差别很大，导致焊点固化时在剥离部分有太大的应力，从而导致它们分开，一些焊料合金的非共晶性也是造成这种现象的原因之一。

处理此问题主要有两种做法：一是选择适当的焊料合金；二是控制冷却的速度，使焊点尽快固化，形成较强的结合力。除了这些方法，还可以通过设计来减小应力的幅度，也就是将通孔的铜环面积减小。日本企业有一个流行的做法——使用 SMD 焊盘设计。

也就是通过绿油阻焊层来限制铜环的面积。但这种做法有两个不理想的地方：一是较轻微的剥离不容易看出；二是 SMD 焊盘在绿油阻焊层和焊盘界面形成了焊点，从寿命的角度来看是不理想的。

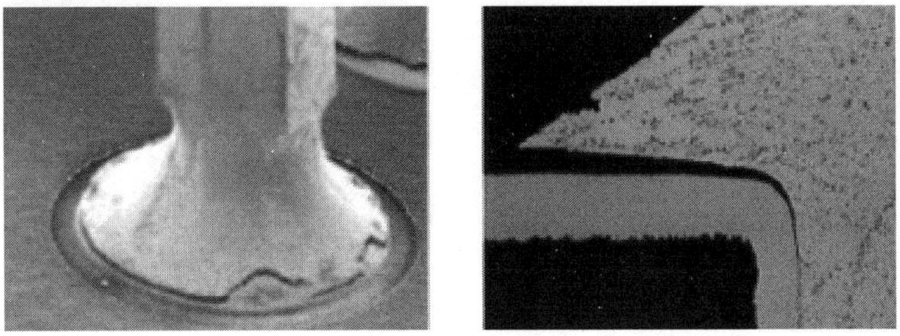

图 5.24 焊点剥离

有些剥离现象出现在焊点上，如图 5.25 所示，称为裂痕或撕裂。这类问题如果在波峰通孔焊点上出现，业界有些供应商认为这是可以接受的。主要是因为通孔的质量关键部位不在这个地方。但如果剥离现象出现在回流焊点上，应该算是质量隐患，除非程度十分小（类似起皱纹）。

Bi 在回流焊接及波峰焊接工艺中也会产生影响，即产生焊点剥离。Bi 原子的迁移特性，致使在焊接过程中及焊接后，Bi 原子向表面及无铅焊料与铜焊盘之间迁移，从而生成“多铋”的不良薄层，伴随使用过程中焊料和 PCB 基材之间的 CTE 不匹配问题，将造成垂直浮裂。图 5.26 所示为 Bi 偏析导致的焊点剥离现象。

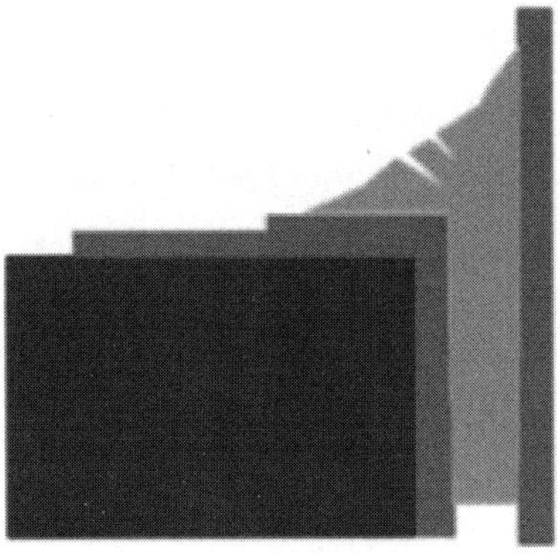

图 5.25 焊点上的裂痕

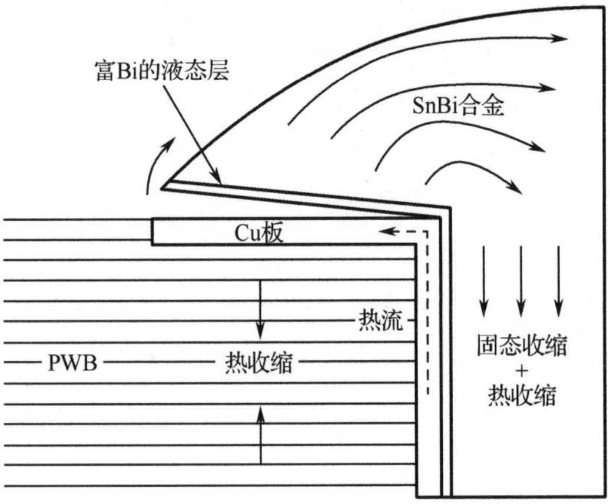

图 5.26 Bi 偏析导致的焊点剥离现象

5.5.6 片式元器件立碑缺陷的机理分析与解决

1．“立碑”缺陷的机理分析

“立碑”缺陷即“墓碑”（tombstoning）、“吊桥”（drawbridging）、“石柱”（stonehenging）和“曼哈顿”（Manhattan）现象，都是用来描述如图 5.27 所示的片式元器件工艺缺陷的形象说法，这类缺陷的典型特点就是，元器件的一端在回流焊过程中翘起一定角度。在早期的表面组装过程中，“立碑”现象是与气相回流焊、红外回流焊工艺强相关的问题。气相回流焊中，“立碑”的主要原因是，元器件升温过快，升温时没有一个均热过程就已使焊膏熔化，导致热容量有差异的元器件两端焊膏不是同时熔化的，元器件两端的润湿力不平衡，导致“立碑”现象发生。而红外回流焊中，焊盘、焊膏、焊端颜色的差异将导致吸收热量不同，引起两端焊膏不同时熔化，元器件两端的润湿力不平衡，从而引起“立碑”。

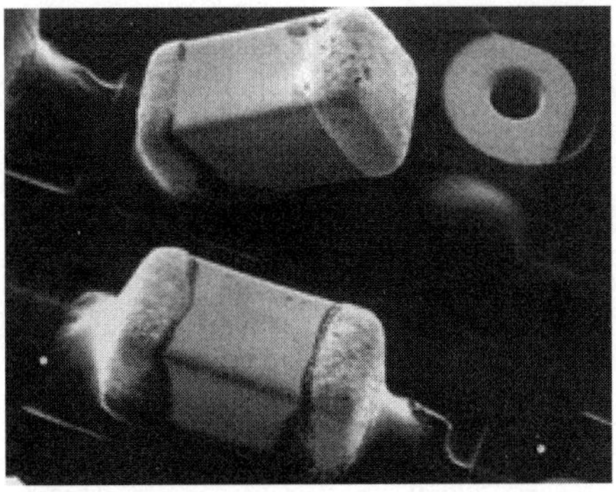

图 5.27　片式元器件回流焊接过程中的“立碑”缺陷

随着片式元器件焊端质量的提高、热风回流焊的广泛使用及对回流曲线的优化，“立碑”现象逐渐减少，已经不是 SMT 组装过程中的一个重要问题了。但是，电子产品功能多样化、尺寸小型化带来的微型化，特别是移动终端类产品中 0402、0201 封装元器件的大量使用，使得“立碑”又成为电子组装工艺的一个主要缺陷，对产品的加工质量、直通率、返修成本都产生了很大的影响。

从机理上分析，“立碑”产生的原因是元器件两端的润湿力不平衡，当一端的润湿力产生的转动力矩超过了另一端润湿力及元器件重力联合作用产生的力矩时，在转动力矩的作用下，把元器件一端提升起来了。“立碑”现象的受力分析如图 5.28 所示。

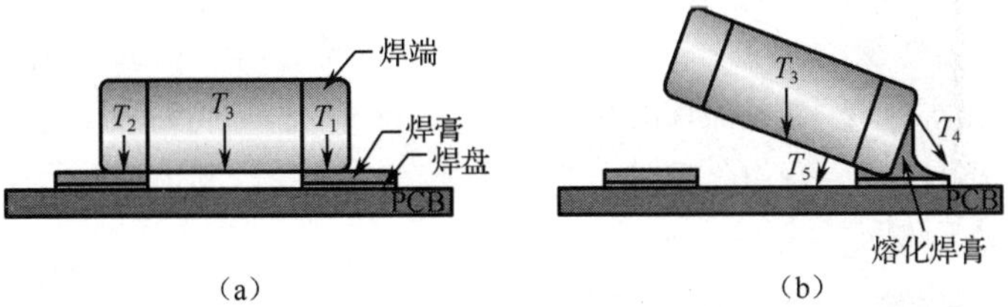

图 5.28　“立碑”现象的受力分析

图 5.28（a）为贴片后、回流焊接前元器件受力状态，图 5.28（b）为回流焊接“立碑”现象发生时元器件的受力状态。贴片后、回流焊接前元器件受两端黏结力及重力的作用，焊接过程“立碑”现象发生时元器件在拉起端的黏结力 T_2、元器件重力 T_3 及熔化端的润湿力 T_4、T_5 综合作用下产生翻转，此时 T_4 对焊端支撑点产生的力矩大于 T_2+T_3+T_5 对焊端支撑点产生的力矩之和，即：

$$M_{(T_4)} > M_{(T_2)} + M_{(T_3)} + M_{(T_5)} \tag{5.7}$$

由图 5.28 可知，元器件越小，所受重力越小，就越容易产生“立碑”现象。图 5.28 中各个参数的意义：

T_1——元器件焊端的黏结力。

T_2——元器件焊端的黏结力，$M_{(T_2)}$——元器件焊端的黏结力 T_2 产生的力矩。

T_3——元器件所受的重力，$M_{(T_3)}$——元器件所受重力 T_3 产生的力矩。

T_4——元器件端部的润湿力，$M_{(T_4)}$——元器件端部的润湿力 T_4 产生的力矩。

T_5——元器件焊端底部的润湿力，$M_{(T_5)}$——元器件焊端底部的润湿力 T_5 产生的力矩。

2. 影响片式元器件“立碑”的因素

1）焊盘设计对“立碑”缺陷形成的影响

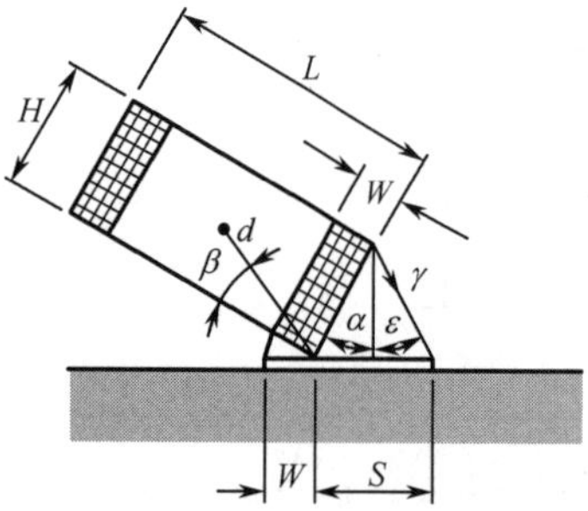

图 5.29　影响“立碑”的焊盘尺寸

焊盘尺寸越大，熔融焊料的表面积越大，对焊端产生的润湿力越大，对“立碑”产生的影响也就越显著。IPC 标准对焊盘尺寸有推荐的设计建议，但是对于同一类型的元器件，各个厂家所用的尺寸存在差异。如图 5.29 所示，对“立碑”现象影响最大的两个焊盘尺寸是 W 与 S，W 大于 S 时，端部润湿力产生的力矩比 W 小于 S 时产生的力矩小，“立碑”发生的概率就小。因此，在设计阶段要关注焊盘的尺寸，综合元器件的尺寸，得到合理的焊盘设计方案，从而有效减少“立碑”现象的发生。

2）焊膏印刷对“立碑”缺陷形成的影响

有时焊膏印刷位置会出现偏差，焊膏没有准确地印刷在焊盘上。如图 5.30 所示，上部焊端的锡膏印刷出现了偏位，贴片后元器件端子没有与焊膏良好接触，在回流炉中进行回流焊接时，焊膏就不会向元器件焊端爬锡，元器件的两端一边有润湿力而另一端没有润湿力，就会出现严重的受力不平衡，没有与焊膏接触的一端被拉起来而出现“立碑”。图 5.30 所示是比较严重的情况，有时由于印刷效果不好，导致焊盘两端的焊膏量差异比较大，这时在回流焊接时两端的润湿力也会有较大的差异，当差异达到一定程度时就会导致“立碑”现象的发生。

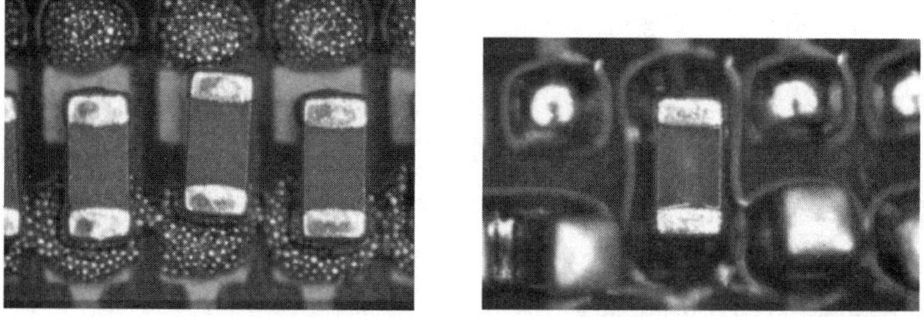

（a）　　　　（b）

图 5.30　焊膏印刷偏位导致元器件“立碑”

3）贴片精度对“立碑”缺陷形成的影响（见图 5.31）

如果贴片机的贴片精度差，那么在贴装过程中元器件端相对于焊盘会有较大的偏位，元器件两端与焊膏接触面积不同，焊膏熔化时元器件两端的润湿力不平衡，导致“立碑”现象的发生。更为严重时，元器件贴放偏位较大，使元器件一端与焊膏未接触上，回流焊接时，元器件两端润湿力严重不平衡，导致“立碑”现象出现。因此，对于微型片式元器件，必须保证贴片精度。

图 5.31 元器件贴放偏位对“立碑”缺陷的影响

4）回流温度曲线对“立碑”缺陷形成的影响

回流焊接温度曲线的设置对“立碑”的产生也有较大的影响。如果温度曲线设置不当，如升温速率过快、预热时间过短、回流焊接时元器件两端存在较大的温差（元器件一端的焊膏已经熔化，而另一端还没有熔化），这时由于两端润湿力的不平衡，将导致元器件产生“立碑”现象。如图 5.32 所示，就是因为两端焊膏的温度有较大差异，没有同时熔化，出现润湿力不平衡引起的“立碑”现象。

图 5.32 温度曲线设置不合理导致“立碑”

5）材料可焊性对“立碑”缺陷形成的影响

元器件焊端的可焊性不一致，如一端可焊性好，另一端可焊性差，当回流焊接时，熔化的焊料对可焊性差的焊端的润湿力就会小于可焊性好的焊端，这样两端就会出现较大的润湿力不平衡，导致“立碑”现象发生。如果焊盘一端可焊性差，而另一端可焊性良好，当回流焊接时，对于可焊性差的一端，熔化的焊膏就会被焊端吸走，这样焊盘可焊性差的一端对元器件的润湿力就很小，而可焊性良好的一端对元器件的润湿力就会较大，此时依然会由于润湿力的不平衡而出现“立碑”现象。图 5.33 所示的微型片式元器件焊盘两端存在可焊性差异，上部焊盘可焊性良好，锡膏熔化后铺展整个焊盘，下部焊盘可焊性差，熔化的焊膏在焊盘上不铺展而是缩成了球状。

图 5.33　可焊性好与可焊性差的焊盘对比

3．“立碑”缺陷的解决措施

“立碑”缺陷是一种可以防止的工艺缺陷。通过工艺设计、质量控制、工艺调整可以减少“立碑”的发生，提高组装过程的直通率，降低缺陷率，减少返修，提高电子产品的质量与可靠性。防止“立碑”发生的具体措施有以下几个。

（1）焊盘设计要合理：焊盘超出片式元器件端子的延伸部分要适当，不能过大；焊盘的宽度要合适，超出元器件宽度的焊盘，在再流熔化时会使元器件飘移，出现“立碑”的概率会增大。

（2）保证焊膏印刷位置精度要求和两端焊膏量一致。

（3）保证元器件贴放位置符合精度要求。

（4）再流曲线设置合理：设置适当的升温速率与预热时间，避免过快的升温速率和较短的预热时间。

（5）保证材料的良好可焊性：元器件焊端、PCB 焊盘及焊膏都要具有良好的可焊性。

5.6　无铅焊接高温的影响

5.6.1　无铅焊接高温对元器件可靠性的影响

无铅焊接对元器件提出了更高的要求，最根本的原因在于焊接温度的提高。传统锡铅共晶焊料的熔点为 183℃，而目前得到普遍认可与广泛采用的锡银铜无铅焊料的熔点大约为 217℃，使得“热致失效”大大加剧。无铅工艺对元器件可靠性的挑战首先是元器件封装的耐高温性能，要考虑无铅工艺高温过程对元器件封装的影响。传统表面贴装元器件的封装材料只要能够耐 240℃高温就能满足有铅焊料的焊接温度的要求，而无铅焊接工艺时代，对于复杂的产品，焊接温度可能高达 260℃，因此元器件封装能否耐高温是必须考虑的问题。同时，更高的焊接温度会使封装体产生更大的翘曲变形，导致产生焊接缺陷的概率大大增加。

无铅焊接过热造成的 MELF 器件损坏如图 5.34 所示。

图 5.34　无铅焊接过热造成的 MELF 器件损坏

针对无铅焊接中元器件的耐高温问题，IPC 在最新的标准 J-STD-020 中，依据封装体的厚度、体积规定了相应的再流焊接峰值温度，如表 5.2 所示。

表 5.2　元器件的耐高温要求

（a）锡铅工艺

封装厚度/mm	封装体积<350mm³ 时峰值温度/℃	封装体积≥350mm³ 时峰值温度/℃
<25	240+0/−5	240+0/−5
≥25	240+0/−5	240+0/−5

（b）无铅工艺

封装厚度/mm	封装体积<350mm³ 时峰值温度/℃	封装体积在 350～2000mm³ 时峰值温度/℃	封装体积≥2000mm³ 时峰值温度/℃
<16	260	260	260
16～25	260	250	245
≥25	250	245	245

对于诸如 PBGA 等湿敏元器件（MSD），随着工艺温度的升高，元器件吸入的潮气在高温作用下气化并急剧膨胀，形成很大的压力，可能引起“爆米花”、分层、裂纹等问题。因为压力与温度的增加是指数关系，所以对 MSD 的处理需要特别关注。IPC 在标准 J-STD-020 与 J-STD-033 中分别对 MSD 的分级及其处理做了规定，可以作为应用参考。此外，在使用时还应当注意以下两点：①峰值温度每提高 5～10℃，湿敏等级（MSL）就下调 1～2 级；②对于开封后没有使用完的 MSD，放回干燥箱的时间为暴露在空气中时间的 5 倍以上时才可继续使用，因为吸气容易排气难。

在设定SMT再流焊温度曲线时，了解每个元器件的最高温度限制，甚至欧盟的ROHS法规的要求，是很重要的。有些元器件，它们可能满足ROHS的要求，但是无法满足无铅焊接最高温度的要求。超过元器件制造商规定的最高温度，会严重影响产品的可靠性，一定要避免。

热管理是 SMT 再流焊期间控制每一个元器件的温度曲线的过程。通过元器件热管理，利用标准的再流焊温度曲线来焊接大量的热敏性元器件。期望的电路板再流焊温度曲线，也不会因为存在一个热敏性元器件而需要折中。相反，再流焊温度曲线是根据焊点质量来确定的，同时考虑到全局性的因素，如电路板上元器件的密集程度、板上的具体元器件、焊膏类型及所要求的焊接高度。无法承受再流焊的个别元器件都采用元器件热管理方法单独地处理。元器件热管理设备采用独特的主动冷却方法，将热敏性元器件接触到的总热量限制在预先设计的范围之内。元器件热管理同样也可以用在任何其他元器件的电子组装上，这为工艺工程师带来了极大的灵活性。

热管理设备是用标准的贴片机安装在目标元器件上面的，因此热管理可以用于大批量生产。利用热电偶得到的PCB曲线，可以帮助确认热管理设备的性能。最有效的方法是使用焊好的电路板，用热电偶测量热敏性元器件的温度。装上热管理设备后，电路板再进行一次再流焊，检查得到的温度曲线，确认热敏性元器件得到充分的保护，温度没有超过峰值温度极限，确保最终产品的装配是可靠的。在 SMT 再流焊中，热管理有效地减少了BGA元器件的热变形。它有选择地控制BGA元器件表面所吸收的热量，并在回流焊之后，相应地控制元器件的冷却速度。通常，BGA的内部锡球是最后熔化的，这说明热量的吸收是不均匀的。在回流焊中，在BGA封装上面装热管理设备会影响BGA封装吸收的热量及冷却速度。已经有很多文献讨论了较大BGA元器件的热变形，但是仍然存在一个问题，那就是如何设计一个适合所有的BGA元器件和回流焊曲线的热管理方案，因此，需要反复试验。使用标准的热变形测量技术，就可以得到热管理设备的性能。

无铅焊接时，元器件的最高温度受硅晶片所能承受的最高温度限制，一般元器件的表面温度限制在 250℃以下，同时还要求控制焊接过程的加热速率，以保证元器件受热冲击损伤。例如，铝电解电容器不能承受高温钎焊，如果采用耐热300℃的钽基电容器，元器件成本会增加很多。对于多层陶瓷电容，由于叠层多、脆性大，无铅波峰焊接工艺的高温可能导致变形过大而引起开裂，所以有些公司要求禁止大尺寸多层陶瓷电容器采用无铅波峰焊工艺。加工温度的提高和升降温速率的增加使得BGA元器件的高温变形越来越难以控制，元器件的边角或中心容易出现焊接工艺缺陷，因此对元器件的结构、材料、设计提出了更高的要求。图5.35所示为BGA元器件翘曲变形导致焊点呈“枕头”状。

图 5.35　无铅工艺高温引起元器件翘曲变形导致的焊点呈“枕头”状

温度梯度对元器件可靠性的影响同样值得关注。较高的温度梯度将降低元器件内部的互连可靠性，这主要是由于“热失配”造成的封装体与硅芯片之间的分层、裂纹等问题。在无铅条件下，大的温度梯度既可能出现在升温阶段，也可能出现在焊后冷却阶段。为了保障无铅焊点的可靠性，对冷却速率有一定的要求，冷却速率太慢，一方面使得金属间化合物增长太厚；另一方面，结晶组织粗化或出现板块状的 Ag_3Sn，都将大大降低焊点的可靠性。因此，无铅焊接设备都设立了强制冷却区，一般情况下，冷却速率至少要高于 1.2℃/s，但要低于 2.5～3℃/s。

无铅工艺对元器件可靠性的另一个影响是，焊接时的高温对元器件内部连接的影响。元器件内部连接方法有金丝球焊、超声压焊及倒装焊等，特别是 BGA、CSP 和组合式复合元器件、模块器件等新型元器件。例如，倒装 BGA、CSP 内部封装芯片凸点用的焊膏就是 Sn96.5Ag3.5 钎料，熔点为 221℃，这样的元器件用于无铅焊接时，元器件内部的焊点与表面组装的焊点几乎会同时再熔化、凝固一次，这对元器件的可靠性是非常有害的，因此无铅元器件的内部连接材料也要符合无铅焊接工艺高温的要求，必须使用比二级组装焊接所需焊接温度更高熔点的合金焊料，避免无铅焊接过程中元器件内部连接点的重熔。目前，这方面的研究投入远远不及二级组装技术研发的投入多。而且，由于温度更高，对所有材料的耐热性要求又提高了，这也进一步增加了难度，虽然目前已有解决方案，但高温无铅焊料种类较少、成本很高。

5.6.2　无铅焊接高温对 PCB 可靠性的影响

无铅焊接高温对 PCB 表面处理方式（即焊盘的防氧化保护层）会产生影响。在有铅技术中常用的表面处理方式是锡铅热风整平，无铅工艺推行后，铅一定要被除去，因此开发了一些新的表面处理方法，如 OSP（有机可焊性保护膜）、电镀镍金、化镍浸金、浸镀银、浸镀锡等。由于 OSP 技术的种类和工艺较多，而某些种类承受不了无铅工艺的高温作业（尤其是双面再流焊接工艺），因此必须小心地认证选择。业界发表的有些试验报告，也说明某些 OSP 在无铅高温下不是问题，甚至可以承受 4 次以上的无铅再流焊接高温，并且可以满足 IPC/JEDEC 的 J-STD-020C 标准要求。

无铅工艺对 PCB 可靠性影响的另一个方面是，PCB 基板材料的高温承受能力。在更高的焊接温度和更长焊接时间的情况下，传统常用的 FR-4 可能会出现不可接受的变形或变色（外观问题）及白斑问题，PCB 行业不得不通过树脂、固化工艺、填料等方面的调整，开发适应无铅的板材，提高 T_g、T_d；对 PCB 的 Z 向 CTE 也提出了更加严格的要求，避免无铅高温下 Z 向膨胀过大造成 PTH 孔的断裂或疲劳寿命的缩短。所以有些产品，基于外观质量要求、设计难度等理由，必须转而使用 T_g 较高的基材。除此之外，无铅工艺热过程目前出现了一个新问题：树脂裂纹（Pad Crater）。

早在 2006 年 3 月，Intel 公司发现在大尺寸的 PBGA 无铅焊接中，元器件四角位置的 Pad 处会出现树脂裂纹，该现象迅速得到了业界的关注，该现象应该与无铅焊点的刚性及再流过程的高温有关，同时，某些刚性较大的高 T_g 板材也会促使这种失效的发生，这种树脂裂纹可能导致走线断裂，见图 5.36。

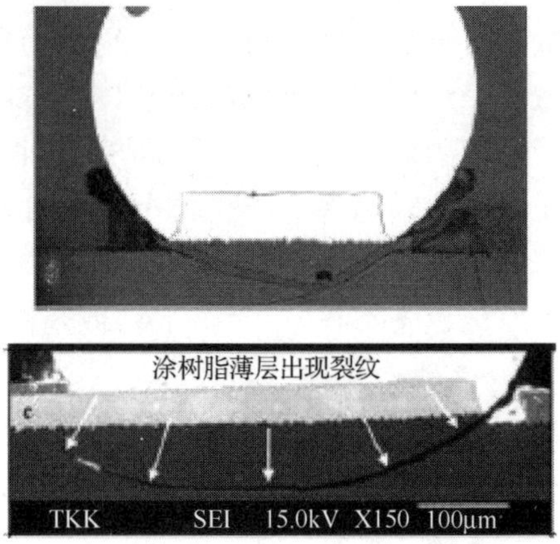

图 5.36　无铅工艺中出现的树脂裂纹

5.7 焊点二次回流造成的焊接失效

5.7.1 回流焊工艺二次回流造成的焊接失效

在电子制造业行业，随着电路板密度的增加，单面布局元器件已经无法满足功能需要，因此双面布局表面贴装元器件，采用双面回流焊接是常见的工艺路线。采用双面回流焊工艺时，首次回流焊接的 PCB 面上的元器件在回流焊接第二面时会出现焊点重新熔化的现象，这称为二次回流。

在双面回流焊接工艺中，焊点二次回流、二次凝固，这个过程会造成金属间化合物的增厚和焊点形貌的微小变化，一般情况下不会出现焊接失效问题。

但是行业内出现过极少的双面回流焊工艺中二次回流后焊接失效的问题，虽然数量不多，但是对高可靠性产品来说，这是一个隐患。由于行业内对二次回流造成的焊接失效机理研究得很少，还没有形成共识，所以一旦出现这样的问题，可以采取的措施往往就是规避它，也就是修改工艺路线，采取措施避免二次回流的发生。

例如，双面回流焊接后 PBGA 器件的焊盘侧焊点开裂现象。该失效的 PBGA 器件结构如图 5.37 所示，焊点的材料为锡铅焊球，器件侧焊盘为 Ni-Sn 焊接面，PCB 焊接面为 Cu-Sn 焊接面。

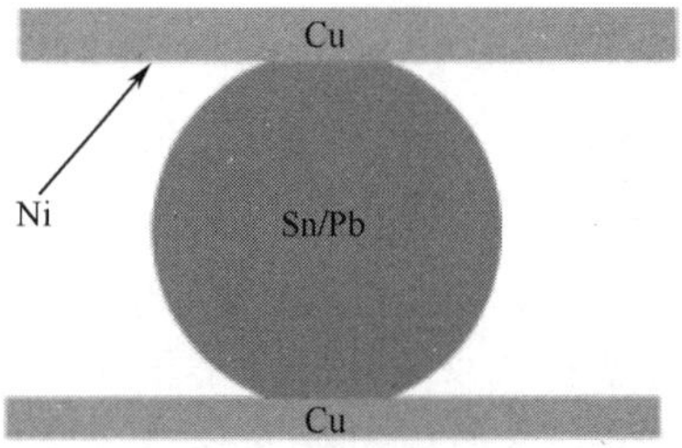

图 5.37　焊点开裂的 PBGA 器件结构

PBGA 焊点出现失效的位置在器件侧焊盘和焊球连接处，连接处出现部分开裂和完全开裂两种失效模式。图 5.38 所示为部分开裂和完全开裂的焊接界面的截面图。在高倍显微镜下可以看到在器件侧焊盘界面处存在单一的 Ni-Sn-Cu 三元合金，如图 5.39 所示。

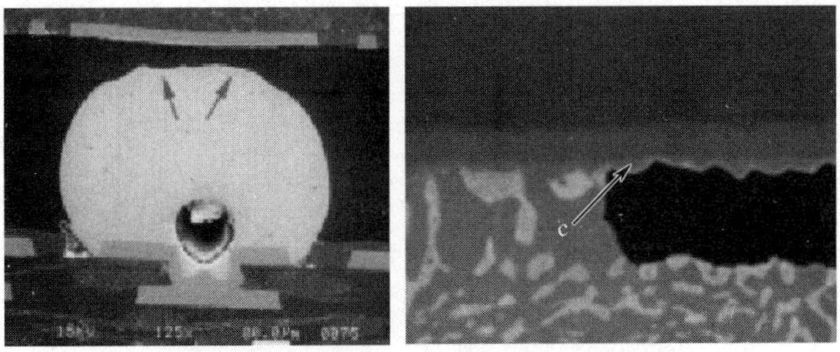

图 5.38 焊接处部分开裂和完全开裂焊接界面截面图

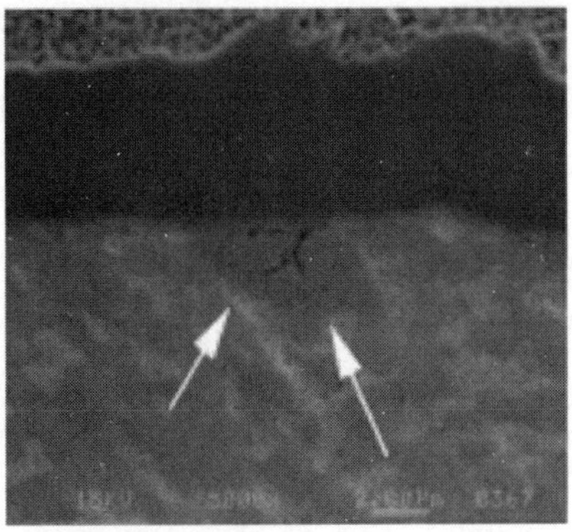

图 5.39 在器件侧焊盘界面处存在单一的 Ni-Sn-Cu 三元合金

经过系统的失效分析后，得出的结论为：切片显示焊接断裂界面为器件侧 IMC 和 BGA 焊球之间；在双面回流焊工艺路线条件下，布局在首次焊接面的 BGA 器件的焊点会出现二次重熔现象；二次重熔后，部分器件的 Sn-Pb 焊料在 Ni-Sn-Cu 三元合金界面出现退润湿现象，导致焊点开裂；Ni-Sn-Cu 三元合金的形成与器件侧表面处理 Ni 镀层和 PCB 的制作过程参数有关，具体关系有待进一步研究。

5.7.2 波峰焊工艺引起的焊点二次回流失效

对于无法全部采用表面贴装元器件的双面电路板，生产中经常在回流焊接表面贴装元器件后，再用波峰焊进行插装器件的焊接。工艺路线设计时也会采用一面回流焊，另一面波峰焊的工艺。在这种工艺路线下，在进行波峰焊焊接时，由于热量会通过 PCB 过孔传递到第一面已完成焊接的表面贴装元器件焊点上，存在第一面焊点二次回流的可能，实际工程实践中也确实有焊点二次回流现象的发生，同双面回流焊一样，如果二次回流后焊点再冷却、凝固，这个过程会造成金属间化合物的增厚和焊点形貌的微小变化，一般不会出现焊接失效问题。

图 5.40 为日本 NEC 生产技术研究所提供的案例。QFP 器件引脚线的镀层为 Sn-Pb

合金，在焊锡与焊盘界面处容易形成 Pb 偏析。这样在界面处就形成了 Sn-Ag-Pb 的低熔点三元合金层，熔点为 174℃。波峰焊过程中通过过孔将背面的热量传递到焊盘正面，虽然无铅焊点自身的熔化温度为 217℃，不会熔化，但是有偏析的界面层会熔化。特别是在大基板或大尺寸的 QFP、BGA 等场合，还容易产生热应力，造成焊点与焊盘的剥离或开裂。

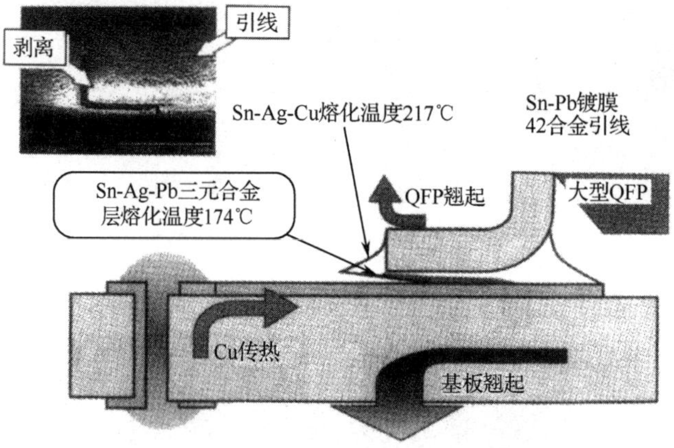

图 5.40 回流焊后再进行波峰焊时 QFP 发生焊点剥离的机理

注：NEC 生产技术研究所提供。

作者处理过的波峰焊二次回流造成的焊接失效案例，与上述案例类似，在正面回流焊完成后，进行背面波峰焊工艺后，发现正面的 BGA 器件出现一定比例的焊接失效，对 BGA 器件进行切片分析后发现，该 BGA 器件焊点在器件侧出现部分开裂和全部开裂现象，焊点全部开裂的切片截面图如图 5.41 所示。行业内也多次出现过类似的案例。

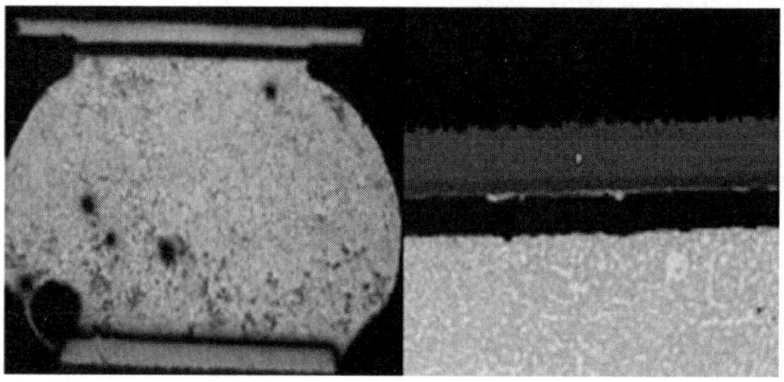

图 5.41 回流焊后再进行波峰焊时 BGA 出现焊点开裂

进一步分析发现，焊点的形貌中有部分重熔［见图 5.42（a）］、全部重熔［见图 5.42（b）］和焊点粗化的现象。

通过对界面进行 EDX 分析，发现断裂界面处存在砂石状 Ni-Sn-Cu 三元合金，中间有三菱柱状 IMC，如图 5.43 所示。这个现象与 5.7.1 节中双面回流后出现的 BGA 焊点开裂发现 Ni-Sn-Cu 三元合金的结果相同，只是 5.7.1 节中案例是双面回流工艺造成的二次回流，这里处理的是回流焊后再波峰焊造成的二次回流，这两个案例都采用了有铅工艺。

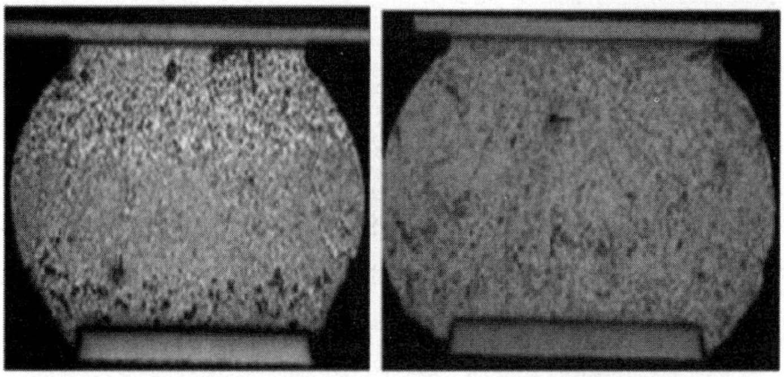

（a）BGA 焊点部分重熔　　　　（b）BGA 焊点全部重熔

图 5.42　回流焊后再进行波峰焊时 BGA 焊点部分重熔和全部重熔

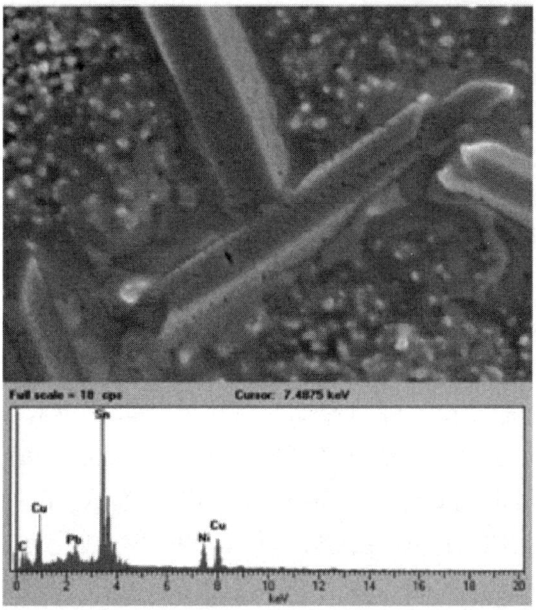

图 5.43　BGA 焊点断裂界面处存在 Ni-Sn-Cu 三元合金

经过复杂的失效分析和仿真分析，根据上述案例得出的结论为：断裂界面位于器件侧 IMC 和 BGA 焊点之间；在进行波峰焊时，正面的 BGA 焊点出现了完全重熔、部分重熔、焊点粗化等形貌特征；正面 BGA 焊点组织形貌与设计强相关，其位置、与过孔之间连线的长度等都是影响其组织形貌的关键因素，过孔数量和连线长度会影响热量传递；三元合金界面出现的“退锡”现象也是失效的原因之一。

通过对多起二次回流引起的焊点开裂的失效问题的分析，对于高可靠性要求的焊接，初步可以得出如下结论：尽量避免 BGA 和大尺寸器件焊点的二次回流，比如采取所有 BGA 器件都布局在正面，有 BGA 器件的 PCB 板避免阴阳拼板等设计措施；对于回流焊和波峰焊混装工艺，在波峰焊时对 BGA 和大尺寸器件采取热隔离等工艺措施；目前业界对于低熔点三元合金形成的机理还没有普遍接受的理论解释，因此这个问题还需要进一步深入的研究。总的来看，此类焊点开裂应是多种因素综合作用的结果，包括退润湿、封装的高温变形、三元合金的熔化、PCB 翘曲变形产生的机械应力等。

5.8 金属间化合物对焊接可靠性的影响

当两种金属元素之间存在有限的溶解度时，金属熔化和凝固时就可能形成新的金相，这些新的金相不是固溶体，被称为金属间化合物（IMC）或中间相位。

金属间化合物可分为化学计量化合物和非化学计量化合物。当两种金属元素中的一种是强金属而另一种是相对弱的金属时，往往会形成化学计量化合物。形成的晶体结构经常是低对称性的，同时会限制塑性流动方向，并造成 IMC 层硬且脆的特性。在这些化合物和其他相之间的界面也易变弱，如 Cu_3P、Cu_3Sn 和 Cu_6Sn_5 就属于此类金属间化合物。

非化学计量化合物的化合物成分稳定在一定范围内。它们有一定的延展性，晶体结构是高对称性的。这些化合物对焊接性能的影响几乎可以忽略，如 Ag_3Sn 就是非化学计量化合物，在室温下此化合物中银的成分范围在 13%～20%时该化合物都是稳定的。

化学计量化合物的 IMC 表现出较低的抗拉强度和剪切强度。初始状态时剪切强度表现为焊接材料本身的强度，随着 IMC 的进一步增厚，开始表现出它本身的脆性，剪切强度降到焊料本身强度以下。同时 IMC 也会导致不良的焊料润湿，一般来说，润湿时间随着 IMC 层厚度的增加而增加，随着原始焊料涂层厚度的减少而增加。

IMC 的形态主要取决于形成时的状态。对于 Cu-Sn IMC 结构，当波峰焊或热浸焊时，IMC 表面被液态焊料扫除，从而呈现光滑的“鹅卵石”状外观［见图 5.44（a)］。当回流焊接时，由于焊料量非常少，焊料流动受到限制，因此形成纤细的树枝状结构，如图 5.44（b）所示。在电子组装中最常遇到的 IMC 是 Cu-Sn 金属间化合物，如 Cu_3Sn 和 Cu_6Sn_5。在所有温度下可形成 Cu_6Sn_5 ，其晶粒结构相对粗大。在温度超过 60℃时，Cu_3Sn 相开始在 Cu 和 Cu_6Sn_5 生成的界面上生长。影响 IMC 厚度的因素有：时间、温度、基底金属的类型、焊料成分。

（a）波峰焊工艺形成的IMC　（b）回流焊工艺形成的IMC

图 5.44　Cu 基材和共晶 Sn-Pb 焊料之间形成 Cu-Sn 金属间化合物的 SEM 图像

因为 IMC 是两种金属反应的产物，所以它的生长速度受反应温度和反应时间的影响。图 5.45 显示了在铜基底金属上，Sn63Pb37 焊料形成的 Cu/Sn IMC 厚度随时间和温度的增加而变化的规律。

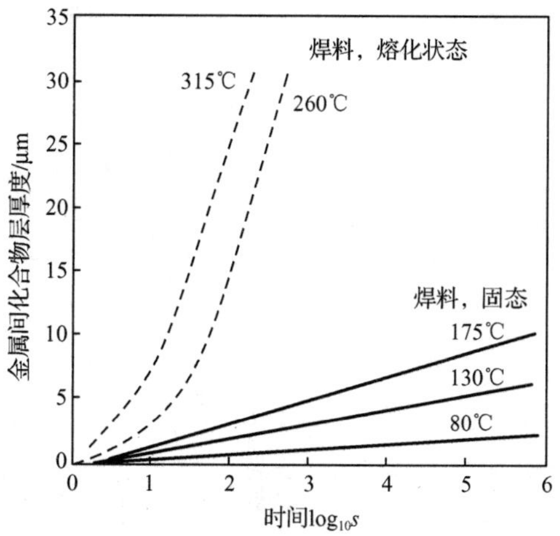

图 5.45　Sn63Pb37 在铜基底金属上形成的 Cu-Sn IMC 增长率

IMC 的生长率与相态有紧密关系。如图 5.46 所示，在焊料熔化之前，最初的 IMC 增长率随着温度的增加而平滑地增加。在温度超过熔化温度时，IMC 的增长率随着温度的上升迅速增加。在回流焊接期间减少 IMC 形成的有效的方法包括使用较低的再流温度和较短的再流时间，尤其是焊料熔点温度以上的时间段。

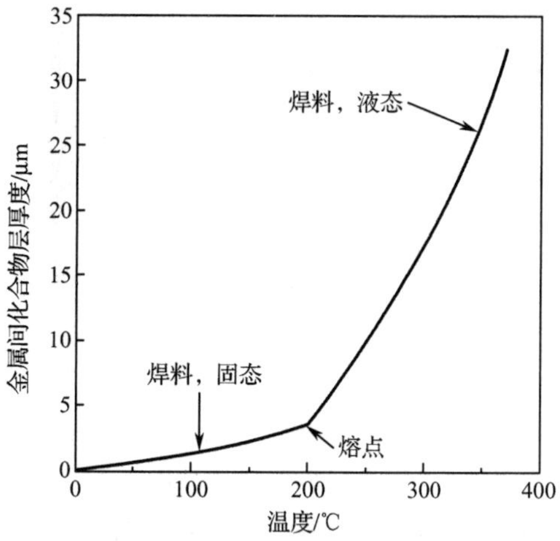

图 5.46　Sn63Pb37 在铜基底金属上形成的 Cu-Sn IMC 增长率与温度的关系

IMC 的增长率除与加工时间和温度有关之外，基底金属的金属类型也对 IMC 的形成有很大的影响。铜是电路系统优选材料，主要是由于它优良的导电性和可焊性。但不幸的是，铜的 IMC 形成速率也非常高，因此，在铜的上部使用阻挡层以减缓铜和焊料之间 IMC 的形成率，就成了提高焊点可靠性合乎逻辑的选择。

减少 IMC 形成的解决方法有：在较低的温度和较短的时间下焊接；采用阻挡层金属，如镍；采用适当锡成分的焊料等。

Chapter 6

第6章 单板常见失效模式及失效机理

6.1 焊点失效机理

随着电子产品组装密度越来越高，承担电子元器件间连接功能的焊点尺寸越来越小，而任意一个焊点的失效都有可能造成元器件甚至系统的整体失效。因此，焊点的可靠性是电子产品可靠性的关键。在实际中，焊点失效通常由各种复杂因素相互作用而引发，不同的使用环境下有不同的失效机理，焊点的失效机理主要包括热致失效、机械失效、电化学失效等。

6.1.1 热致失效

热致失效是指由热循环和热冲击引起的疲劳失效，高温导致的失效也包括在内。由于表面贴装元器件、PCB 和焊料之间的热膨胀系数（CTE，Coefficient of Thermal Expension）各不相同，当环境温度发生变化（如环境温度的周期性起伏）或元器件本身发热（电源的周期性通断）时，焊点内就会产生热应力，热应力的异常变化将导致焊点的热致失效。热循环中无引脚焊点和有引脚焊点的变形情况如图 6.1 所示。热致失效的主要变形机理是蠕变，当温度超过熔点温度（以 K 为单位）的一半时，蠕变就成为重要的变形机理。对于锡铅焊点，即使在室温时，焊点的温度也会超过熔点温度的一半，因此在热循环过程中蠕变成为主要的热致失效机理。图 6.2 所示为因 CTE 不匹配造成的焊点热疲劳开裂，图 6.2（a）为片式元器件的焊点疲劳开裂，图 6.2（b）为翼形引脚焊点的疲劳开裂。

相对于热循环而言，热冲击造成的失效是由不同升温速率或冷却速率（>30℃/min）给组件带来的较大附加热应力而导致的。在热循环时，可以认为组件各部分的温度基本一致；而在热冲击条件下，由于比热、质量、结构和加热方式等各种因素的影响，组件各部分温度不同，从而产生附加的热应力。热冲击会引发许多可靠性问题，如过载中的焊点疲劳，涂覆层的裂纹导致腐蚀失效或组件故障。热冲击还有可能导致在缓慢的热循环过程中没有出现的其他失效形式。

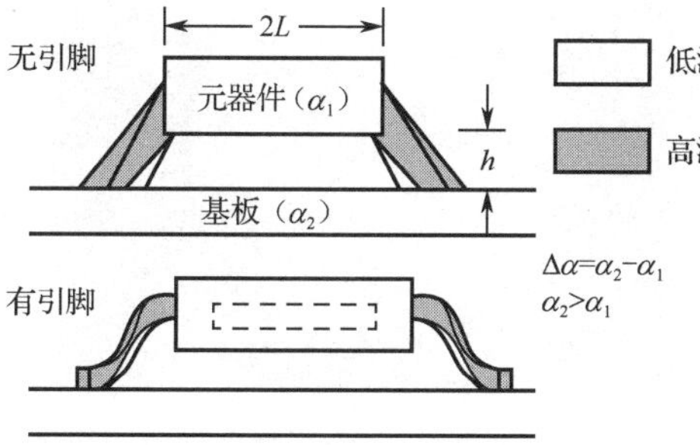

图 6.1　热循环中无引脚焊点和有引脚焊点的变形情况

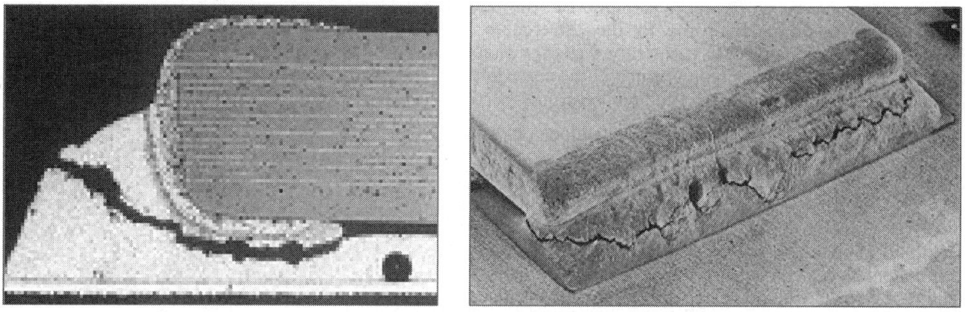

（a）　（b）

图 6.2　因 CTE 不匹配造成的焊点热疲劳开裂

6.1.2　机械失效

机械失效是指由机械冲击引起的过载与冲击失效，以及由机械振动引起的机械（振动）疲劳失效。当印制电路组件受到弯曲、晃动或其他应力作用时，将可能导致焊点失效。一般而言，越来越小的焊点是组件中最薄弱的环节。然而，当它连接柔性结构如有引脚的元器件到 PCB 上时，由于引脚可以吸收一部分应力，故焊点不会承受很大的应力。但是在组装无引脚元器件时，特别是大面积的 BGA 类器件，若组件受到机械冲击，如跌落或 PCB 在后续的装配，或在测试工序中受到了较大的冲击或弯曲，而元器件本身的刚性又比较强，焊点就会承受较大的应力。

对于无铅焊接的便携式电子产品，具有体积小、质量轻和易于滑落等特点，使其在使用过程中更容易发生碰撞或跌落。而无铅焊料具有较高的弹性模量和其他与传统锡铅焊料不同的物理、力学特征，使得无铅焊点抗机械冲击能力下降。因此，对于无铅焊接的便携式电子产品，其抗跌落冲击的可靠性更应该引起重视。当焊接部位受到由振动产生的机械应力反复作用时，焊点会疲劳失效。即便这种应力远低于屈服应力水平，也可能引起金属材料疲劳。经过大量小幅值、高频率振动循环之后，就会发生振动疲劳失效。尽管每次振动循环对焊点的破坏很小，但经过很多次循环，将会在焊点处产生裂纹。随着时间的积累，裂纹还会随循环次数的增加而蔓延。对于无引脚元器件焊点来说，这种现象更为严重。图 6.3 为机械过应力造成的 BGA 焊点韧性断口界面的形貌。

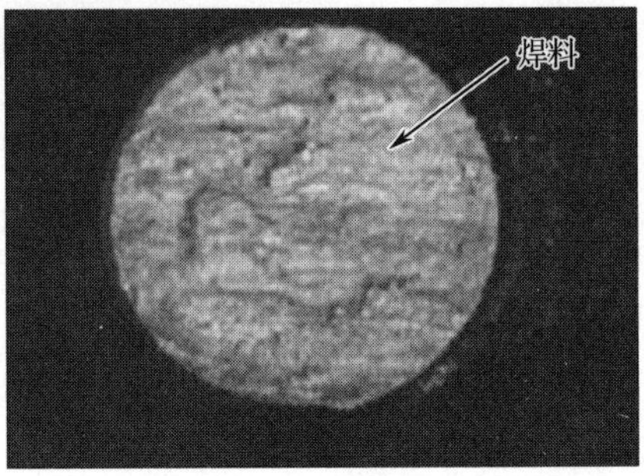

图 6.3　机械过应力造成的 BGA 焊点韧性断口界面形貌

6.1.3　电化学失效

电化学失效是指在一定的温度、湿度或直流偏压条件下由发生电化学反应而引起的失效。电化学失效的主要形式有：导电离子污染物引起的桥连、枝晶生长、导电阳极丝（CAF）生长、锡须等。离子残留物与水汽是电化学失效的元凶。残留在 PCB 上的导电离子残留物可能引起焊点间的桥连。特别是在潮湿的环境中，离子残留物是电的良导体，它们能跨过金属和绝缘表面移动而形成短路。离子残留物可以由多种途径产生，包括印制电路板制造工艺、焊膏或残留焊剂，手工操作带入的污染物或大气中的污染物。

在水汽和直流偏压的综合影响下，由于电解引起金属离子从一导体（阳极氧化成离子）向另一导体（阴极）迁移，会发生外形像树枝或蕨类植物的金属枝晶生长。银的迁徙是最常见的，铜、锡、铅也容易受晶枝生长的影响，只是速度慢于银的枝晶生长。同其他金属枝晶生长的情况一样，这种失效机理能够导致短路、漏电和其他电故障。

导电阳极丝生长是枝晶生长的特例，它越过绝缘体和数个导体的离子运输，造成金属细丝在绝缘体表面生长。这种情形可以引起邻近导电线路的短路。“锡须”指元器件在长期储存、使用过程中，在机械、湿度、环境等作用下会在锡镀层的表面生长出一些胡须状锡的单晶体，其主要成分是锡。锡须因曾引起航空与航天领域的几起典型的重大事故而得到广泛关注。

6.2　焊点常见失效模式

6.2.1　焊点机械应力损伤失效

焊点机械应力损伤失效是指由机械冲击引起的过载以及由机械振动引起的机械（振动）过载原因等造成的焊点损伤失效。当印制电路组件受到弯曲、晃动或其他机械应力作用时，若焊点承受的应力超过其强度，便可能引发焊点应力损伤失效。随着元器件的小型化，焊点变得越来越小，机械应力损伤失效却越来越多。与疲劳失效时焊点形貌裂纹显示出渐变、扩展特点相比，机械应力损伤失效的裂纹表现出明显的撕裂形貌，一般从外观上也可以观察到损伤痕迹。图 6.4 和图 6.5 分别为机械应力损伤失效和损伤裂纹。

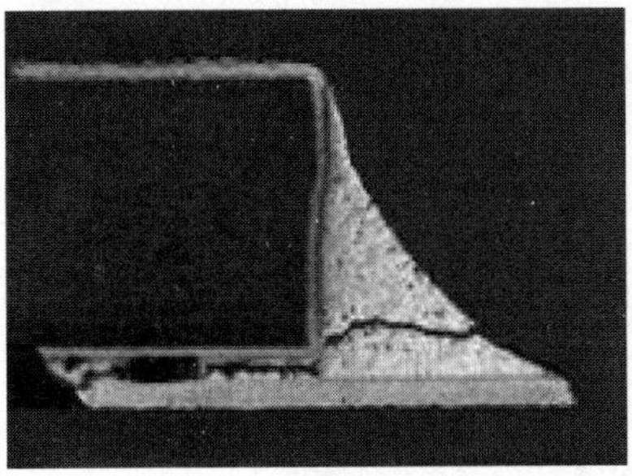

图 6.4　焊点机械应力损伤失效

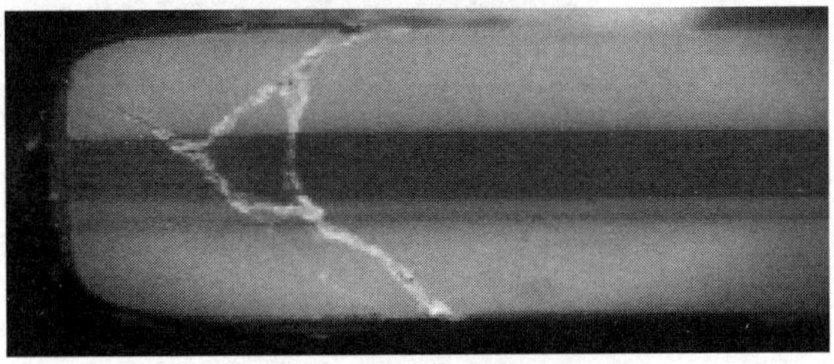

图 6.5　多层陶瓷电容器机械应力损伤裂纹

6.2.2　焊点热疲劳失效

当环境温度发生变化或元器件发热时，由于元器件各部分与基板的热膨胀系数（CTE）不一致（图 6.6 所示为 PCBA 上各种材料的 CTE 不一致），焊点内部就会产生热应力，温度的周期性变化导致热应力的周期性地变化，长期的积累或异常发热会导致焊点的热疲劳失效。

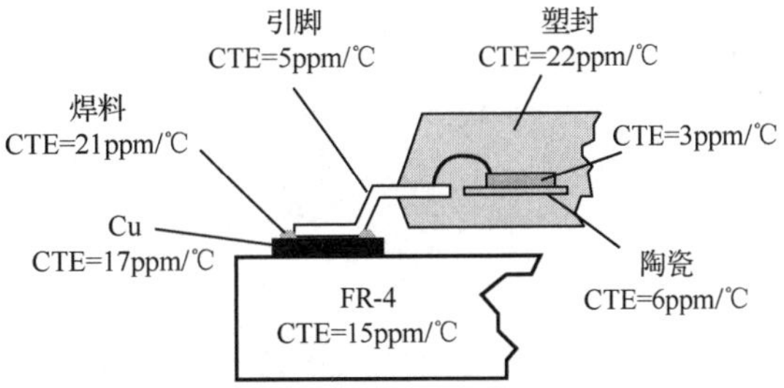

图 6.6　PCBA 上各种材料的 CTE 对比

热疲劳失效的主要机理是蠕变，当温度超过熔点温度（以 K 为单位）的一半时，蠕变就成为重要的变形机理。图 6.7 为翼形引脚焊点疲劳开裂扩展过程。

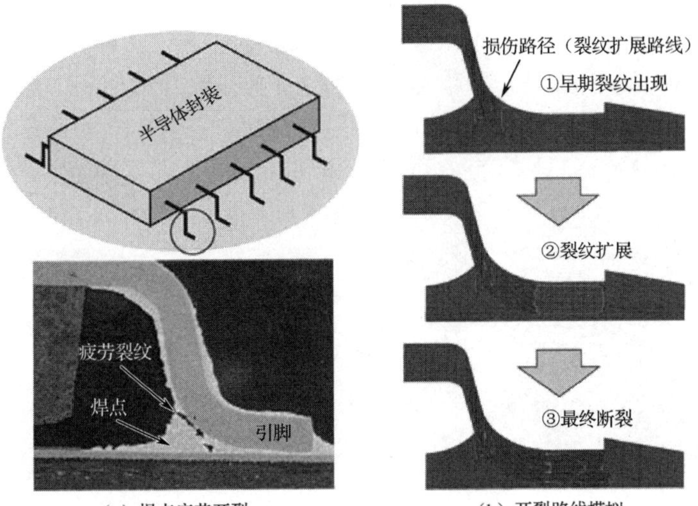

（a）焊点疲劳开裂　　（b）开裂路线模拟

图 6.7　翼形引脚焊点疲劳开裂扩展过程

元器件焊点的疲劳开裂失效绝大部分是热疲劳失效。图 6.8 为 CCGA 器件焊点的疲劳开裂。当然，在车载电子设备和其他工作中长期存在振动、冲击等机械应力作用的工作场景，焊点机械失效发生机会有所增加。

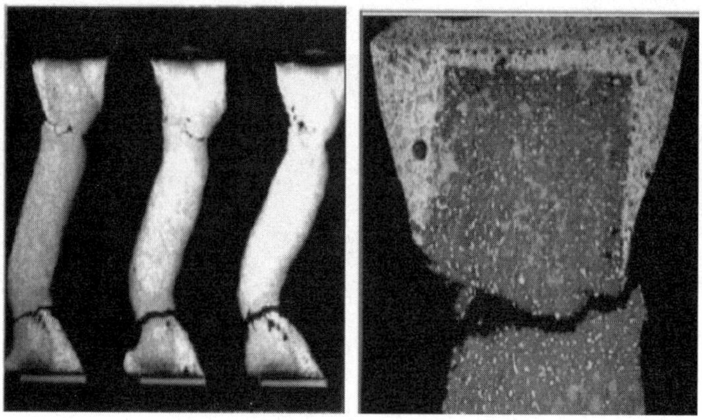

图 6.8 CCGA 器件焊点的疲劳开裂

6.2.3 锡须

为适应无铅化的发展趋势，电子元器件也要求不使用铅。以往的元器件引线、焊端镀层大多采用锡铅合金，由于锡铜和锡银铜已经被业界作为无铅焊料的主流，元器件的无铅化镀层需要与其相容，因此纯锡材料被列为最佳的替代品。在 20 世纪中期，一些电子工业中已经开始使用纯锡镀层，但由锡须导致失效以及类似问题的报道，使人们对纯锡镀层的应用更为关注。

晶须是一种头发丝状的晶体，它能从固体表面自然生长出来，也称为“固有晶须”。晶须在很多金属上生长，最常见的是在锡、镉、锌、锑、铟等金属上生长。甚至有时锡铅合金上也会生长晶须，但概率较小。晶须很少出现在铅、铁、银、金、镍等金属上。一般来说，晶须现象容易出现在硬度低和延展性好的材料上，特别是低熔点金属。

锡的晶须简称锡须，它是一种单晶体结构，导电。锡须的形状一般有直的、扭曲的、沟状、交叉状等，有时也有中空的，外表面呈现沟槽。图 6.9 所示为各种形状的金属须。锡须直径可以达到 10μm，长度有时可以达到 9mm 以上。其传输电流的能力可以达到 10mA，当传输电流较大时，锡须一般会被烧掉。

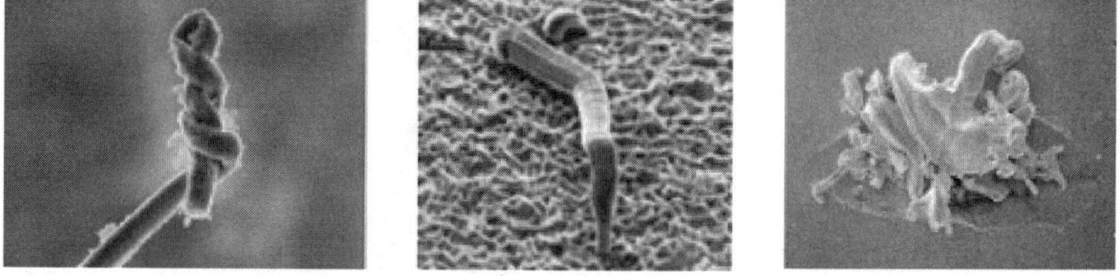

图 6.9 各种形状的金属须

锡须生长的速率一般在 0.03～0.9mm/年，在一定条件下，生长速率可能增加 100 倍甚至更高。生长速率由镀层的电镀化学过程、镀层厚度、基体材料、晶粒结构及存储环境等因素决定。锡须的生长主要从电镀层上开始，它具有较长的“潜伏期”，从几天到几个月甚至几年，一般很难准确预测锡须所带来的危害。

元器件引脚和镀层的无铅化导致纯锡镀层的大量使用，此时锡须问题更加凸显。虽然 IBM、Freescale、Intel 等公司进行了数十年的研究，其机理仍未得到明确结论。对于密间距元器件来说，锡须问题是防不胜防的风险之一。在含铅技术中，金属晶须问题没有被大多数人重视，因为一定的铅含量（>3%）能够很好地阻止金属晶须的生长。其实，金属晶须问题在含铅技术中已经存在，在航天和军用装备上已经有遭受其危害的事例。如今，在无铅化技术中，绝大多数合金锡含量都很高，甚至有纯锡材料在元器件和 PCB 焊盘镀层上的应用。锡是一种较容易出现金属晶须的金属。所以金属晶须问题在无铅化技术中就成了广受关注的话题和研究对象。

锡须并不需要环境条件来助长，目前业界对其原理还没有定论，但一般认为是由内层锡的应力所引起的。普遍的观点认为，锡须的生长是从纯锡电镀层开始的，一旦生长过程开始，锡须就从“下部”开始生长，而且其生长材料是从一个较大的区域中通过锡原子扩散供给的，所以在锡须的根部并不存在层厚的减少，生长的方向有时可能突然发生变化，从而导致锡须弯曲。关于锡须生长机理的研究，主要集中在纯锡镀层内部的亚应力（螺旋位错）时期产生和生长的主要驱动力方面。内部应力、外部机械应力、晶格结构、镀层类型和厚度、基体材料、温度和湿度是影响锡须生长的因素，晶格重组和晶粒生长形成锡须释放了镀层的内部应力。

Bell 试验室对锡须生长机理做过试验，采用弯曲模型对比拉应力和压应力对锡须生长的贡献（将锡直接镀在纯铜表面），通过 50℃的“热老化”对比锡须的生长指数发现，压应力将加速亮锡表面锡须的生长；拉应力将阻止其生长。随后，又对锡须生长截面进行了切割研究，结果证实了锡须仅在镀层表面生长，生长材料来源于中间镀锡层的结论。

压应力是锡须生长的驱动力，纯锡镀层内部产生的压应力会受到诸多因素的影响，如电镀化学过程、镀锡层与基体材料的热膨胀系数不一致、基体材料向锡镀层的扩散、金属间化合物、外部机械应力、环境应力、锡的表面氧化物等。

锡须引起的可靠性问题以前主要集中在医疗设备（如心脏起搏器）、军事装备（如导弹系统）、航天、航空产品（如卫星）等领域中，目前已经有许多这方面的研究报告。虽然锡须造成的问题不经常发生，但伴随而来的危害会产生意想不到的严重后果。锡须可能在各种纯锡镀层元器件上生长，不仅可能出现在整机线路上，还可能出现在半导体器件封装内部。

锡须是一种金属，它所引起的可靠性问题主要表现在以下几个方面：

（1）永久性短路：当锡须生长到一定长度后，会使两个不同的导体短路。低电压、高阻抗电路的电流不足以熔断锡须，从而造成永久性的短路。当锡须直径较大时，可以传输较大的电流。

（2）短暂性短路：当锡须所造成的短路电流超过其所能承受的电流（一般 30mA）时，锡须将被熔断，造成间断的短路脉冲。这种情况一般较难被发现。

（3）残屑污染：机械冲击或振动等会造成锡须从镀层表面脱落，形成残屑，一旦这些残屑导电物质像金属颗粒一样自由运动，将会干扰敏感的光信号或微机电系统的运行。另外，残屑也可能造成短路。

（4）真空中的金属蒸气电弧：在真空（或气压较低）条件下，如果锡须传输的电流较大（几安培）或电压较大（大约 18V），锡须将会蒸发变成离子状，并能传送几百安培的电流，电流电弧依靠镀层表面的锡维持，直到锡被耗完或电流终止。这种现象容易发生在熔断器等器件内或线路断开时。曾经有商业卫星发生此种问题，导致卫星偏离轨道。

锡须的生长是潜在的、不可预测的，它所产生的后果同样不可想象。电子产品小型化、高密度的发展趋势要求元器件引脚间距越来越小，无铅化纯锡镀层产生的锡须会极大影响产品的性能。

预防锡须可靠性问题必须从预防锡须生长开始，到目前为止，普遍有效的预防方法还不是很明确，但一般的规律是尽量避免镀层内部产生压应力，通常可采取如下方法来减少或避免锡须的产生：

（1）在锡中加入少量其他金属元素，如铅、铋、锑等。

（2）采用暗锡镀层。亮锡镀层的晶粒尺寸一般小于 1μm，比较有利于锡须的生长，而暗锡镀层的晶粒尺寸一般大于 1μm，锡镀层的内应力较小，锡须生长的概率较小。

（3）使用较厚的纯锡镀层。试验研究报告表明，纯锡镀层越厚，越能有效防止锡须的生长，一般要求厚度最好大于 10μm，但厚度的增加会造成成本升高。

（4）不同电镀工艺，采用热浸镀层。热浸镀层的内部应力较小，会减缓锡须的生长。

（5）将直接电镀的纯锡镀层进行再流熔化，或通过电镀后的烘烤处理（在惰性气体中）释放其内部应力。

（6）使用下镀层。当使用的基体材料为黄铜时，会加速锡须的生长，同样，锡与基体材料形成的 IMC 也会加速锡须的生长。因此，在使用纯锡镀层时有必要使用镍作为下镀层（隔离层）。

（7）避免镀层暴露在空气中，防止生成过多的氧化物，减少镀层内部的压应力。

（8）防止纯锡镀层受到外界机械应力或受到刮擦。

（9）避免纯锡镀层暴露在潮湿空气中，因为潮湿空气有助于锡须的稳定生长。

6.2.4 黑盘

化学镍金工艺具有镀层平坦、接触电阻小、可焊性好、有一定耐磨性等优点。元器件小型化的发展趋势，对电路板表面处理平整度要求越来越高。从 20 世纪 90 年代开始，化学镍金成为 PCB 表面处理的一种主流方式。但化学镍金存在工序多、质量管理复杂、返工困难、生产效率低、成本高、废液难处理等缺点，特别是化学镍金存在的焊盘失效问题，使得不少产品厂家在选择化学镍金时心存疑虑。

“黑盘”其实是一种现象，指采用化学镍金处理的 PCB 的焊盘。在焊接完成后，焊点强度极弱，较小的外力作用就会造成焊点和焊盘之间的完全开裂，曾经有人形容：“用牙签就可以拨开焊点”。焊点开裂以后，从外观看焊盘呈现黑色，称为黑焊盘，该现象俗称黑盘现象。

关于造成黑盘现象的机理，行业内现在也没有一致的结论。一般认为，黑盘发生在化学镍金制程中的化学浸金阶段，影响因素包括化学镀镍层的表面形态、镍层中 P 含量、金水中络合剂的种类、金层厚度等。因此，普遍通过控制镍和金层的厚度及 P 含量来降低黑盘风险。一般要求：镍层厚度至少在 4μm，P 含量的质量百分比在 8%～10%，金层厚度在 0.127μm 以下。

黑盘失效可以从以下几个方面来判断。

1．开路失效

黑盘的表现形式是焊点的开路失效，不管是振动、跌落还是推拉试验，黑盘表现出的都是焊点开路的失效状态。

如图 6.10 所示，黑盘造成的焊点开路失效断口清洁平整，仅有少量的 IMC 和焊料残留。

2．脆性断口

从焊点开路的外形来看，焊点断口是脆性断口，与焊点强度足够但因受到超过其强度的应力造成的韧性断口不同。图 6.11 所示为黑盘效应造成的大量断口平整的 BGA 焊点开裂现象。

图 6.10 开路失效

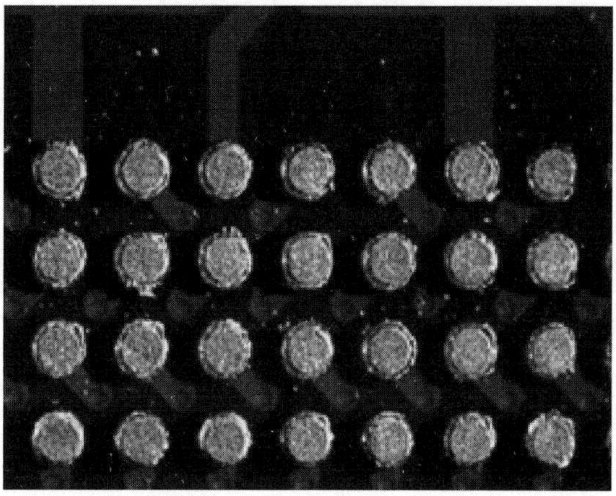

图 6.11 黑盘效应造成的大量断口平整的 BGA 焊点开裂现象

3．断口润湿不良

一般来说，出现黑盘的 PCB 上的焊盘会局部出现润湿不良现象，这是因为黑盘造成焊盘局部或全部区域可焊性不良。

4．裂纹位置

黑盘造成的焊点裂纹位置一般在镍层与 IMC 层之间，如图 6.12 所示。图 6.13 为黑盘造成的焊点裂纹位置示意图。

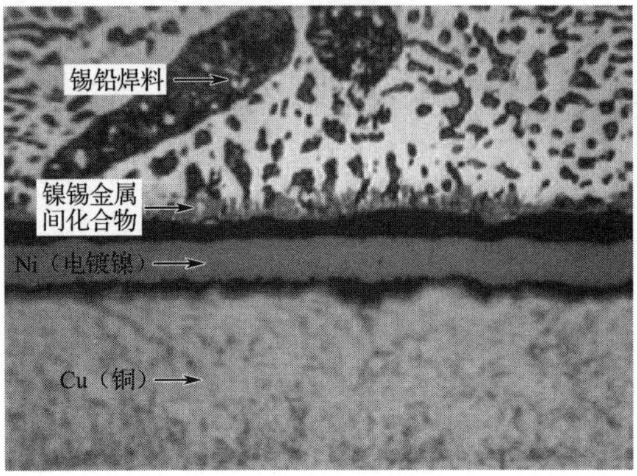

图 6.12　黑盘造成的焊点裂纹位置在 Ni 层与 IMC 层之间

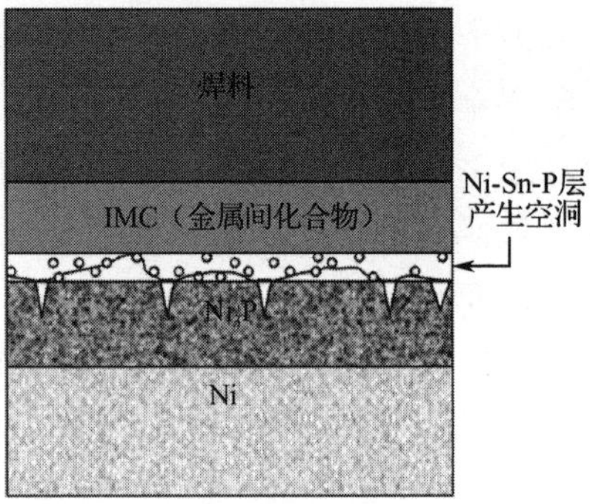

图 6.13　黑盘造成的焊点裂纹位置示意图

5. 断口显微形貌

黑盘造成的焊点断口一般会表现出龟裂状（Mud Creak）显微形貌特征。图 6.14 所示为黑盘造成的焊点断口龟裂状形貌特征。

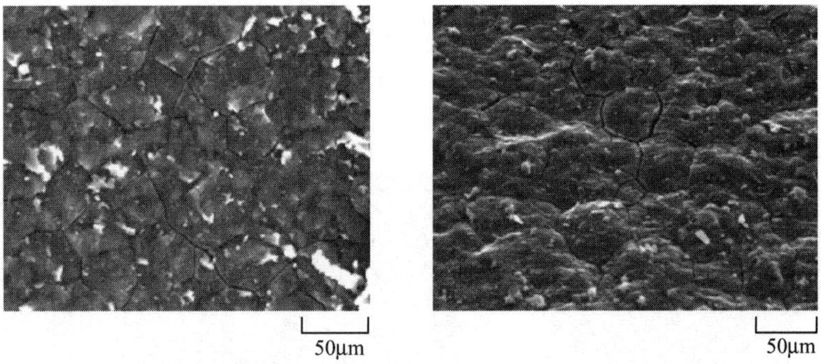

（a）从顶部观察　　（b）从底部观察

图 6.14　黑盘造成的焊点断口龟裂状形貌特征

6.2.5　金脆

在电子焊接中，金由于其优良的稳定性和可焊性成为最常用的表面镀层金属之一。但作为焊料里的杂质，金对焊料的延展性是非常有害的，因为焊料中会形成脆性的 Sn-Au（锡-金）金属间化合物（主要是 $AuSn_4$）。虽然低浓度的 $AuSn_4$ 能提高许多含锡焊料的机械性能，但当金在焊料的含量超过 4%时，焊料的拉力强度、失效时的延伸量都会迅速下降。焊盘上 1.5μm 厚度的纯金或合金层，在波峰焊接时可以溶解到熔融焊料中，形成的 $AuSn_4$ 不足以损害焊料的机械性能。但对于表面组装工艺，可以接受的金镀层厚度非常小，需要精确计算和控制。

过多的 IMC 不仅由于其脆性而会危害到焊点的机械强度，还会诱发焊点中空洞的形成。图 6.15 展示了在 Cu-Ni-Au 焊盘的 1.63μm 金层上形成的焊点，焊盘上印刷 7mil（175μm）91%金属含量 Sn63Pb37 免洗焊膏后进行再流焊。Au-Sn 金属间化合物成为颗粒并广泛地分散在焊点中，见图 6.15（a）；焊点中形成的很多空洞见图 6.15（b）和图 6.15（c）。推测空洞的形成是由于过多的 IMC 颗粒导致焊料流动缓慢。

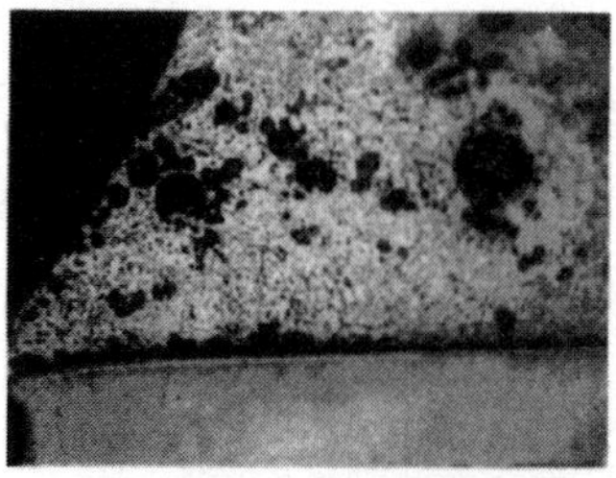

（a）Au-Sn金属间化合物以微粒形式分散在焊点中（400×）

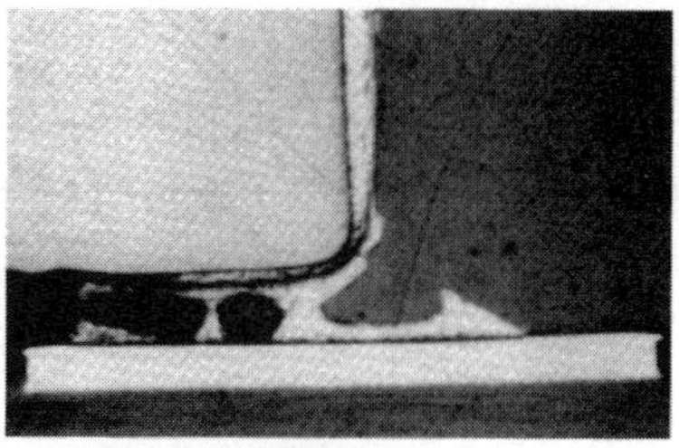

（b）片式电容器焊点（65×）

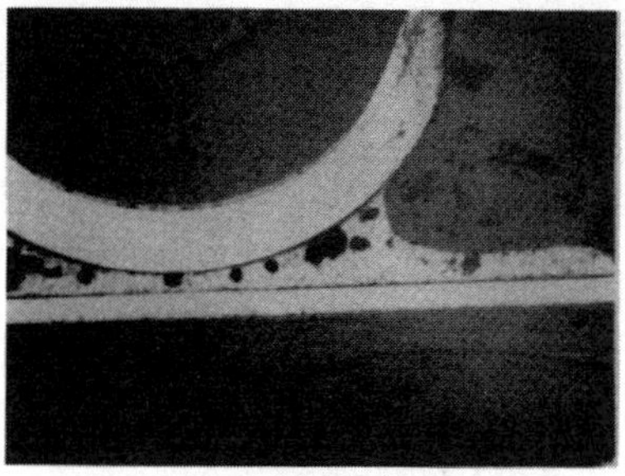

（c）MELF器件焊点（65×）

图 6.15　在 1.63μm 金层的 Cu-Ni-Au 焊盘上印刷金属含量为 91%的 Sn63Pb37 免洗焊膏再流焊接后的焊点

除了选择适当的焊料合金或控制金层厚度，改变含金的基底金属的成分组成也可减少金属间化合物的形成。例如，Sn60Pb40 焊料焊接到 Au85Ni15 之上就不会有金脆的问题。

6.2.6　柯肯达尔空洞

在两种不相近的材料之间，由于材料扩散速率的不同所产生的空洞称为柯肯达尔（Kirkendall）空洞，这种空洞产生机理在 SnPb 焊料和无铅焊料中均存在。在近年的试验中发现，SnPb 焊料中会产生很严重的空洞。在无铅焊料中，柯肯达尔空洞是由一些未知因素造成的，似乎会使问题更加严重，尤其是在长期高温的条件下。

柯肯达尔空洞是一种固态金属界面间金属原子移动造成的空孔。它是由美国的柯肯达尔先生于 1939 年发现并以其姓氏命名的。在无铅技术中，一般焊料的锡含量比传统的 Sn63Pb37 高很多，而锡和其他金属如金、银和铜等很容易出现柯肯达尔空洞现象，所以在无铅焊接工艺中柯肯达尔空洞算是一种较新的故障模式。

如图 6.16 所示，在铜焊盘和锡焊点之间存在 Cu_6Sn_5 的 IMC 层。而在铜和 Cu_6Sn_5 的界面，由于铜进入锡的速度快，会造成一些无法填补的空孔（图 6.16 中黑色部分）。这就是柯肯达尔空洞。柯肯达尔空洞的形成速度和温度有很大的关系，温度越高空洞增长越快。这是因为高温增加了原子活动能量。所以，要预防柯肯达尔空洞的危害，必须从材料和温度上着手。一般金、银和铜最容易和锡间出现柯肯达尔空洞，必须在这方面小心处理。例如，用于高温的焊点，其界面材料选择中，就应该避开金、银或铜直接和高锡含量的焊点接触，比如使用镍层隔离等方法。而在工艺中，例如使用 Ni/Au 镀层的，就必须确保其镀层厚度和工艺参数（焊接温度和时间）配合，使金能够完全熔蚀并和镍间形成 IMC。这类问题容易出现在焊接过程温度较低的 BGA 底部。对于 OSP 镀层，由于在焊点形成后铜和高锡含量的焊点直接接触，所以对于高温应用并不是很理想。

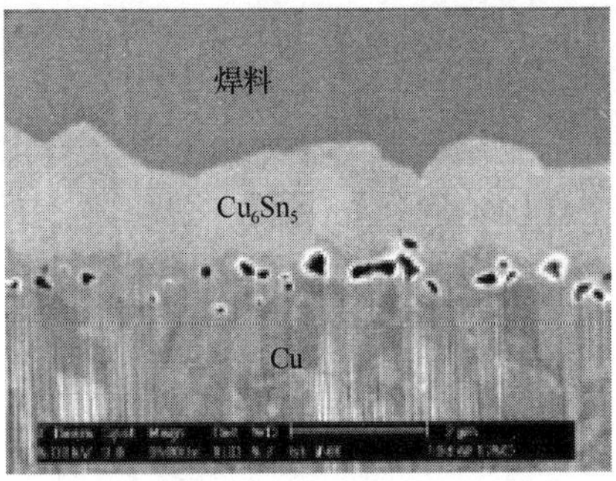

图 6.16　柯肯达尔空洞

6.3 PCB 常见失效模式

6.3.1 导电阳极丝

PCB 内层电迁移问题一直是备受关注的问题。1976 年，贝尔实验室首先提出导电阳极丝（CAF）的概念。20 世纪 70～80 年代，对 CAF 的关注很少，由于孔壁到孔壁的距离设计得较远，金属导体要迁移较长距离才会导致诸如电流泄漏或者短路等失效问题。目前，特征尺寸的减小增加了由湿度、离子污染和偏压造成的内外层电迁移，而引起突变失效的可能性。在医疗卫生领域，助听器、心房脉冲产生器和其他可移植装置的尺寸越来越小，电迁移问题尤其需要关注。在未来几年，不同领域的 IC 封装基板的设计线宽/间距可望达到 1mil 以下，孔壁到孔壁的距离则小于 5mil。除非印制电路板行业能够生产出在特征尺寸上具有抗 CAF 能力的基板，否则小型化的步伐将会大大放慢。供应商将会被要求降低表面离子污染、改进成孔技术，将孔壁玻璃布和树脂界面处的应力减到最小。

层压板内 CAF 的产生需要特定的条件，这些条件包括：高偏置电压、高湿度、表面污染或离子污染、玻璃布和树脂间结合薄弱以及曝露在较高的封装温度（无铅化应用）下等。层压板表面和内部 CAF 的产生通常有四种形式：孔到孔；孔到线；线到线；层到层。

如图 6.17 所示，阳极的水解反应产生阳离子，在阴极则产生阴离子。如果阳极 pH 值下降，可腐蚀的铜导体将会被溶解。这些可溶性的导体的离子将通过板内的薄弱环节从阳极向阴极移动。当这些导体离子到达阴极以后，就出现 CAF 现象。这时阴阳两极之间的绝缘电阻显著减小，直到最后发生短路。对于迁移导体盐来说，诸如玻璃布和树脂间的弱结合处或者树脂内的高离子污染等是必备的条件。这两种导体之间的通道构成原电池，而板内的湿气则成为电解液。通道越短，失效现象便发生得越快。

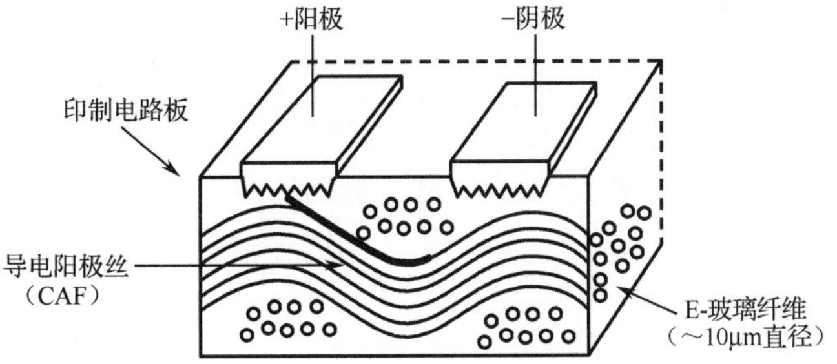

图 6.17　导电阳极丝沿表层下的树脂-玻璃布界面，从阳极向阴极方向生长

影响 CAF 形成的因素综合起来包括如下几方面。

（1）基板材料的选择。根据综合研究结果，基板材料中形成 CAF 的敏感程度：MC-2≥Epoxy/Kevlar＞Fr-4≈PI>G-10>CEM-3>CE>BT。

为了确保不生成 CAF，层压板最好选用 BT 树脂基板，但是其成本较高，在过去几年里已经出现了一些较新的抗 CAF 板材。

（2）导体结构是影响 CAF 形成敏感性的重要因素。孔到孔的结构最容易形成 CAF，这是因为电镀通孔孔壁与 E-玻璃纤维直接接触。线到线的结构最不容易形成 CAF。其他结构下形成 CAF 的难易程度在这两者之间。

（3）电压梯度是影响 CAF 形成敏感性的另一个关键因素。通过电压和间距对 CAF 形成敏感性的影响研究，确定了平均失效寿命（MTTF）的公式如下：

$$\text{MTTF} = C\exp\frac{E_a}{k_b T} + d\frac{L^4}{V^2}$$

式中，C 和 d 为常数；E_a 为活化能；k_b 为玻耳兹曼常数；T 为绝对温度；L 为导体间距；V 为电压。Welsher 的早期研究提出 MTTF 与电压的关系为 L^2/V，随后，相关的研究提出 MTTF 与电压的关系更接近 V^2。

（4）焊剂/HASL 液体成分的影响。研究表明，在焊接过程中，聚乙二醇会扩散进入环氧基板。这个过程发生在 PWB 的玻璃转化温度以上。聚乙二醇的吸收增加了基板的吸湿性，从而使性能下降。研究表明，在生产过程中使用含聚乙二醇的 HASL 液体会导致批量生产中的现场失效，同时液体中含有的氢溴酸扩散进入溴化的环氧基底，导致基板中的溴化物浓度提高。这两种组成物通过增加吸湿量和提供电化学反应所需银离子，提高了组件形成 CAF 的敏感性。因此，为减少 CAF 形成的可能性，应该避免使用含氢溴酸的焊剂和熔融液体。

（5）在焊接过程中，聚乙二醇会扩散进入 PWB 基底。因为扩散速率与温度相关，基板处于玻璃转化温度以上的时间，将影响环氧基底对聚乙二醇的吸入量，从而影响电特性。焊接温度越高，CAF 的形成物越多，这是因为环氧基底和玻璃纤维热膨胀系数不同而导致的二者结合减弱。无铅焊接条件会导致更多 CAF 的形成，从而引起失效。

（6）PWB 储藏和使用。环境湿度会影响 CAF 的形成。这里存在一个临界湿度值，湿度低于该值时就不会出现 CAF。相对湿度的临界值与工作电压和温度有关。值得注意的是，要求工作环境保持干燥，因此，运输或储藏过程和环境十分关键。

6.3.2 PCB 电迁移

电迁移通常是指在电场的作用下导电离子运动造成元器件或电路失效的现象。常见的有发生相邻导体表面的银离子迁移和发生在金属导体内部的金属电迁移。

导电粒子迁移机理如图 6.18 所示。

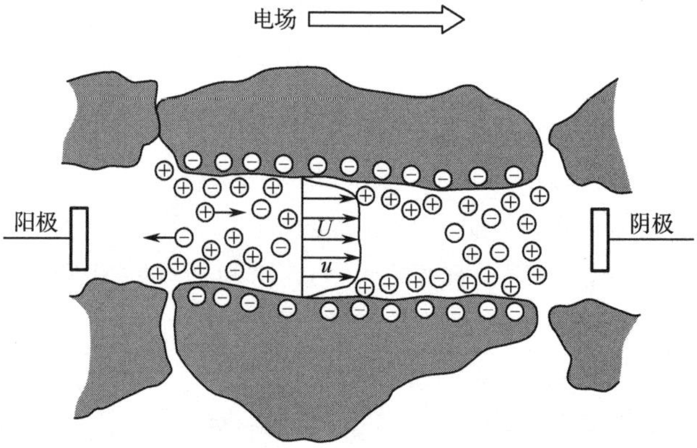

图 6.18　导电粒子迁移机理

银离子迁移（Silver Migration）是指在存在直流电压梯度的潮湿环境中，水分子渗入含银导体表面，电解形成氢离子和氢氧根离子：

$$H_2O \rightarrow H^+ + OH^-$$

银在电场及氢氧根离子的作用下，离解产生银离子，在电场的作用下，银离子从高电位向低电位迁移，并呈絮状或枝蔓状扩展，在高低电位相连的边界上形成黑色氧化银。

银离子迁移现象如图 6.19 所示。

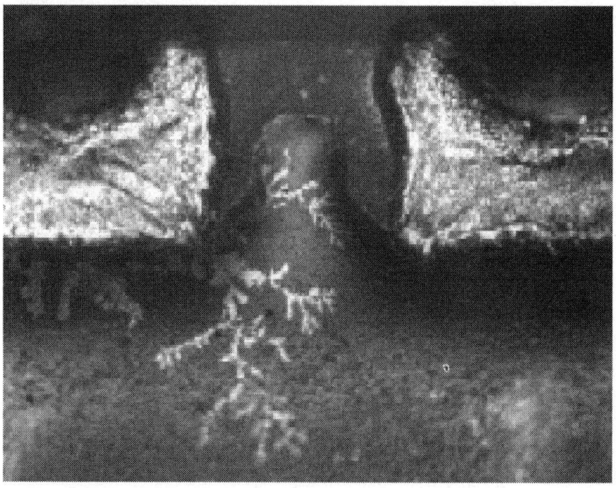

图 6.19　银离子迁移现象

1. 银离子迁移的危害

银离子迁移会使无电气连接的导体间形成旁路，造成绝缘性下降甚至短路。除导体中含银外，导致银离子迁移产生的因素还有：基板吸潮；相邻近导体间存在直流电压，导体间隔越近，电压越高，越容易产生银离子迁移；偏置时间；环境湿度；存在金属离子或有沾污物吸附；表面涂覆物的特性等。

2. 银离子迁移失效的特征与预防

在高湿和存在偏压的情况下会产生银离子迁移失效。银离子迁移发生后，在导体间留下残留物，干燥后仍存在旁路电阻，但其伏安特性是非线性的，同时具有不稳定和不可重复的特点，这与表面有导电离子沾污的情况类似。

银离子迁移是被业界所熟知的现象，是完全可预防的：在布局、布线设计时，避免细间距相邻导体间直流电位差过高；增加表面保护层，避免水汽渗入含银导体；对于产品使用环境特别严酷的（如相对温度接近 100%、温度接近 85℃），可将整板浸封或涂覆来进行保护；焊接后清洗基板上的焊剂残留物，亦可防止基板表面有导电离子沾污。

在电路板上，走线、焊盘都含铜，铜离子迁移也是常见的一种离子迁移现象，其机理与银离子迁移相似。图 6.20 所示为铜离子迁移现象。

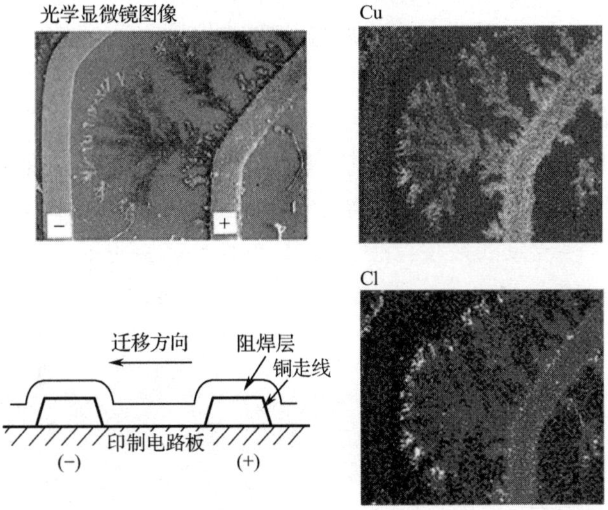

图 6.20　印制电路板走线间的铜离子迁移现象

直流电流通过导体时，金属中产生的质量输运现象称为金属化电迁移，即金属中的离子迁移。1966 年发现铝膜电迁移是硅平面器件的一个主要失效原因。当有直流电流通过金属导体时，电场的作用使金属离子产生定向运动，即产生金属离子迁移现象。

金属电迁移失效是指，金属层因金属离子的迁移在局部区域因质量堆积而出现小丘或晶须，或因质量亏损出现空洞，从而造成的器件或互连性能退化或失效。该失效通常在高温、强电场下引起。不同的金属产生金属化电迁移的条件是不同的。

金属电迁移如图 6.21 所示。

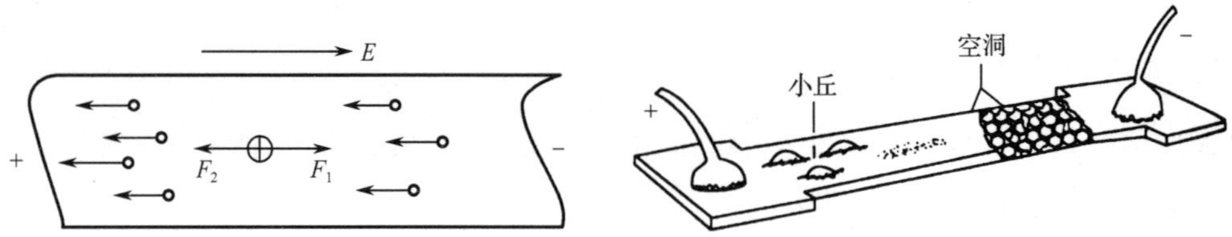

图 6.21　金属电迁移

6.3.3　电路板腐蚀失效

电路板在 SMT 加工和波峰焊、选择性波峰焊及手工焊接中都会用到焊剂，焊剂是为了清除焊盘表面的氧化物及污染物，以更好地完成焊接。但是残留的焊剂在潮湿的环境中会对 PCB、走线、焊盘、元器件等产生腐蚀，从而造成短路、开路等电路板功能性失效的发生。

为满足环境保护和清洁生产要求，越来越多的电子制造制程采用免清洗或简单清洗工艺。采用免清洗或简单清洗工艺后，如果不能保证将 PCBA 表面的离子残留处理干净，电路板在储存或使用一段时间后容易产生板面腐蚀，严重时会出现电路板开路失效，这类问题一旦出现，往往是批次性问题，属于严重的产品可靠性问题。当然，即使同一批次板子，由于工作时的环境不同，出现腐蚀失效的程度也有较大的差别。

电路板腐蚀失效的根本原因是 PCBA 表面清洁度不够，残存离子污染物，当电路板处于潮湿的环境中时，发生系列化学反应，损伤走线、焊盘、器件等，生成腐蚀物。腐蚀虽然不可避免，但可以延迟发生。解决腐蚀失效的方法：一是保证板面的清洁度；二是对板面进行涂覆处理，也就是通过对 PCBA 表面涂覆一层防护膜，将其与外界的恶劣环境隔离开，减少腐蚀现象的发生，但是涂覆之前一定要完成板面的清洁和干燥，否则可能适得其反。图 6.22 为焊剂残留造成的电路板表面腐蚀现象。

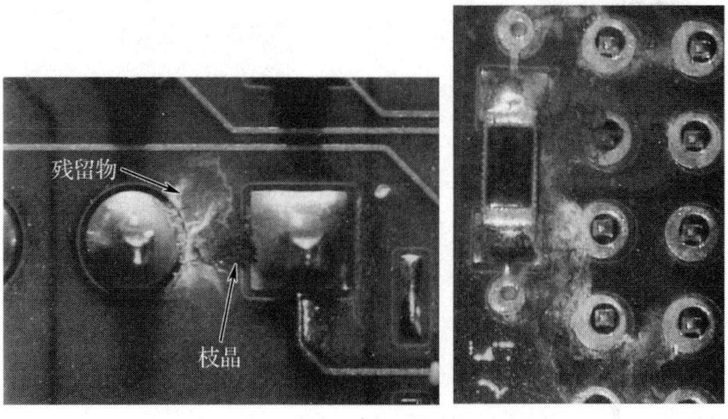

图 6.22　焊剂残留造成的电路板表面腐蚀现象

造成电路板腐蚀的污染物主要来自焊剂残留，但是其他来源的污染物也会造成腐蚀的发生，这些来源包括：电路板加工处理时留下的指纹、尘土、清洗液；储存、设备安装或运行期间被污染的大气；环境中的湿气太大或盐分含量较高等。

Chapter 7

第 7 章 面阵列封装器件的可靠应用

7.1 面阵列封装器件简介

随着微电子技术的发展，为满足高速度、高性能、高引线数、高可靠性、低功耗、小尺寸、低成本的要求，电子封装的微型化得到了迅速发展。面阵列封装技术包括球栅阵列（BGA，Ball Grid Array）封装技术和柱栅阵列（CGA，Column Grid Array）封装技术，由于它们具有引线数目多，I/O 端子间距小、引线间电感和电容小、电性能与散热性能增强等优点，面阵列封装技术迅速发展成为封装技术的主流。由于面阵列封装器件使用环境复杂，加之人们对它的预期较高，尽管面阵列封装器件焊点本身可靠性较高，但是，随着面阵列封装器件，特别是 BGA 封装器件在电子领域的广泛应用，面阵列封装技术的可靠性问题依然突出，仍然是值得关注与重视的焦点。

7.1.1 BGA 封装的特点

BGA 封装就是在封装基板的底部制作阵列焊球并将其作为电路的连接端与印制线路板互连。BGA 封装器件具有如下特点。

1. I/O 引脚数较多

封装器件的 I/O 数主要由封装体的尺寸和焊球间距决定。由于 BGA 封装的焊球以阵列形式排布在封装基板下面，因而可极大地提高器件的 I/O 数。缩小封装体尺寸，节省组装的占位空间。通常，在引线数相同的情况下，BGA 封装体尺寸相对 QFP（Quad Flat Package）封装可减小 30%以上。

2. 贴装直通率高

传统的 QFP、SOP（Small Out-line Package）器件的引脚均匀地分布在封装体的四周，其引脚的间距为 0.4～1.27mm。当 I/O 数不断增多时，其间距就必须越来越小。而当节距<0.4mm 时，SMT 设备的精度难以满足其贴装要求。加之此时引脚极易变形，从而导致贴装缺陷率增加。而 BGA 器件的焊球是以阵列形式分布在基板底部的，可排布较多的 I/O 数，所以在同样的 I/O 数情况下，BGA 封装焊球间距比 QFP 的大，而且 BGA 封装结构又具有自对中功能，因此 BGA 封装器件的贴装直通率远远高于细间距 QFP 器件的贴装直通率。

3．散热好

BGA 的阵列焊球与基板的接触面大、热传输距离短，有利于器件的散热。

4．电路性能得到改善

BGA 阵列焊球的引脚很短，缩短了信号的传输路径，减小了引线电感、电容，因而可改善电路的性能。

5．I/O 端共面性得到改善

BGA 封装明显地改善了 I/O 端的共面性，极大地减小了组装过程中由共面性差而引起的限制。

6．高密度、高性能封装

BGA 结构适用于 MCM 封装，能够实现高密度、高性能的封装要求。

7.1.2 BGA 封装的类型与结构

BGA 封装类型多种多样，其外形为方形或矩形。焊球的排布方式有周边型、交错型和满阵列型，如图 7.1 所示。根据 BGA 基板的种类不同，BGA 主要分为 PBGA（塑料封装的 BGA）、CBGA（陶瓷封装的 BGA）和 TBGA（载带型封装的 BGA）等。

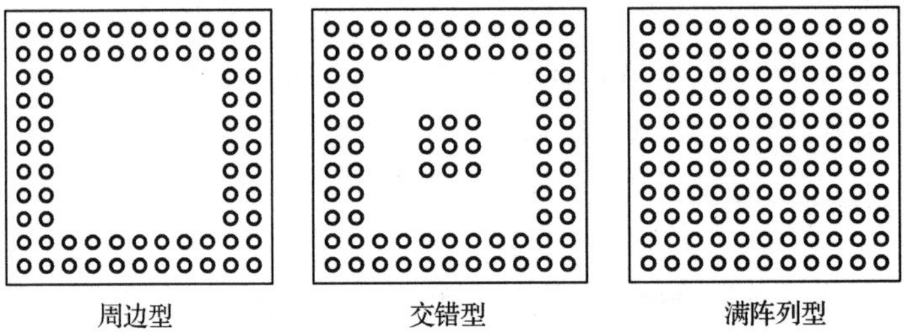

图 7.1　BGA 焊球的排布方式

1．PBGA

PBGA 器件由安装和互连到双面或多层 PCB 基板的芯片组成，通孔将顶层的信号印制线互连到基板底部相应的焊盘上，在芯片黏结和引线键合之后，用递模或注模工艺将组装好的部分上模塑包封。PBGA 器件是目前应用最为广泛的一种 BGA 器件类型，主要应用在通信产品和消费产品上。

由于其具有以下优点，因此广泛应用于 SMT 的组装。

（1）大的 I/O 引出端数与封装面积比。

（2）与环氧树脂 PCB 的热膨胀系数相匹配。PBGA 结构中的 BT 树脂/玻璃层压板的热膨胀系数约为 14ppm/℃，一般 FR-4 材质的 PCB 板的热膨胀系数约为 17ppm/℃，两种材料的热膨胀系数比较接近，因而热匹配性好。在回流焊过程中，可利用焊球的“自对中”作用来达到焊球与焊盘的对准要求，提高焊接直通率。

（3）热传导路径短，散热综合性能良好；良好的电气性能。

（4）高的互连密度。

（5）SMT 组装中较低的焊球共面性要求，一般为 0.15～0.20mm。

（6）消除了窄间距焊膏印制问题，减小了焊盘之间桥连的可能。

但是，PBGA 也有缺点，如对湿气敏感，不适用于气密性要求高的场景等。

图 7.2 为典型 PBGA 外形结构。

图 7.2 典型 PBGA 外形结构（357 个引脚，引脚间距 1.27mm，19×19 阵列）

2．CBGA

在 BGA 封装系列中，CBGA 的历史最长。它的基板是多层陶瓷，金属盖板用密封焊料焊接在基板上，用以保护芯片、引线及焊盘。焊球材料为高温焊料 Sn10Pb90。其标准的焊球间距为 1.27mm、1.0mm 等。CBGA 器件能够使用标准的表面贴装和回流焊接工艺进行装配，但这种回流焊接工艺与 PBGA 的回流焊接工艺有所不同，这主要是因为焊球材料不同。PBGA 中的低共熔点合金（Sn63Pb37）焊膏在 183℃时融化，然而 CBGA 的焊球（Sn10Pb90）大约在 300℃时发生熔化。一般标准的表面贴装回流焊接采用的 220℃温度，仅能够融化焊膏，却不能熔化焊球。所以为了能够形成良好的焊接点，CBGA 器件与 PBGA 器件相比，在焊膏印制期间，必须有更多的焊膏施加到电路板上。在回流焊接期间，焊料填充在焊球的周围，焊球所起到的作用像一个刚性支座的作用。因为是在两个不同的 Sn-Pb 焊料结构之间形成互连，在焊膏和焊球之间的界面实际上不复存在，所形成的扩散区域具有从 Sn10Pb90 到 Sn63Pb37 光滑斜度。CBGA 的焊点结构如图 7.3 所示。

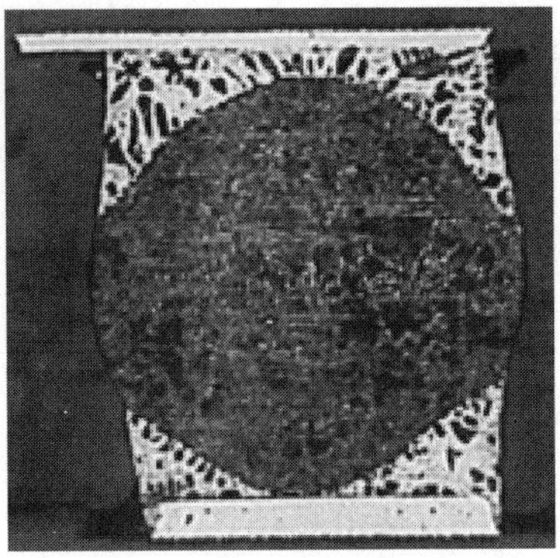

图 7.3　CBGA 焊点结构

CBGA 的优点如下：

（1）气密性好，抗潮湿性能好，因而封装组件的长期可靠性高。

（2）与 PBGA 器件相比，CBGA 器件的电绝缘特性更好。

（3）与 PBGA 器件相比，CBGA 器件的封装密度更高。

（4）散热性能优于 PBGA。

CBGA 的缺点是：

（1）陶瓷基板和 PCB 的热膨胀系数相差较大（Al_2O_3 陶瓷基板的热膨胀系数约为 7ppm/℃，FR-4 材质的 PCB 的热膨胀系数约为 17ppm/℃），因此热匹配性差，焊点疲劳是其主要失效形式。

（2）与 PBGA 器件相比，CBGA 器件的封装成本高。

（3）封装体边缘的焊球对正难度大。

3．CCGA

CCGA（Ceramic Column Grid Array，陶瓷柱栅阵列）是 CBGA 的改进型。其外形如图 7.4 所示。二者的区别在于：CCGA 采用焊料柱替代 CBGA 中的焊球，通过增加焊点高度来提高焊点的抗疲劳能力。柱状结构更能减小由热失配引起的陶瓷载体和 PCB 之间的剪切应力。图 7.5 所示为 CCGA 芯片的实例，图 7.6 为 CCGA 焊接完成后引脚结构示意图。

图 7.4　CCGA（1152 个引脚，引脚间距 1.0mm）芯片的实例

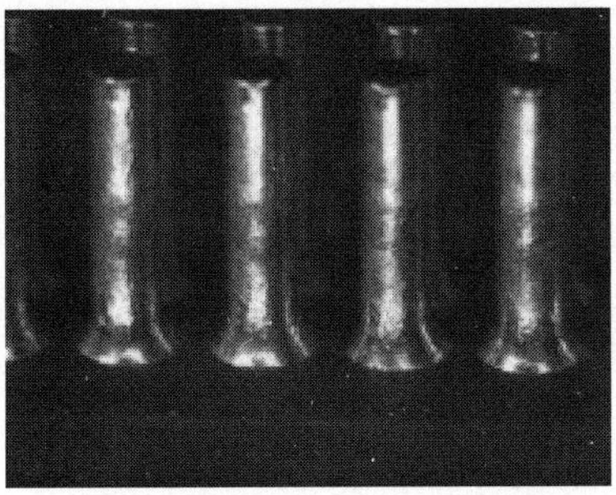

图 7.5　CCGA 柱栅引脚结构图

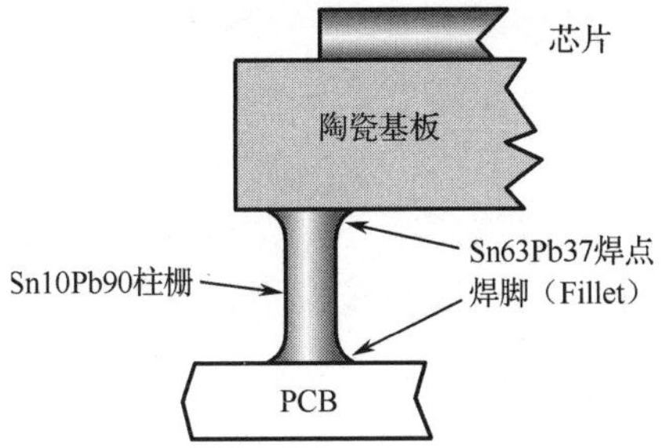

图 7.6　CCGA 焊接完成后引脚结构示意图（有铅工艺）

4．TBGA

TBGA 是一种有腔体结构，TBGA 芯片与基板有两种互连方式：倒装焊键合和引线键合。倒装焊键合结构示意图如图 7.7 所示，芯片倒装键合在多层布线的柔性载带上，用作电路 I/O 端的周边阵列焊球安装在柔性载带下面；它的厚密封盖板既是散热器（热沉），又起到加固封装体的作用，使柔性基片下的焊球具有较好的共面性。

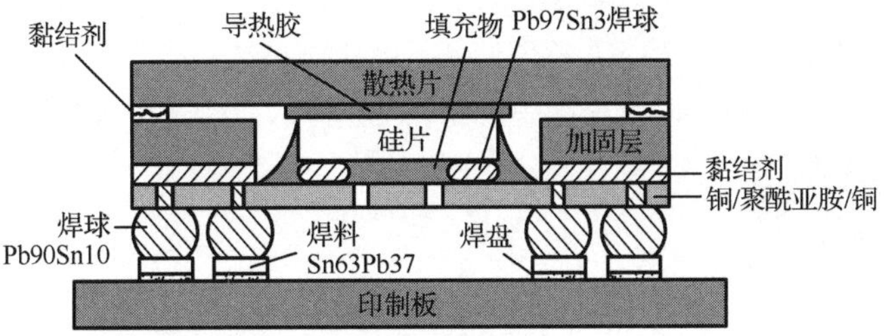

图 7.7　倒装焊键合结构示意图（有铅焊球）

腔体朝下的引线键合 TBGA 芯片黏结在芯腔的铜热沉上，芯片焊盘与多层布线柔性载带焊盘用键合引线实现互连，用密封剂将芯片、引线、柔性载带包封（灌封或涂覆封）起来。引线键合结构如图 7.8 所示。

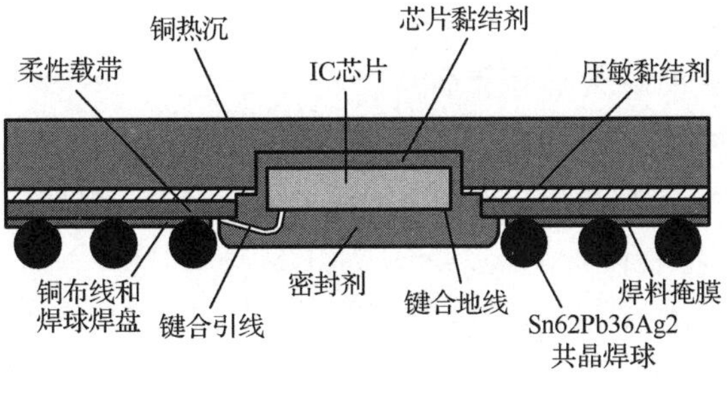

图 7.8　引线键合结构示意图

TBGA 的优点如下：

（1）封装体的柔性载带和基板的热匹配性能较好。

（2）在回流焊过程中，可利用焊球的“自对中”作用，即利用焊球的表面张力，来达到焊球与焊盘的对准要求。

（3）价格较低的 BGA 封装之一。

（4）散热性能优于 PBGA 结构。

TBGA 封装的缺点如下：

（1）对潮湿性敏感。

（2）不同材料的多级组合会对可靠性产生不利的影响。

5．MCM-BGA 封装

为解决单一芯片集成度低和功能不够完善的问题，把多个高集成度、高性能、高可靠性的芯片，在高密度多层互连基板上用 SMD 技术组装成多种多样的电子模块系统，就形成了 MCM（Multi Chip Model，多芯片模块系统）。随着 MCM 的兴起，封装的概念发生了本质上的变化，在 20 世纪 80 年代以前，所有的封装都是面向元器件的，而 MCM 是面向部件的，或者说是面向系统或整机的。MCM 技术集先进印制电路板技术、先进混合集成电路技术、先进表面安装技术、半导体集成电路技术于一体，是典型的垂直集成技术，对半导体器件来说，它是典型的柔性封装技术。MCM 的出现为电子系统实现小型化、模块化、低功耗、高可靠性提供了更有效的技术保障。MCM-BGA 封装外形及结构示意图如图 7.9 所示。1979 年，MCM-BGA 由 IBM 开发并推出，它把多个裸芯片组装在同一封装内，封装密度高。封装基板有陶瓷基板、薄膜和有机基片。

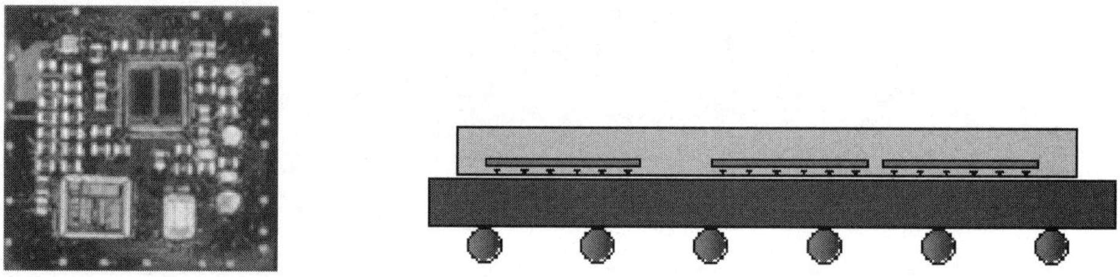

图 7.9　MCM-BGA 封装外形及结构示意图

MCM-BGA 封装具有以下特点：

（1）封装延迟时间缩短，易于实现模块高速化。

（2）减小整机/模块的封装尺寸和质量。

（3）系统可靠性大大提高。

对 MCM 发展影响最大的莫过于 IC 芯片，因为 MCM 的高成品率要求各类 IC 芯片都是良好的芯片（KGD，Known Good Die）。MCM 采用 DCA（裸芯片直接安装）或 CSP（芯片尺度封装）技术。而对于裸芯片，无论是生产厂家还是使用者，都难以全面测试老化筛选，所以给组装 MCM 带来了不确定因素。CSP 的出现解决了 KGD 问题，CSP 不但具有裸芯片的优点，还可像普通芯片一样进行测试老化筛选，使 MCM 的成品率得到保证，大大促进了 MCM 的发展和推广应用。

6．芯片尺寸封装（CSP）

随着全球电子产品个性化、轻巧化需求的到来，封装技术也进步到 CSP（Chip Size Package）。CSP 减小了芯片封装外形尺寸，做到裸芯片尺寸有多大封装尺寸就有多大。

即封装后的 IC 尺寸边长不大于芯片边长的 1.2 倍。

CSP 封装具有以下特点：①组装面积小，约为相同引脚数 QFP 的 1/4；②高度小，可达 1mm；③易于贴装；④电性能好、阻抗低、干扰小、噪声低、屏蔽效果好；⑤导热性能好。

7．3D 封装

终端类电子产品对更轻、更薄、更小、更高可靠性的追求推动了微电子封装朝着密度更高的 3D（三维立体）封装方向发展。3D 封装提高了封装密度，降低了封装成本，减小了芯片之间互连导线的长度，从而提高了器件的运行速度。3D 封装虽可有效缩减封装面积并可进行系统整合，但其结构复杂且在散热设计、翘曲度及可靠性控制等方面都比 2D 封装更具挑战性。

3D 封装结构图如图 7.10 所示。

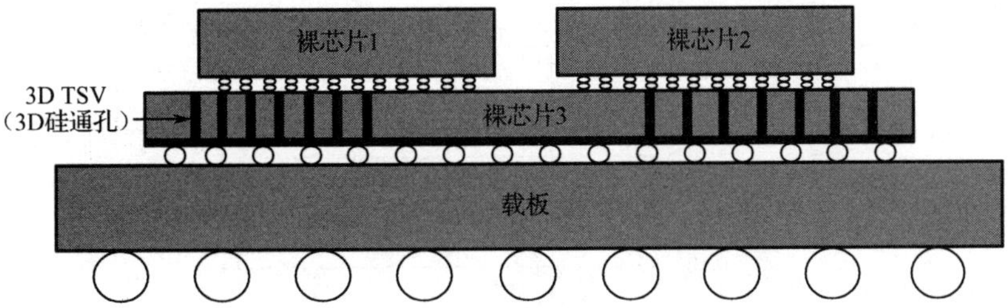

图 7.10　3D 封装结构图

3D 封装的结构与热问题是影响其长期可靠性的主要因素。3D 封装设计和应用中面临的主要的问题有：

（1）高功率密度下器件的散热设计问题。

（2）减薄芯片在加工、组装、应用过程中承受机械应力时的可靠性问题。

（3）3D 器件在组装和应用过程中的热—机械耦合作用引起的芯片开裂、焊点疲劳等失效问题。

7.2　BGA 焊点空洞形成机理及其对焊点可靠性的影响

7.2.1　BGA 焊点空洞形成机理

从本质上来说，任何 SMT 焊点中出现空洞都是因为在回流焊接过程中，焊球中的气体没有及时排放出去，BGA 焊点空洞也不例外。影响 BGA 焊点空洞形成的原因是多方面的，如焊膏/焊剂、PCB 表面处理方式、回流曲线设置、回流气氛、微孔、盘中孔等，以下将分别论述。

1. 焊膏/焊剂对BGA焊点空洞形成的影响

在SMT工艺中，焊剂在回流焊接过程中分解、挥发、释放，由于气体排放不通畅，导致焊点表面层金属焊料固化之后仍有气体残留在焊料中，从而形成空洞。不管是使用焊膏的焊接方式，还是只用焊剂的焊接方式，相关的研究结果都表明：随着焊膏溶剂沸点的降低，BGA焊点空洞的比例在增加。焊膏溶剂的沸点温度远低于回流焊接的最高温度（226℃，假设使用共晶锡铅焊料），焊膏溶剂在回流焊接的前期就已经挥发掉了，那为什么会出现上述现象呢？

图7.11所示的空洞形成趋势用焊剂的黏性指标就很容易得到解释。易挥发性的焊剂容易产生高黏性的残留物，而高黏性的残留物难以从熔化焊料中排出，因此在熔化焊料中就存在气体释放的隐患，容易造成空洞。换句话说，焊膏溶剂挥发性对空洞形成的影响是通过残留物的黏性起作用的。溶剂挥发性越强，焊剂残留物就越易被吸纳，焊点就越容易形成空洞。

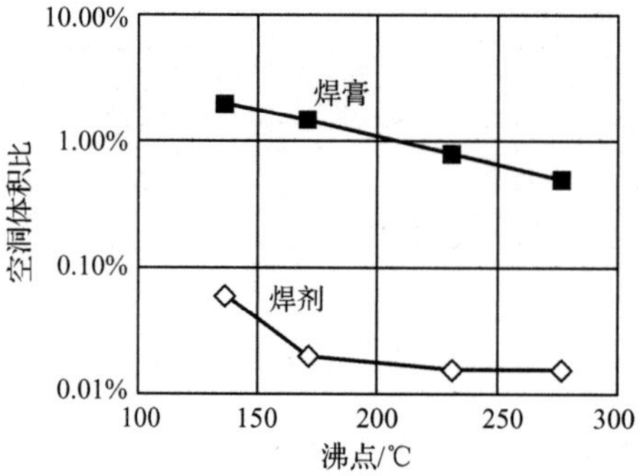

图7.11　焊膏溶剂沸点对BGA空洞比例的影响

焊膏影响BGA空洞形成的另一个因素是焊膏在空气中的暴露时间，随着焊膏暴露时间的增加，焊料氧化多、焊膏吸潮多，出现空洞的概率就大。

焊料金属颗粒尺寸对空洞的形成也有一定的影响，针对四种目数的锡铅共晶焊料的研究表明：随着焊料金属颗粒目数的增加，空洞比例有轻微的上升趋势，其原因在于，随着焊料金属颗粒尺寸的减小，焊料金属接触空气的整体表面积在增大，氧化成分相应增多，导致气体释放增加和高黏性金属盐的生成增多，从而产生更多空洞。焊料金属颗粒尺寸与空洞关系如图7.12所示。

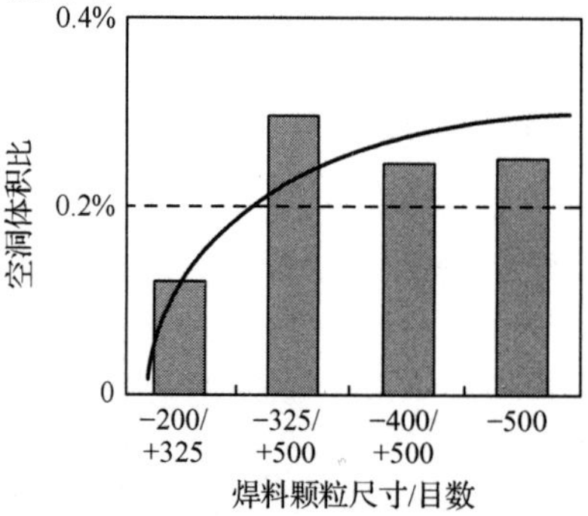

图7.12　焊料金属颗粒尺寸与空洞关系

2．PCB 表面处理方式对 BGA 焊点空洞形成的影响

对于相同的组装工艺过程，不同表面处理方式的 PCB 形成空洞的比例是不同的。对于无铅工艺来说，从焊点全部空洞所占体积比来看，产生空洞所占体积比最高的处理方式是 OSP，产生空洞所占体积比最低的处理方式是纯锡，如图 7.13 所示。从单个最大空洞所占焊点体积比来看，单个最大空洞所占体积比最高的处理方式仍然是 OSP，单个空洞所占体积比最低的处理方式是 HASL，如图 7.14 所示。应当注意的是，对于表面处理工艺为 OSP 的 PCB，若 PCB 焊盘在丙酮或异丙醇中清洗后再印刷、焊接、回流，BGA 中出现空洞的比例增加得非常显著。

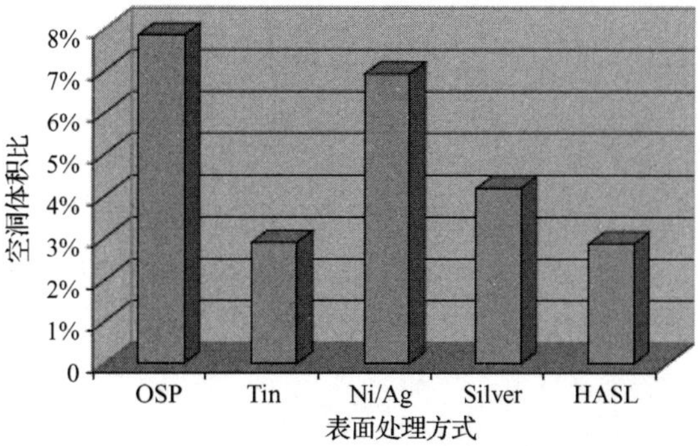

图 7.13　全部空洞所占体积比与表面处理方式的关系

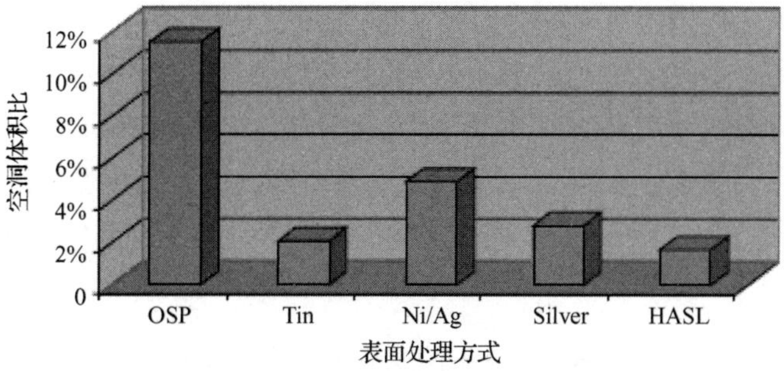

图 7.14　单个最大空洞所占体积比与表面处理方式的关系

3．回流曲线设置对 BGA 焊点空洞形成的影响

回流曲线对空洞形成也有影响。峰值温度较低（峰值温度 205℃，锡铅共晶焊料，空气气氛）的回流曲线比典型温度回流曲线（峰值温度 226℃，锡铅共晶焊料，空气气氛）产生的空洞少。原因是，低峰值温度回流曲线相对典型回流曲线更不容易使溶剂挥发，残留的未挥发溶剂会降低焊剂残留物的黏性，有助于将焊剂残留物从焊料中排出，因而在 BGA 焊点中生成空洞的机会就会少一些。如图 7.15 所示，随着溶剂沸点的提高，溶剂挥发变得困难，残留溶剂量在增加，回流曲线的影响越来越小，最终结果是，两种回流曲线对空洞形成的影响越来越小、两条曲线越来越接近。

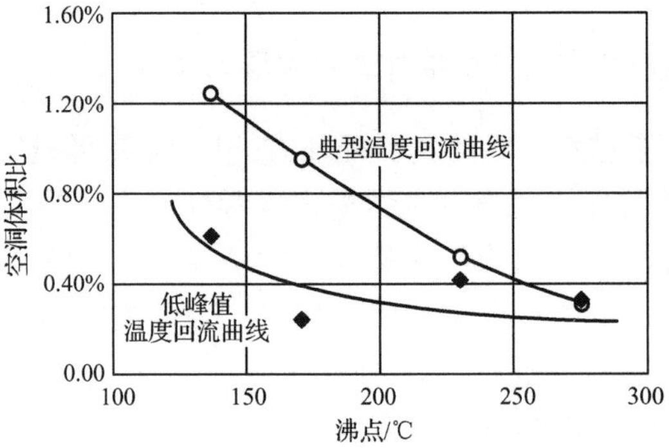

图 7.15　不同回流曲线对 BGA 焊点中空洞形成的影响

4．回流焊接气氛对 BGA 焊点空洞形成的影响

在回流焊接环境中，氧气会加速 PCB 焊盘表面金属的氧化，导致焊盘的可焊性降低。当在铜或镍金属上焊接时，这种现象更为明显。由于可焊性差、润湿不良的位置更容易吸收过量的焊剂，因此更容易形成空洞。由于金属层本身就可以焊接，所以如果 BGA 凸点和 PCB 焊盘的可焊性非常好，就不会对回流环境敏感，回流焊接的气氛对 BGA 焊点空洞的形成基本没有影响。

5．盘中孔、微孔对 BGA 焊点空洞形成的影响

焊盘设计对空洞有相当大的影响，比如盘中孔设计、微孔设计。盘中孔设计的目的是，满足高密度组装的要求，对于 BGA 焊盘上的盘中孔，容易在靠近 BGA 封装底部的位置产生大的空洞。

与盘中孔类似，微孔也是焊盘上的开孔，不同之处在于，微孔孔径非常小，而且是盲孔。随着微孔技术在高密度 PCB 上应用得越来越多，微孔 BGA 焊点相对于普通焊盘上的 BGA 焊点更容易出现空洞，典型的表现是空洞位于微孔开口的位置，如图 7.16 所示。

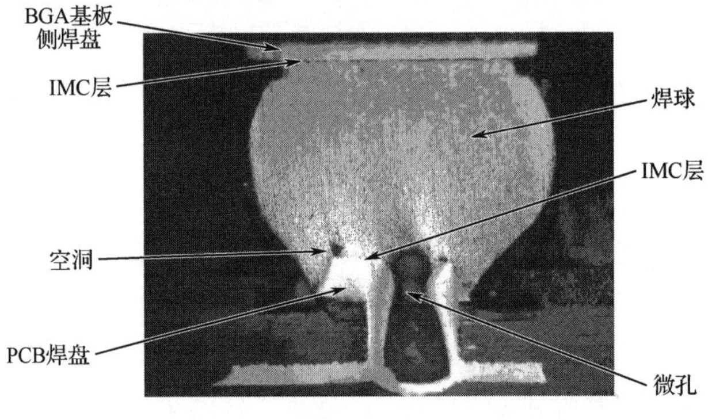

图 7.16　微孔 BGA 焊点空洞

7.2.2　BGA 焊点空洞接受标准及其对焊点可靠性的影响

BGA 空洞一直是一个有争议的话题，一种观点认为空洞位置是一个应力集中点，会

影响焊点的机械特性，降低焊点的强度、延展性，缩短蠕变和疲劳寿命；同时也会形成过热点，降低焊点的可靠性。但另一种观点认为，空洞可以阻止焊点中裂纹的扩展，对裂纹的蔓延有抑制作用。这两种观点都有一定的道理，为了更好地理解空洞对 BGA 焊点可靠性的影响，可以了解一下业界公司对 BGA 空洞的接受标准。

（1）IBM 公司：BGA 焊点中空洞超过 20%（面积比）对焊点的可靠性是有威胁的，15%（面积比）为空洞允收的最大值。

（2）旭电公司：25%（面积比）是可以接受的空洞最大值。

（3）戴尔公司：在温度循环失效试验中，6 个或 7 个空洞（占焊点直径的 20%）将产生 50%的性能降低，4 个空洞（16%面积比）是可以接受的。

（4）摩托罗拉公司：从可靠性角度来看，空洞低于 24%（面积比）是可以接受的。

（5）通用仪器公司：空洞控制的上限是 15%（面积比）。

总结业界公司的接受标准，比较一致的看法是：空洞在焊点中所占的比例较低时可以接受；空洞比例（面积比）在 15%～25%是可以接受的；但过多的空洞是有害的，这里的空洞主要指 BGA 组装过程中产生的空洞，BGA 植球过程中形成的空洞是可以忽略的，因为植球过程中形成的空洞在回流焊接时往往会消失或重新分布。同时，BGA 空洞在焊点中的位置是非常重要的，界面处的空洞对 BGA 焊点可靠性的影响要远远大于焊点中间位置的空洞。

BGA 的设计和组装工艺的实施中的 BGA 空洞接受标准如表 7.1 所示。电子产品的分级标准见 IPC-610 系列标准。

表 7.1 IPC-7095 关于不同级别电子产品空洞可接受标准的规定

空洞位置	Ⅰ级产品	Ⅱ级产品	Ⅲ级产品
空洞在焊点内部	60%焊球直径或 36%的焊球截面面积	45%焊球直径或 20%的焊球截面面积	30%焊球直径或 9%的焊球截面面积
空洞在焊点界面处	50%焊球直径或 25%的焊球截面面积	35%焊球直径或 12%的焊球截面面积	20%焊球直径或 4%的焊球截面面积

由此可见，对于不同级别的电子产品，由于产品对长期可靠性和稳定性的要求不同，可以接受的空洞标准也不同。另外，空洞在焊点中的位置不同，接受标准也不同。

7.2.3 消除 BGA 空洞的措施

基于对 BGA 空洞形成机理的分析和空洞接受标准，对于组装工艺过程中出现的超过 BGA 焊点空洞接受标准的工艺缺陷，必须采取相应的措施进行解决，以保证焊点的质量和长期可靠性。

消除或减少 BGA 空洞采取的措施可以归纳如下：

（1）采用合适的回流曲线，均热时间足够，保证气体在焊点固化之前得到充分的释放。

（2）焊膏在空气中的暴露时间不宜过长，印刷、贴片、回流焊接要尽快完成，不宜停留过长时间。

（3）焊料金属颗粒尺寸不宜过小，除非有特殊要求。

（4）在选择 PCB 表面处理方式时考虑其对空洞的影响。

（5）保证 BGA 凸点和 PCB 焊盘有良好的可焊性。

（6）对于有盘中孔、微孔的焊盘，改善其可焊性，在贴片之前做预填充；设定合适的温度回流曲线，以使盘中孔、微孔中的溶剂、焊剂尽量挥发掉。

（7）保证 PCB 镀孔工艺质量，避免镀层表面出现多孔性缺陷。

7.3 BGA 不饱满焊点的形成机理及解决措施

不饱满焊点是指，焊点的体积量不足，不能形成可靠连接的 BGA 焊点。不饱满焊点的特征是在 AXI（Automated X-Ray Inspection，自动 X 射线检查）时会发现焊点外形明显小于其他焊点。不饱满焊点形成的根本原因是焊膏量不足。

不饱满焊点形成的另一个原因是焊料的芯吸现象，即 BGA 焊料由于毛细效应流到通孔内形成芯吸。贴片偏位或印锡偏位及 BGA 焊盘与旁边过孔没有阻焊膜隔离都可能引起芯吸现象，形成不饱满 BGA 焊点。特别要注意的是，在 BGA 器件的返修过程中，如果破坏了阻焊膜，会加剧芯吸现象的发生，从而导致不饱满焊点的形成。图 7.17 为芯吸现象引起的 BGA 不饱满焊点 AXI 图像（箭头所指为不饱满焊点）。

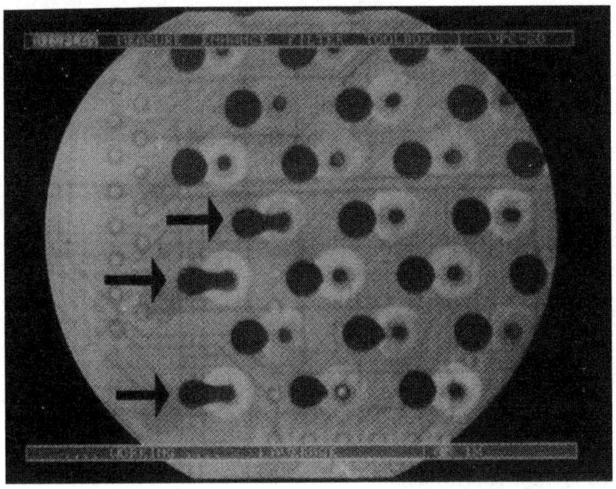

图 7.17　芯吸现象引起的 BGA 不饱满焊点 AXI 图像

不正确的设计也会导致不饱满焊点的产生。BGA 焊盘上如果设计了盘中孔，很大一部分焊料会流入到孔里，如果此时提供的焊膏量不足，就会形成低 Standoff（低高度）的焊点。一个弥补方法是增大焊膏印刷量，钢网设计中要考虑盘中孔吸收焊膏的量，通过增加钢网厚度或加大钢网开口尺寸来保证焊膏量充足；另外一个解决方法是，采用微孔技术来代替盘中孔设计，从而减少焊料的流失。

还有一个导致不饱满焊点的因素：元器件和 PCB 的共面性差。如果焊膏印刷量足够，即使 BGA 与 PCB 之间的间隙不一致（即共面性差），也会出现不饱满焊点。这种情况在

CBGA 里尤为常见。

因此，减少 BGA 不饱满焊点的措施主要有：

（1）焊膏印刷量足够。

（2）用阻焊剂对过孔进行盖孔处理，避免焊料流失。

（3）在 BGA 返修阶段避免损坏阻焊层。

（4）印刷焊膏时应对位准确。

（5）保证 BGA 贴片精度。

（6）在返修阶段正确操作 BGA 元器件。

（7）满足 PCB 和 BGA 的共面性要求，避免翘曲的发生，如可以在返修阶段进行适当的预热。

（8）采用微孔设计代替盘中孔设计，以减少焊料的流失。

7.4 BGA 焊接润湿不良及改善措施

BGA 焊接润湿指的是焊球或焊柱与焊膏和 PCB 焊盘之间的润湿。虽然对共晶 Sn-Pb 焊球而言，通常不存在润湿问题，但焊球表面的过度氧化仍然会带来润湿不良现象。BGA 焊球的氧化常常发生在焊球运输过程中或植球贴装阶段，被氧化的焊球看上去没有光泽、颜色发暗。表面覆层是焊球从有光泽向无光泽转变的决定性因素，表面覆层的化学性质和处理过程包含了许多独特的信息，为了避免焊球的氧化，使其不一致性减少到最小，在元器件的存储与使用中可以采用“先进先出”的原则。

在 BGA 植球过程中，如果焊剂的活性和涂覆范围不足，那么氧化膜可能会残留在焊球表面，使其表面灰暗。使用高活性和良好扩展的焊剂可以改善覆盖状况并清除氧化层，而且活性高的焊剂对焊盘可焊性的要求较低。但在非清洗工艺中，活性过高的焊剂可能会带来使用中的可靠性问题，改善焊盘可焊性就应成为首选措施。

对于高铅焊球或焊柱，表面氧化经常会造成润湿困难，因为高铅焊球与共晶 Sn-Pb 焊料不能够熔合从而促进润湿，高铅焊料本身相对容易氧化也进一步带来了润湿不良问题。如果氧化物存在于高铅焊料里，那么不良润湿更为严重。

与有引脚的元器件不同，BGA 和 CSP 凸点的润湿性并不容易测量。Reynolds 等人建议修改 ANSI/EIA-638 准则（《细间距 SMD 元件的可焊性测试准则》），用以测试 BGA 和 CSP 的可焊性。修改后的测试准则要点如下：

（1）在 0.035 英寸厚的陶瓷板上用焊膏进行模板印刷 BGA 焊球图案。

（2）将 BGA 安放在印好的焊膏上。

（3）对基板进行一次回流和冷却，并进行检测，然后将测试元器件从陶瓷板上移除。

根据回流后形成的 BGA 焊球形貌确定可焊性良好还是不良，焊膏如果均匀地润湿了每个凸点，没有形成桥连，就是可焊性良好的 BGA 焊球，如图 7.18（a）所示；而可焊性不良的 BGA 凸点，由于润湿不好，焊膏流淌，形成桥连，如图 7.18（b）所示。

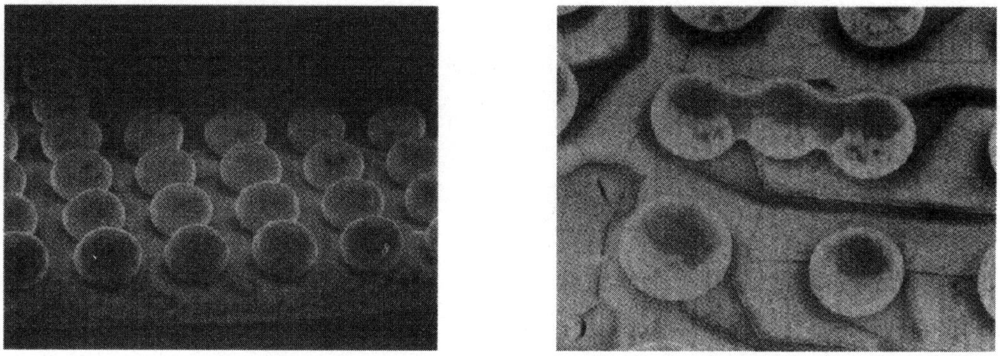

（a）可焊性良好的BGA，润湿均匀、无桥连　　（b）可焊性不良的BGA，润湿不均匀、桥连

图 7.18　可焊性测试中回流后的 BGA 焊球形貌

下列措施可以减少 BGA 焊接不良润湿现象的发生：

（1）对元器件的存储和使用采用“先进先出”的原则。

（2）使用抗氧化性较好的焊球。

（3）使用活性更高和毛细效应更好的焊剂。

（4）改善基板焊盘的可焊性。

7.5　BGA 焊接的自对中不良及解决措施

根据相关研究，对间距为 50mil 的 BGA 来说，在器件出现 50%的偏移时，回流焊接后仍然能够实现自对中。Noreika 等人的研究结果表明，不同的 BGA 封装表现出不同的自对中特性，其中焊球的合金成分及焊球与基板的界面是最重要的因素。对主流阵列封装而言，回流前 50%的线性偏移误差是较为保守的要求。随着阵列间距尺寸的下降，这个线性偏移误差也将逐渐减少。因此，对于间距为 40mil 的 BGA，线性偏移误差为 40%；而对于 CSP，线性偏移误差则更小。尽管依此类推可以假定“焊盘间距越小，允许的线性偏移误差也越小”，但是，在同一研究中，对倒装芯片的研究结果表明，其线性偏移误差为 60%时仍然可以发生自对中。考虑到倒装芯片很轻，这些不一致的结果说明，自对中效果的决定因素可能取决于基本的物理性质，以及单位焊点周长上所承受的重力。

根据上述对自对中限制条件的理解，“自对中不良”可分为两类：①器件偏移超过了正常公差范围的偏移；②器件偏移在正常的公差范围内，但仍然表现为自对中能力差。

造成 BGA 自对中不良的原因包括：

（1）偏移过大。

第一类是由贴片精度不够引起的，可通过改善贴片设备的性能或提高贴片精度来解决。第二类是自对中工艺干扰的结果，通常由下列因素引起：

① 焊膏量不足。最常见的原因是焊膏印刷量不足，由于焊膏体积量下降，回流中产生的表面张力也会下降。

② 流动性差。如果焊剂的活性或焊盘的可焊性较差，那么焊料在回流焊接中的流动

性也会很差，于是形成了一个自对中不良的焊点，如图 7.19（a）所示。图 7.19（b）所示是一个润湿充分的焊点，焊点两侧焊盘产生的表面张力使得焊料均匀地润湿。

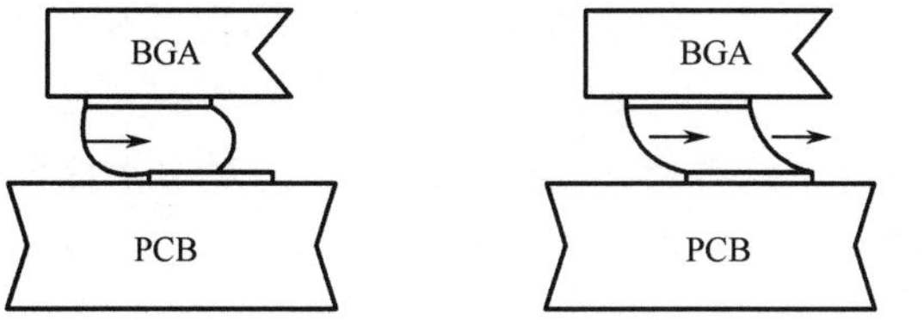

（a）焊剂活性和焊盘可焊性较差导致焊料部分流动　（b）焊点两侧焊盘均匀的张力使得焊料完全流动

图 7.19　回流时 BGA 焊料的流动

③ 表面张力的减小。

表面张力易受回流焊接环境的影响。在氧化气氛下做回流焊接，如果焊剂活性不够，熔融焊料的表面将会被氧化，形成氧化物薄膜，从而减小表面张力。相应地，自对中驱动力也会减小。如果在惰性气氛下回流，则可避免这种情况。

（2）改变焊料成分。

对于 CBGA 的组装，当使用高温焊球和共晶焊膏/焊料时，如果收球发生在 240℃而不是 220℃，那么收球质量较高。但是，在 240℃时铅会溶解到焊球与 BGA 元器件之间的焊点里，从而导致后续 PCB 互连工艺中元器件对中不良现象。这些高铅微粒将使共晶焊料的熔点提高，从而熔化迟缓，不利于后续的板级组装。高铅微粒的形成会使个别焊球虽然在 50%的允许线性偏移误差范围内，仍然不能自对中。一般来说，TBGA 有自对中不彻底的趋势，也可归因于此。

（3）元件惯性大。

对于 CCGA，Sn10Pb90 焊柱被共晶 Sn63Pb37 焊接到基板上。在 CCGA 组装中，自对中效应将拉动焊柱的底部向焊盘中心移动，但不能拉动较重的整个陶瓷封装元器件。焊柱会在两端 Sn63Pb37 焊点内倾斜，以适应 CCGA 和基板之间的偏移，如图 7.20 所示。类似的现象也会发生在 CBGA 里，但程度较轻。

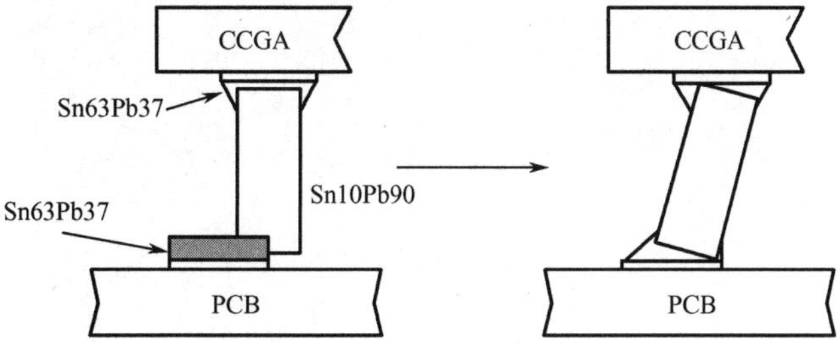

图 7.20　CCGA 的部分自对中现象示意图

（4）阻焊层偏位。

阻焊层位置的不准确会导致 BGA 焊盘的不完全覆盖，从而在自对中过程中产生错误的对准中心。

（5）加大角部区域的焊盘和加量印刷焊膏。

改变设计会改善 BGA 和 CSP 的自对中性能，如在 PCB 板的角部区域采用大焊盘，将允许较大的对准偏差。同时，对大焊盘加大印刷焊膏量来得到更大的体积量，将有利于自对中的实现。

总之，可以通过下列方法改善 BGA 和 CSP 的自对中不良现象：

（1）提高贴片精度。

（2）增加焊膏的印刷量。

（3）改善焊盘或焊球的可焊性。

（4）使用高活性的焊剂。

（5）在惰性气氛下完成回流。

（6）降低 CBGA 凸点成型和贴装工艺的回流温度。

（7）对于 CCGA，在封装上使用植入的 Sn10Pb90 焊柱，从而取代 Sn63Pb37 焊接。

（8）提高阻焊层的对准精度。

（9）在基板设计中，BGA 角部区域采用大焊盘。

（10）对角部区域大焊盘加大印刷焊膏量。

7.6 BGA 焊点桥连及解决措施

桥连是 BGA 焊接主要缺陷类型之一，如图 7.21 为 BGA 焊点桥连的 X 射线图像。焊料过量会引起桥连，如图 7.22 所示。BGA 焊球的可焊性差也会引起桥连。PBGA 的分层和爆米花效应也会引起桥连现象，此时的焊点变得扁平，从而形成桥连。BGA 器件下的异质材料也会引起桥连现象。

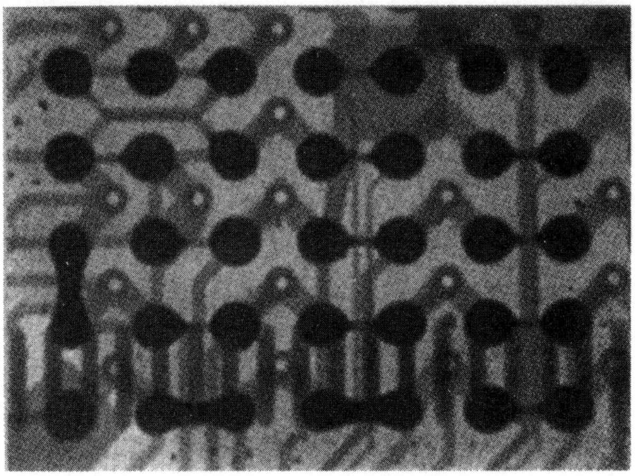

图 7.21　BGA 焊点桥连（X-射线图像）

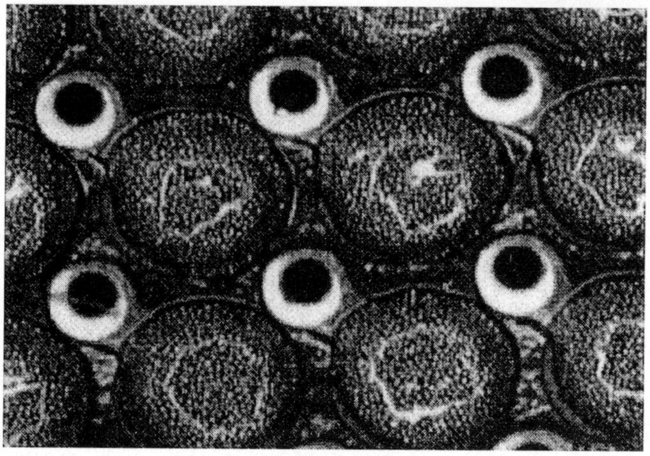

图 7.22　焊料过量引起桥连

元器件贴片时的偏移往往会加剧桥连现象，如线性偏移和转动偏移。CBGA 贴装中的最大转动偏移量为 1°；当元器件的转动角为 4°时，显然会发生桥连。当 PBGA 焊球与 PCB 焊盘之间的线性偏移量超过 62%时，回流将造成共晶焊点塌陷成扁平状，从而减小了相邻焊点的间距，引起桥连现象。CBGA 器件转动角度为 1°便会发生桥连现象；对于 CSP，由于间距更小及用于焊膏印刷的焊盘面积更大，因此对线性偏移更为敏感。

可以通过以下方法减少 BGA 焊点桥连现象的发生：

（1）提高封装元器件的可焊性。

（2）控制焊膏的印刷量。

（3）在元器件贴片后，避免手工操作。

（4）必要时预烘干 PBGA，避免“爆米花”效应。

（5）防止在元器件下面留有异质材料。

（6）避免元器件贴片的偏移。

7.7　BGA 焊接的开焊及解决措施

BGA 焊接的开焊可由几种因素引起，包括焊膏量不足、可焊性不良、共面性差、贴装偏位、热失配及穿过阻焊层的排气现象等。各种因素的影响分述如下：

（1）焊膏印刷量不足。

开口堵塞引起的焊膏印刷量不足会引起开焊现象，在 CBGA 或 CCGA 回流焊接中这种现象很常见，因为这两种器件在回流焊接时都不会发生焊膏塌陷现象。

（2）可焊性不良。

焊盘污染或氧化通常会引起润湿问题。如果 PCB 焊盘受到污染，由于焊料不能与 PCB 焊盘润湿，在毛细效应下，焊料流动到焊球与元器件的界面上，在 PCB 焊盘侧就会形成开焊。焊盘的焊接性不良也会引起 PBGA 焊球熔化塌陷，形成开焊。

（3）共面性差。

共面性差通常会诱发或直接引起开焊，所以 PCB 不共面的最大值在局部区域不能超过 5mil 或者在整体区域不超过 1%（IPC-600 标准中可接受类别为 D，等级为 2 级或 3 级）。返修工艺中，应当采用预热工序，以尽量减少 PCB 变形产生的不共面现象。

（4）贴装偏位。

元件贴装时的偏位通常会引起开焊。

（5）热失配。

内应力引起的剪切力通常会导致开焊现象。在特定的工艺条件下，当很大的温度梯度穿过 PCB 时，就会发生开焊。例如，SMT 回流焊接后往往跟着波峰焊，回流焊接中形成的 PBGA 角部焊点，在波峰焊阶段，会从焊点和封装元器件的界面处开裂，形成开焊，如图 7.23 所示。某些情况下，PBGA 角部焊点仍然连接着元器件和 PCB 焊盘，而实际上，角部焊盘已经从 PCB 上剥离，仅仅和 PCB 的引线相连，如图 7.24 所示。在这两种情况下，PBGA 的焊点都靠近通孔位置。

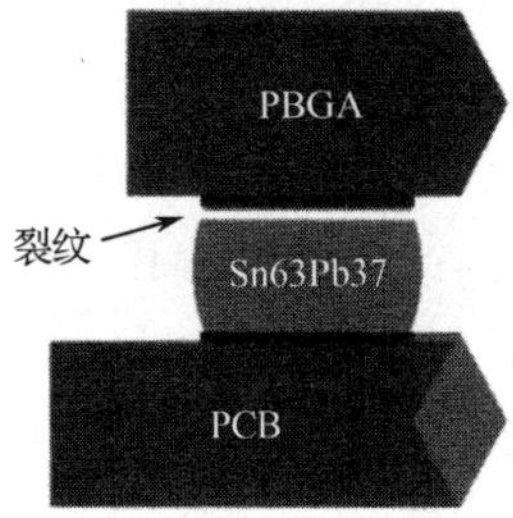

图 7.23　开焊发生在焊点与封装界面之间

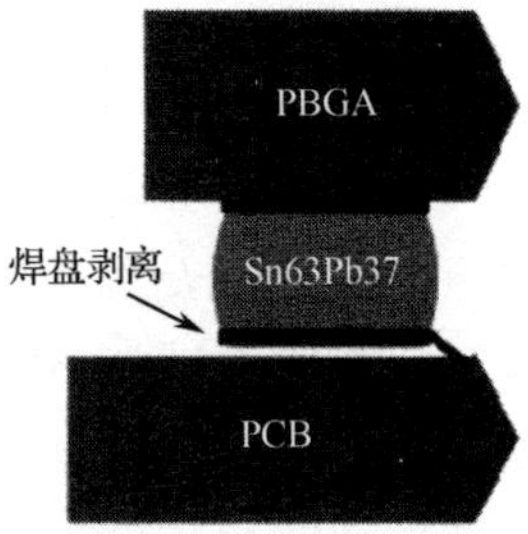

图 7.24　角部焊盘从 PCB 剥离

产生这种现象的根本原因在于，从 PCB 到封装形成了很大的温度梯度。在波峰焊中，熔融的焊料穿过通孔到达 PCB 顶面，导致 PCB 顶面快速升温。由于焊料是良好的热导体，因此焊点温度迅速上升。相反，封装材料本身不是良好的热导体，升温过程非常缓慢。焊料在熔融态时机械强度降低，一旦发生了热失配，在热的 PCB 和冷的 PBGA 之间产生应力，就会产生封装与焊盘间的裂纹。在某些情况下，焊盘与 PCB 之间的黏附强度低于焊料与封装焊盘之间的连接强度，这就会造成 PCB 与焊盘的剥离。角部焊点由于远离中心点，因此热失配更显著，承受的应力也更大。

可以在通孔上印刷阻焊层来解决这问题。如果生产量不大，也可以在波峰焊前人工给通孔处贴上一层耐高温胶带，隔断热量传递路径，解决开焊问题。

（6）穿过阻焊层的排气现象。

对于周围有阻焊层限制的 BGA 焊盘，排气不良也会引起开焊现象。此时，挥发物强行从阻焊层和封装焊盘间的界面排出，会把焊料从封装焊盘处吹走，形成开焊。这个问题可以通过在贴片前预烘干 PBGA 器件得到解决。

综上，通过以下措施可以解决 BGA 焊接的开焊问题：

（1）印刷足够量的焊膏。

（2）提高 PCB 焊盘的可焊性。

（3）保障 PCB 的共面性。

（4）精确地贴装元器件。
（5）避免产生过大的温度梯度。
（6）波峰焊前覆盖通孔。
（7）预烘干元器件。

7.8 焊点高度不均匀及解决措施

典型的 BGA 和 CSP 焊点是圆鼓形的，焊点高度取决于焊料的表面张力、焊盘尺寸、焊盘周围的阻焊层布局和元器件的质量。大多数情况下，焊点能够保持圆鼓形。但是，如果元器件较重，焊点就会拉伸成瘦凹形的（Slim Concave）。通常，焊点高度应是一致的，并且上述外形都可接受。但在某种条件下首选拉长的瘦凹形焊点，原因在于这种结构有较大的间隙，从而有较好的抗热失配能力。

然而，在有些条件下高度不一致的焊点和拉长的焊点都不能被接受。在某些 PBGA 类型的焊接组装中，外部焊点高度被拉长为 27mil，而内部焊点高度约为 19mil。进一步的观察发现，外部焊点表面粗糙、带有橘皮纹理，显现出裂纹或微裂纹的征兆。在这些焊点的横截面图中，焊料和基板焊盘的界面附近出现了形状不规则的微空洞（<25μm）。这些微空洞深深地包围着界面附近的空洞。焊料表面的微裂纹或中间的微空洞常常会成为裂纹源，因此即使间隙再大，这种拉长的焊点也不可接受。进一步的研究指出，这时 PBGA 模塑复合物与基板的 CTE 会发生热失配，其中模塑复合物有较高的热膨胀系数。PBGA 的组装结构如图 7.25 所示。

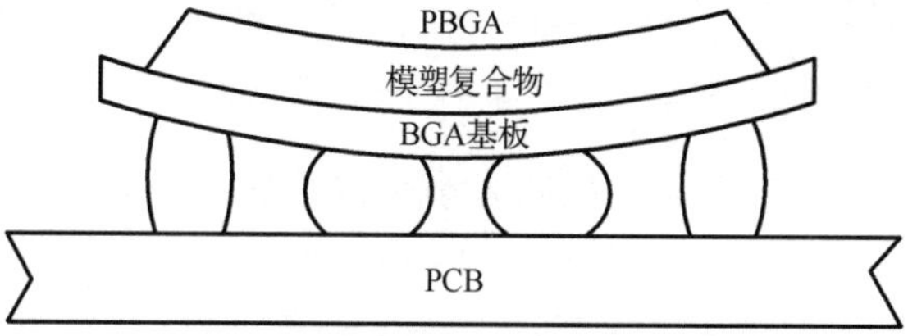

图 7.25　PBGA 的组装结构

显然，模塑复合物和基板间的热失配引起了 PBGA 封装的弯曲变形，进而产生了高度不一致的焊点。当封装开始冷却时，由于边缘受到向上的拉力作用，因此封装发生弯曲变形。弯曲变形随着温度的下降继续增大，甚至在温度低于焊料固化温度时也会继续，由此造成了外部焊点比内部焊点要长。

微空洞和表面裂纹是焊料的冷拉造成的。当温度低于固化温度时，焊料柔软而脆弱。在弯曲张力的作用下，柔软的焊料开始变形，同时微空洞开始在晶界之间形成。相应地，焊料表面也呈现出裂纹。由于 PCB 的热容量比 PBGA 封装的热容量大，因此冷却较慢，此时基板表面附近的焊料温度更高也更脆弱，所以微空洞和表面开裂现象更为显著。

产生问题的根本原因在于 PBGA 内部的热失配，调整回流曲线不会改变热失配，所以不能解决问题。最理想的解决方法是，采用 CTE 相互匹配的封装材料。另一个成功的方法是在 BGA 基板上增加一层铜来提高刚度，使之不易产生弯曲变形。

7.9 “爆米花”和分层现象

当塑封 BGA 吸收了水分后，如果处理措施不得当，很容易发生“爆米花”或分层现象。封装爆裂与分层的原因是，在回流焊接过程中，环境温度迅速升高到高于模塑材料的 T_g 点（150℃左右）时，模塑材料与被黏附层（如引线框架和管芯）之间热失配导致的界面易于剥离，而模塑材料吸附的水分气化成蒸汽产生的压力造成界面之间最终剥离的现象。

图 7.26 是一个两层的 PBGA 封装，它经历了潮湿敏感等级为 2a 的试验（IPC/JEDEC 标准），以及峰值温度为 260℃的回流焊接，从图 7.26 中可以看到，在芯片连接层和封装基板层中都产生了分层现象。

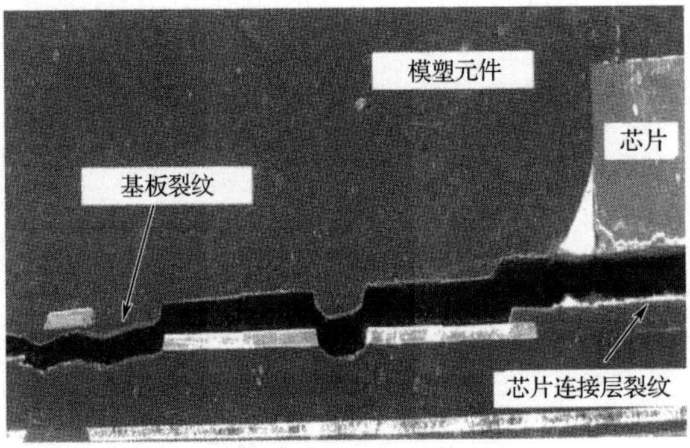

图 7.26 PBGA 封装在芯片连接层和封装基板层产生分层现象

PBGA 从干燥包装中拿出后，应该在 8 小时内完成组装。如果 PBGA 在空气中暴露超过 48 小时，就需要在干燥盒中放置至少 48 小时或在烘箱中 125℃烘干 24 小时，以排出其吸收的潮气。在拆除元件时，需要对 PCBA 进行烘板处理，在 BGA 还要重新使用时更要注意。

Chapter 8

第8章 板级可靠性试验与测试

长期以来，电子设备的可靠性试验与测试的对象都集中在元器件和整机这两个环节。而对设备可靠性影响最大的产品状态——单板却很少开展这方面的试验与测试工作。即使有部分企业开展了一些这方面的工作，但其试验方法、流程体系、试验数据分析也都沿袭了基于元器件可靠性或者整机可靠性的体系和方法，并没有针对单板可靠性特点做有针对性的调整，这也造成了试验数据和结果与设备实际应用中产生的可靠性问题之间存在偏差，使得板级可靠性试验与测试工作的开展饱受诟病。

出于产品研制流程或者体系标准的需要，即使普遍开展的元器件与整机可靠性试验与测试的结果与产品实际情况相差甚远（试验开展难度大，试验设计复杂，一般企业也缺乏对试验结果的分析能力），也不影响这类试验与测试活动的开展。但板级可靠性试验与测试由于上述原因，在产品研制环节的开展情况并不尽如人意。

从作者及业界多年来对电子设备失效情况的研究与分析来看，主流器件由于实施卓有成效的可靠性控制措施，元器件本身的可靠性问题已经越来越少，电子设备的失效大部分发生在板级。如果能够针对电子设备开展板级可靠性试验与测试，在试验设计、试验结果与数据分析方面进行较好的控制，完全能够暴露出电子设备的可靠性短板及其原因，并有针对性地进行改正与提升。

8.1 单板可靠性试验与测试概述

关于可靠性试验的定义，相关标准都有明确的说明，即“可靠性试验是对产品进行评价、验证的各种试验，如增长、筛选、验收、鉴定、统计等。”可靠性试验有不同的分类标准，通常根据实施阶段不同将可靠性试验分为统计试验和工程试验。工程试验通常在产品的开发阶段进行，如环境应力筛选、可靠性增长试验。其目的主要是，暴露产品的设计或者工程缺陷，以便进行改进。而统计试验则在产品的批量生产阶段进行，主要是为了对产品进行验证，获得对应的可靠性运行统计数据，如可靠性鉴定试验和可靠性验收试验。统计试验需要统计师、可靠性工程师、产品保障工程师、试验工程师、技术专家等不同岗位和职责的人员在不同阶段分工负责。任何一个环节的缺失都有可能造成试验结果出现较大偏差。而单板可靠性试验并不涉及如此多的环节。

本节所描述的单板可靠性试验是指可靠性工程试验。由于单板是装备或系统的组成部分，而可靠性统计试验通常是针对产品或系统整体进行的，所以一般不进行单板的可靠性统计试验，主要是通过可靠性工程试验来对设计、器件、工艺等进行可靠性验证。

在设备研发流程的工程样机或者小批量阶段，就需要进行相应的可靠性工程试验了。在这个阶段，样本或者样机的量都非常小，试验结果的概率分布是离散的，因此采用统计分析也没有什么意义。更多地从失效结果去分析失效产生的原因，暴露产品在器件选型和应用、单板可靠性设计等各个维度存在的不足，确定针对性的解决方案，从而增强单板和产品的可靠性。

在这个阶段进行的可靠性试验与测试主要包括单板老化试验（Burn-in Test）、高加速寿命试验（HALT，Highly Accelerated Life Testing）、可靠性增长试验（RGT，Reliability Growth Test）和单板可靠性测试。单板可靠性测试包含功能测试（黑盒测试）与信号质量测试（白盒测试）。

老化试验最初应用在元器件领域，其目的是筛选出总体中的次等元器件。老化试验在单板中的应用一直存在一些质疑的声音，主要是因为在单板老化试验中通常不施加标准之上的应力，只是比正常的工作条件稍微严格一些，试验时间也相对较短。这样做的结果是，虽然耗费了大量的资源进行单板老化试验，但筛选出的失效品非常少，且与产品实际应用时发生的失效状况并不存在强相关性。因此，一个优秀的老化试验应该考虑最低的制造成本及用户能够承受的总成本，进而设计出有针对性的老化实施方案。老化试验设计要考虑的主要因素是试验的时间成本和检测出每个失效品的成本。

高加速寿命试验的目的是，极大缩短老化试验和寿命试验的时间，并不需要对样品可靠度的真实值进行评估，而是以通过确定样本在失效前能承受的极限应力来改进产品设计为目标。当 HALT 作用于产品时，它涉及用于揭示缺陷的单一应力和多种应力。分析试验后出现的缺陷及其根本原因，进而采取纠正措施。当然，相对于 ESS（环境应力筛选）而言，HALT 的成本是巨大的，因为每一个被试验对象都会在极限应力条件下做到失效，而且这种失效通常是不可逆的。因此选择施加什么样的应力，制定什么样的试验方案，建立什么样的试验模型，以及试验完成后如何针对失效进行分析，都是 HALT 试验需要考虑的关键点。

可靠性增长试验的目标是，在设计阶段就为产品提供持续的可靠性改进方案。试验在正常工作状态下进行，通过分析试验结果验证产品是否达到了预期的产品可靠性指标。一般来讲，即使是很成熟的产品和方案，在初始设计阶段，也不太可能完全达到设计目标要求，尤其是可靠性目标。因此，可以通过一系列试验将设计缺陷暴露出来，这些试验也不可能一次性地就将所有设计缺陷都暴露出来，而是需要“设计—试验—改进—纠正措施”和“设计改进—再试验—再改进”等多次迭代过程，最终实现产品的可靠性提升。可靠性增长试验就是上述迭代过程中的重要一环。

单板的可靠性测试通常借助外加应力来验证单板的健壮性和可靠性。同时，针对单板自身而言，需要借助一定的测试手段，来验证单板的功能和性能是否满足实际工作环境的需要，这就是单板可靠性测试。

单板的功能性测试基本上在工程样机阶段就会进行。但是从作者多年的经验来看，很多电子产品研制厂家的功能测试（黑盒测试）流于形式，只是根据产品功能列表逐一核对。对功能测试的完备性缺乏认识，没有从产品角度设计测试方案和测试用例。这就导致在开发阶段测出的功能性问题与最终市场上出现的产品可靠性问题不具备强相关性，从而事实上忽略了功能测试的重要性，最终形成恶性循环。

就目前行业现状，在产品开发阶段进行单板信号质量测试（白盒测试）的厂家更是寥寥无几，而白盒测试是发现产品开发过程中的可靠性问题的最重要的手段之一。近年来，现代的单板电路在信号端呈现越来越多的变化，具体体现在：主频越来越高、速率越来越快、芯片集成度越来越高、信号电压幅度越来越小、单端信号逐步向差分信号转变、低速并行总线逐步向高速串行总线转变等。这些转变给单板的信号完整性分析带来了越来越大的挑战，使得信号的接收端越来越难以呈现信号发送端的“完整”的信号。而在一些重大的可靠性问题没有显现之前，其实都会有一些蛛丝马迹呈现出来，如反射（reflection）、振铃（ringing）、开关噪声（switching noise）、地弹（ground bounce）、衰减（attenuation）、串扰（cross talk）、容性负载（capacitive load）等。通过对这些线索的分析，能够深入了解硬件系统设计的核心，认识到单板设计和生产过程的薄弱环节及可能造成的可靠性隐患。相比于通过对产品施加外部应力、长时间高强度刺激来暴露产品可靠性问题，白盒测试的性价比要高很多。

需要说明的是，上述的可靠性试验和测试，并不是所有的产品都需要完成的，要根据产品的可靠性指标、应用环境等条件进行综合设计。可靠性试验并不是做得越多越好，所施加的应力也不是越大越能暴露产品的不足，需要在可靠性需求、时间、人力和资源成本上取得一个平衡。

8.2 单板可靠性试验与环境试验

可靠性试验和环境试验是经常容易被混淆的试验，主要在于二者施加的应力和进行试验的设备有很多共同之处。虽然两者之间有诸多联系，但还是有根本上的区别。

1. 可靠性试验与环境试验的目标和实施环节不同

环境适应性是产品必须满足的一项功能，因此在产品需求中有明确的要求。为了满足产品环境适应性的要求，必须在产品的整个研制周期中构建一条单独的主线，具体如图 8.1 所示。

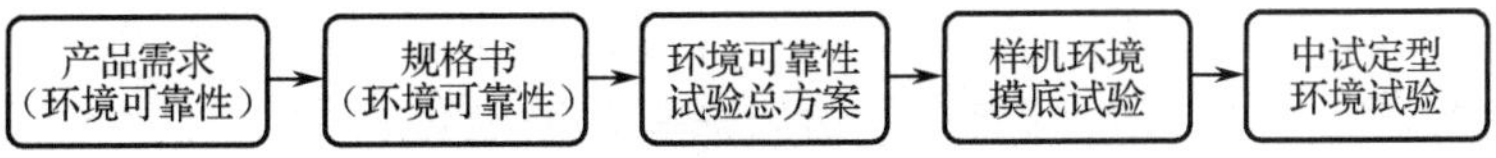

图 8.1 产品研制中环境适应性要求

而可靠性试验，尤其是单板的可靠性试验，则主要集中在产品的研发和中间试验环节，因此和环境试验的实施有重叠的部分。但由于二者实施方案、应力条件以及结果分析与处理属于完全不同的两个体系，因此不存在冲突。

环境适应性是指产品对各种环境应力的适应性，为达到试验目标，需在产品规格书中制定环境试验方案，方案包括但不限于常规气候类、机械类、污染性环境类、环境参数、周期、测试严酷度等。通过环境试验，发现产品环境适应性问题，为设计改进提供测试依据。

可靠性试验则针对指定的产品，制定可靠性试验方案。方案包括但不限于单板老化试验、高加速寿命试验、可靠性增长试验、极限试验、耐久性试验等。通过可靠性试验发现产品可靠性薄弱点，为设计改进可靠性增长提供测试依据。

2. 可靠性试验与环境试验侧重点不同

单板的可靠性试验，尤其是 HALT，通过高加速应力促使产品失效，从而发现产品的薄弱环节在哪里，对试验对象通常是破坏性的。而环境试验只是为了验证产品是否符合产品的环境适应性要求。至于满足环境适应性要求的产品是否处于产品的工作极限，则不做要求。当然，环境试验也存在一定的概率使得试验对象失效，但这并不是环境试验的主要目的。

3. 单板可靠性试验与环境试验的联系

环境试验和可靠性试验也有共通之处，例如，HALT 其实就是环境应力筛选 ESS（Environmental Stress Screening）演化而来的。使用不同的名称是因为它们采用不同的工作环境，ESS 就是通过向电子产品施加合理的环境应力和电应力，将其内部的潜在缺陷激发成失效，并通过检测发现和排除的过程，HALT 只是加速了这一过程。

HALT 的目的是确定元器件、单板或系统的工作极限，而常规的环境应力和电应力可能无法激发出相应的极限，因此需要特定的高应力和特殊的试验模型才能充分激发产品的潜在缺陷，从而进一步定位产品的可靠性薄弱点并且逐步加以改进。

8.3 单板可靠性试验设计

如前所述，基于单板的可靠性试验类型有很多，如单板老化试验、高加速寿命试验、可靠性增长试验、极限试验、耐久性试验等。并不是所有的产品都需要完成上述的单板可靠性试验。由于在研发期间所能获得的试验单板样品数量是比较有限的，因此需要合理寻找或者制定有别于产品正常工作条件的替代性试验来“预测”产品的可靠性。需要根据产品的可靠性指标、应用环境等条件进行综合设计，制定合理的单板可靠性试验方案，使得单板能在更短时间内出现更多的失效和性能退化，做到既能充分暴露出单板的可靠性问题，又能使整体的试验成本控制在合理的范围之内。

8.3.1　单板可靠性试验的类型

本小节内容主要是产品研发阶段针对单板开展的可靠性试验，因此主要聚焦于单板可靠性试验的分类。以下对开展的主要单板可靠性试验进行分类说明。

1．单板老化试验

老化试验最初的目的是筛选出元器件总体中的次等元器件，但单板的情况较之元器件会复杂很多。首先，因为单板是多种元器件的集合，其失效机理较之单个元器件会复杂得多。其次，单板除了集合许多元器件和模块之外，本身还有载体（PCB）和互连关系，所以存在更多的工艺可靠性关键点。这就要求在进行单板老化试验时，针对工艺可靠性的关键点进行特殊的激发应力设计。

2．单板高加速寿命试验（HALT）

HALT 的目的是确定元器件、子系统和系统的工作极限。超过这些极限时，就会出现不同于正常工作条件下的失效机理。此外，使用极端应力条件可以暴露试验对象的潜在失效（失效模式）。高加速寿命试验主要用于产品的设计阶段，在典型的高加速寿命试验中，产品（或部件）会被施加高应力水平的温度和振动（也可能是它们的组合或综合）、快速温度循环或其他与产品实际使用相关的特定应力。

3．单板可靠性增长试验

单板可靠性增长试验的目标是，在设计阶段为产品提供持续的可靠性改进。单板可靠性增长试验在正常工作状态下进行，通过分析试验结果可验证产品是否达到了预期的可靠性目标。一般而言，产品（尤其是单板）的初始原型很可能存在某些设计缺陷，而这些缺陷大多可以通过严格的试验暴露出来。单板的初始设计方案完全达到既定的可靠性目标是不太可能的，即使是国内顶尖的企业，其单板从设计到量产的平均改板次数也仅能达到 2.2 次左右。通常而言，单板的初始设计方案会经历多次迭代性改进，从而达到产品可靠性要求。一旦产品设计定型并转入生产，那么产品实际使用和质量监控，也将为潜在的设计更改提供依据，从而进一步提高产品可靠性。

总之，单板可靠性增长计划是一套精心设计的用来暴露可靠性问题和失效机理的方案和程序，它通过试验，结合纠正措施和设计改进，使得产品可靠性在整个设计阶段和试验阶段得以提高。在早期设计阶段，结合用户的需求及相似产品经验得到精确且切合实际的可靠性指标很重要，这可以避免在规定的时间和费用下不能达到相关可靠性要求的事件发生。

8.3.2 单板可靠性试验的应力施加方式和应力类型

1. 应力施加方式

可靠性试验的应力施加方式涉及两个关键因素，即施加的时间和施加的方法。如果是连续工作的单板，那么可以通过持续施加应力来确定其失效分布关系。但是如果不确定应力施加时间与工作应力条件之间的失效分布关系，那么就只有通过增加应力来获得。所以，要想获得正确的应力施加方式，需要搞清楚单板在正常工作条件下所经受的应力种类和失效机理。而加速条件下的应力施加方式和应力水平对正常应力条件下的可靠性预测结果的准确性有很大影响。

绝大部分企业在进行可靠性试验验证方案设计中，应力的施加方式都是施加恒定应力。当然施加恒定应力更容易实施，但是需要更多的试验样本和更长的实施时间才能获得足够的退化和失效信息。这样做的结果是：无法保证足够的试验样本数量和试验时间，导致很难获取正确的可靠性试验结果。在产品的单板研制阶段，这种做法尤其不适合。

开发阶段的工程样机或者小批量生产阶段单板数量都是有限的，根本不可能满足恒定应力试验的要求。因此，很多企业即使实施了可靠性试验，也达不到理想的试验效果，要么试验时相关的退化和失效都试验不出来，但产品到了市场上运行一段时间后依然出现失效；要么就是市场上失效产品的失效模式与可靠性试验的结果不具备相关性，从而使企业的可靠性试验工作流于形式。

单板是系统功能实现的重要部分，其可靠性关联了元器件、互连关系、生产工艺等诸多关键控制点，失效机理与失效分布关系更加复杂，因此设计合理的应力施加方式是单板可靠性试验取得理想结果的先决条件。

关于应力施加方式，除施加恒定应力以外，业界常用的还有施加正弦循环应力、步进应力、斜坡步进应力、三角循环应力及“斜坡—浸泡—循环”等多种组合应力，每种应力施加方式都有相应的可调参数。不同应力的施加方式对应不同的可靠性试验验证目的，比如施加正弦循环应力主要用来验证疲劳试验和功率循环试验，循环的频率和幅值是决定应力严酷程度的主要因素。而施加步进和斜坡步进应则为了考察每种应力升高及持续时间之间的关系。多应力情况下的施加方式会更加复杂，需要根据单板的实际情况做有针对性的设计。

2. 应力类型

选择可靠性试验应该施加的应力类型的前提和基础是，了解单板的潜在失效模式和失效机理。可靠性试验的实施过程就是激发和验证这些单板的潜在失效，从而进一步对其进行改进，提升单板可靠性的过程。因此，我们首先需要了解单板的工作条件，同时利用一些物理失效分析手段和工程方法与经验，分析在可靠性试验中应该施加的应力，同时兼顾单板的装配工艺过程和其他因素。大致来讲，可靠性试验施加的应力有如下几类。

1）机械应力

在机械部件的加速试验中经常用到疲劳应力试验。疲劳失效是所有旋转类机械部件常见的失效机理之一。将要工作在高温环境下的机械部件，需要进行蠕变试验（试验需在温度及动载或静载综合应力下进行）。轴承、减振器、手机、轮胎、飞机和汽车中使用的电路板等产品需要开展冲击试验和振动试验。

磨损是另外一种机械活动部件的失效原因。根据受试产品的实际使用情况、工作条件，可以开展加速试验。加速试验中采用的应力类型应涵盖这些工作条件，应力水平则要加大，以便快速而显著地观测到产品磨损。

2）电应力

电应力包括功率循环、电场强度、电流和电迁移。电场强度是最常见的电应力，它能够在相对短的时间内比其他应力引发更多的失效。由功率循环引起的焊点温度变化导致的热疲劳是电子元器件失效的主要原因。对于单板可靠性试验，电应力是最有效的激发可靠性问题的手段之一，尤其在与环境应力组合使用的情况下，可以更加真实地模拟和加速实际产品的应用情况，这类试验与产品的真实失效有着很强的关联性。

3）环境应力

大多数产品都涉及湿度、温度和热循环问题，如前文所述，选择合适的加速应力水平以保证失效机理与产品正常工作条件下一致性的应力水平是十分重要的。湿度和温度同样重要，但是它引发的失效需要较长的试验时间才能暴露出来。其他环境应力产生影响的情况包括：紫外线影响合成橡胶弹性，二氧化硫腐蚀电路板，盐雾、微小颗粒和 α 粒子损坏随机存储器和其他元器件等。另外，高能离子能够激活外轨道电子，造成数字电路的电子噪声和信号尖峰。因此，对于在外太空环境下使用的产品，辐射和其他类似的环境应力也很重要。此外，腐蚀是亚铁化合物材料失效的重要原因，尤其是在潮湿和其他易腐蚀环境下，因而这类产品应该在潮湿环境和腐蚀环境条件下开展试验。在实际应用中，产品经常暴露在多种应力条件下，如温度、湿度、电流、电场及各种冲击和振动，所以这类产品要同时施加多种应力以“模拟”真实工作条件中的多种应力条件，因为这些多种应力施加所激发的失效模式将不同于它们单独施加所激发的失效模式。

8.3.3 单板可靠性试验类型选择

单板可靠性试验有多种类型。企业在研发阶段，需要根据产品的特点、可靠性需求和产品实际工作环境进行有针对性的选择。无论是老化试验、HALT，还是可靠性增长试验，都需要耗费大量的人力、物力，实施的周期也比较长。因此，选择合适的单板可靠性试验类型，选用或设计单板可靠性试验模型和参数，以便在尽可能短的试验时间内充分暴露产品的潜在短板、激发潜在失效，是单板可靠性试验面临的主要挑战。

单板老化试验和产品老化筛选试验是不同的。单板老化试验的目的是，通过施加合理的外部应力，激发出单板的早期失效。而产品老化筛选是进入生产阶段后，对产品进行 100%的筛选，施加应力的条件和强度也与单板老化试验不同。产品老化筛选实际上是一种生产工艺，它不属于可靠性试验的范畴，这一点必须区分开来。单板老化试验的对象为长时间连续工作的单板，其失效模式和设计模型是基于时间的函数。

对于无法确定应力施加时间与工作应力条件之间的失效分布关系的单板，或者试验的样本数量及试验时间有较为严格的限制，并且对单板失效模式和失效机理已经有较为充分的认识，此时 HALT 试验则是相对理想的单板可靠性试验类型。这里需要强调的是，试验的前提是加速条件下失效和正常工作条件下的失效，其失效机理必须是相同的。这就对试验设计模型提出了很高的要求，因为只有精准的模型，才能保证 HALT 的数据能够外推到一个正常工作条件下的产品可靠度。

可靠性增长试验是指，在真实或模拟环境条件下对产品进行的正规试验。可靠性增长试验对象是经过环境试验的样机或生产的样品。可靠性增长试验的剖面是真实剖面或模拟真实剖面。.可靠性增长试验类型一般有几种。第一种：试验—改进—再试验，通过试验→暴露问题→分析原因→立即改进→再试验，如此反复，即边试边改，增长曲线是平滑型的。第二种：试验—发现问题—再试验，通过试验→暴露问题→不立即改进→再试验→再暴露问题→一起改进。增长曲线为阶梯型的。第三种：待延缓改进的试验—改进—再试验。试验后暴露问题，有些需要立即改进，有些则需要延缓改进，增长曲线为阶跃型的。三种试验方式都是一个比较长期的过程，适用于较为复杂的单板和系统。

上述三种可靠性试验类型都有各自的特点和要求。对于单板产品，实现的效果也不尽相同。对于较为简单的单板，同时对其器件、互连关系、生产工艺比较明晰，各个关键可靠性控制节点已经掌握，设计缺陷基本剔除，元器件的来料质量控制水平达到要求，可以适当简化可靠性试验类型和过程。而对于设计复杂的单板，环境需求严苛且多变，生产工艺较难控制，风险点较多，则需要通过精心设计 HALT 和可靠性增长试验，充分暴露可靠性薄弱点和风险点，同时可能还需要设计特殊的极限试验或耐久试验，才能完善整个可靠性试验过程，为产品整体可靠性提升提供数据和理论支撑。

8.3.4 单板可靠性试验模型

1. 老化试验

在众多的环境模拟试验中，温度、湿度为常见模拟因子，同时也是使用频率最高的模拟环境因子。实际环境的温度、湿度也是不可忽略的影响产品使用寿命的因素。所以，将温度、湿度纳入考量范围所推导出的加速模型在所有老化测试加速模型中占有较大的比重。由于侧重点不同，推导出的加速模型也不一样。

常见的三种典型老化试验模型如下。模型一：只考虑热加速因子的阿伦纽斯模型（Arrhenius Mode）。模型二：综合温度及湿度因素的阿伦纽斯模型（Arrhenius Mode With Humidity）。模型三：Hallberg-Peck 模型。受篇幅限制，此处不对上述模型做详细介绍，读者可以查询相关可靠性理论书籍。

在进行以温度、湿度为主的测试时，需要先对产品所处的使用环境有彻底、详尽的了解，然后确定何为主要环境因素，进而确定相应的加速测试模型，在条件允许的情况下，以最优的方法来解决问题，以求达到事半功倍的效果。

老化试验模型设计的核心是关键参数的估计和选取。因此，没有失效分析数据的老化试验基本上就是缘木求鱼，试验结果一定会和实际情况相去甚远。

2．高加速寿命试验（HALT）

加速寿命试验模型包括物理统计模型、统计模型和物理试验模型。由于 HALT 不具备统计特性，所以仅适用于物理试验模型。HALT 中，通过推导失效机理的理论表达式，或者针对影响失效的时间参数开展不同应力水平的试验。不同应力的不同水平会导致多种失效机理的发生。常用的 HALT 失效时间预测模型包括电迁移模型、广义湿度模型、疲劳失效模型等。

3．可靠性增长试验

为了实现对可靠性增长试验的管理，需用数学模型对增长速度进行评估，可靠性增长数学模型描述了在可靠性增长过程中产品可靠性增长的规律或总趋势。常用的数学模型有三种，分别为 Compertz 增长模型、Duane（杜安）增长模型、AMSAA 增长模型。AMSAA 增长模型与杜安增长模型具有内在联系，杜安增长模型直观、简单、明了，增长趋势一目了然。但 AMSAA 增长模型可以直接使用试验原始数据（试验时间与失效数），计算较为简单，进行可靠性估计时比杜安增长模型好。

8.4 单板老化试验

老化试验（burn in）是指在一定的环境温度下、较长的时间内对元器件连续施加环境应力，而环境应力筛选（ESS，Environment Stress Screen）不仅施加高温应力，还施加其他多种应力，如温度循环、随机振动等，通过电—热应力的综合作用来加速元器件内部的各种物理变化、化学反应过程，促使隐藏于元器件内部和单板上的各种潜在缺陷及早暴露。

Ongoing Reliability Testing（ORT）也叫作 Early Life Testing（ELT），是在生产过程中控制生产质量的一种可靠性试验手段。该试验按照一定抽样条件在线抽取部分产品，按照老化条件适当延长时间进行可靠性试验，以评估产品的早期可靠性，及时发现生产中存在的产品早期批量缺陷问题。

Long Life Test（LLT，长寿命试验）也是生产过程中控制生产质量的一种可靠性试验手段。与 ORT 不同的是它的抽样比例更少，试验时间更长。LLT 和 ORT 一起保证产品早期批次性缺陷能够及时发现。

老化试验需要在应力条件下进行，不同的应力条件对试验结果有着不同影响。试验条件的选取需要保证检测出绝大多数失效产品，同时不能造成其他产品过应力损伤。还要考虑最小化生产者和使用者的总成本。最简单的也是最常用的老化试验是在“双 85”

（85℃温度和85%湿度）条件下使产品运行24～48小时。同时根据不同的产品类型施加不同的电应力，以在短时间内激发出相关的早期失效。但是这种方法只适用于失效率混合分布模型。实际设计老化试验时，应考虑试验持续时间、应力种类和大小及试验后产品的剩余寿命等问题，以确定老化试验中产品性能退化的老化试验最佳终止时间。

8.4.1 老化试验的目的

电子产品经历了复杂的加工过程，使用了大量的元器件等物料，不可避免存在加工缺陷或元器件缺陷。这些缺陷可分为明显缺陷和潜在缺陷，明显缺陷指那些导致产品不能正常工作的缺陷，如短路、断路；潜在缺陷并不会导致产品立刻不能使用，但在使用过程中缺陷会逐渐显露，最终导致产品不能正常工作。潜在缺陷无法用常规检验手段发现，可运用老化试验的方法来剔除。如果老化试验方法效果不好，则未被剔除的潜在缺陷将最终在产品运行期间以早期失效（或故障）的形式表现出来，从而导致产品返修率上升，维修成本增加。

单板老化试验与老化筛选的目的有一定区别。老化筛选更多地是筛选出存在早期失效的产品，是一种工艺手段而不是可靠性试验。单板老化试验则通过施加合适的应力，激发出单板的潜在失效，同时根据失效试验结果和数据分析，定位失效根因，为下一步可靠性增长试验提供依据。

老化试验有两种不同的类型。

1）静态老化

静态老化涉及简单地向每个组件施加设计温度和电压，而不施加输入信号。这是一种简单、低成本、加速的寿命测试。这种类型的试验最适合用于模拟极端温度下存储的热测试。在测试期间施加静态电压不会激活设备中的所有节点，因此它无法全面了解组件的可靠性。

2）动态测试

动态测试是指，在单板暴露在极端温度和电压下时，向每个组件施加输入信号。这提供了更全面的组件可靠性视图，因为可以评估单板或IC内部电路的可靠性。可以在动态测试期间监控输出信号，从而准确了解电路板上的哪些点最容易发生故障。

任何导致故障的老化测试都需要进行彻底检查。在原型板的压力测试中尤其如此。这些测试在时间和材料方面可能既耗时又昂贵，但它们对于最大限度地延长产品的使用寿命和验证设计选择至关重要。这些测试远远超出了在线测试和功能测试，因为它们将新产品推向了临界点。

8.4.2 老化试验的设计原则

老化试验就是通过对电子产品施加加速环境应力，如温度应力、电应力、潮热应力、机械应力等，促使潜在缺陷加速暴露，达到发现和剔除潜在缺陷的目的。老化试验不能损坏好的部分或引入新的缺陷，老化应力不能超出设计极限，老化试验的效果一般和施加的环境应力及老化试验时间有关，温度循环的老化效果最好。另外，在一定时间范围内，老化时间越长，老化试验效果越好。

为了使老化试验取得满意的效果，应注意以下几点：

（1）老化设备应有良好的防自激振荡措施。

（2）给元器件施加电压时，要从零开始缓慢地增加，去电压时也要缓慢地减小，否则电源电压的突变所产生的瞬间脉冲可能会损伤元器件。

（3）老化试验后要在标准或规范规定的时间内及时测量，否则某些老化试验时超差的参数会恢复到原来的数值。

（4）为保证晶体管能在最高温度下老化，应准确测量晶体管热阻。

对于集成电路来说，由于其工作电压和工作电流都受到较大的限制，自身的结温温升很少，不提高环境温度很难达到有效地老化所需的温度。因此，常温静态功率老化只在部分集成电路（线性电路和数字电路）中应用。

为了得到良好的老化试验效果，必须了解单板的失效模式和机理，从而制定一系列老化试验设计原则和失效判据，使得尽可能多地将早期失效的单板暴露出来。

8.4.3　老化试验数据分析

关于老化试验数据，可以参照 GB/T 21223—2015《老化试验数据统计分析导则》中描述的内容和方法进行统计分析。由于样本数量的限制，单板老化试验数据呈现离散特性，进行统计分析的意义不大，其结果仅仅作为参考。因此，重点在于以失效机理认知为基础的工程分析。从失效机理和相应老化应力的关系入手，才能有的放矢。

8.5　单板高加速寿命试验

8.5.1　单板高加速寿命试验的目的

高加速寿命试验（HALT）的目的是确定元器件、子系统和系统的工作极限。超过这些极限，不同于正常工作条件下的失效机理就会出现。此外，使用极端应力条件可以暴露试验对象的潜在失效（失效模式）。

例如，在电子产品中，可以使用 HALT 定位一块电路板的故障原因，它通常包括对产品进行温度、振动和湿度试验，然而基于湿度失效机理的产品失效通常需要较长时间，因此 HALT 主要使用两种应力——温度和振动。产品出现的缺陷有的是可逆的，有的是不可逆的。可逆缺陷有助于确定产品的功能极限，而不可逆缺陷有助于确定破坏极限。此外，HALT 还有助于暴露潜在的失效模式及设计局限。因此 HALT 结果可用于提高单板的质量和可靠性。但是，由于 HALT 试验时间短，且在试验中施加了极限应力水平，因此很难将 HALT 结果用于可靠性预计（当然在板级应用上也不需要）。事实上，HALT 的目的是，激发试验产品在正常使用状况中不可能发生的失效，并以此确定潜在失效原因，因此它并不是真正意义上的加速的寿命试验。对于 HALT，其试验应力的范围和应力施加方法（循环、恒定、步进）取决于试验对象的类型。

8.5.2 HALT 的设计原则

进行 HALT 的最好时机是产品的初始研制阶段。HALT 基于这样的假设，即产品有足够的试验覆盖率（目标可能≥75%），以使产品在 HALT 试验期间经受充分的试验。以下是 HALT 中施加应力的说明。

1. 冷、热步进应力

为了满足步进式施加冷、热应力的需求，可将一个热电偶安装在产品上，以表示产品热响应的点，这些点可以单独监视。不要为此选用过重的或发热量过大的元器件。加装的热电偶的可行点可以位于线路板的中心或中心附近。

先施加冷步进应力，是因为在 3 种通用应力（冷、热和振动）中，其破坏性通常最小。在产品首次出现异常温度点时，记录该温度并将其标为工作下限（LOL），在该温度点，要完成故障原因分析并采取纠正措施。记录这些措施用于后续分析。

继续进行步进应力过程，直到出现如下情况：产品不再能长时间工作（也可能是一个外加的工作极限）；当应力减小时或者试验箱达到温度极限时，产品不能再恢复工作（破坏极限，DL）；已达到试验箱的温度极限。在该温度点（如第二种情况所述），记录该温度，并将其标为破坏下限（LDL）。而后使产品返回到室温环境下，纠正缺陷并记录以便日后分析。然后升高温度并重复同样的步骤。使用如同 LOL 和 LDL 所述的相同准则，记录工作上限（UOL）和破坏上限（UDL）。让产品再次回到室温环境，如发现故障就采取纠正措施。

2. 快速温度转换

在单板产品的温度评价中，快速温度变化率也是重要的指标。对于 HALT 需要将温度极限设定在比施加步进应力期间找到的工作极限温度低 5℃左右。允许试验箱使单板产品承受尽可能快的温度变化率，同时监测处于工作条件下的产品。应施加 3～5 个温度循环，最好是 5 个循环。每一循环应有 10min 停留在每个温度极值上，或者使产品达到温度稳定所需要的时间（如果此时间长于 10min 的话），并执行诊断测试。该应力揭示了与单板产品薄弱环节有关的温度变化率（$\Delta T/\Delta t$），以及与产品薄弱环节温度有关的变化范围（T_1～T_2），T 是温度，而 t 是时间。不要忘记在整个 HALT 期间的这一阶段施加产品特定应力。一旦完成了 5 个快速温度转换，就使箱温回到 20℃，并测试产品以确认其性能有无降低。这种试验能够很好地激发电迁移、单板器件在加工过程中产生的微裂纹、腐蚀及疲劳失效等问题。

3．振动步进应力

在 HALT 中，我们并不打算模拟最终应用环境，而是试图激发产品的薄弱环节，使其缺陷暴露出来。从 5GRMS 开始，以 2～3GRMS 增量增大振动输入或设置点量值，试验箱温度设定在 20℃左右。产品在每个振动量值上应保持 10min，或者执行诊断测试所需要的时间，以长者为准。记录振动的工作上限（UOL）和破坏上限（UDL）。当找到两个极限之一时即停止振动，然后使产品回到室温条件并采取纠正措施。推荐每次振动停留后按 5～10GRMS 的增量增大量值，一旦达到 20GRMS 或高于 20GRMS 的振动量值，就逐步将振动量值从 10GRMS 降低至 2GRMS 或 3GRMS，寻找在高振动量值期间不能发现的异常现象。这种低量值、全轴向的振动称为“挠痒痒”振动，它已在许多情况下得到应用。它在暴露那些在较高振动量值下发现不了的缺陷方面是非常有用的。“挠痒痒”振动是一个凭经验确定的振动量值，在 HALT 期间，应找出并记录每一个产品的“挠痒痒”振动量值。但是，或许不必对每种步进应力均进行“挠痒痒”振动确定工作。在上述应力应用中，不要忘记使用产品特定应力。

4．HALT 中的综合应力

HALT 中加固产品的最后一步是，把以前用过的所有应力综合起来。我们将使用与快速温度转换期间相同的温度剖面，或者限制在工作极限温度的 5℃范围内。对于振动，每个步进增量等于步进应力破坏极限值除以 5 的数值。当这些应力综合在一起时，在施加步进应力期间得到的裕度，或许不会像以前那样高。如果在施加步进应力期间，裕度已达到基本技术极限（FLT），那么不可能再做些什么工作来强化产品，除非更改材料，当然还有技术。当单独施加每种应力时，会暴露一些缺陷，当施加综合应力时，还能发现另外一些缺陷。

HALT 裕度示意图如图 8.2 所示。

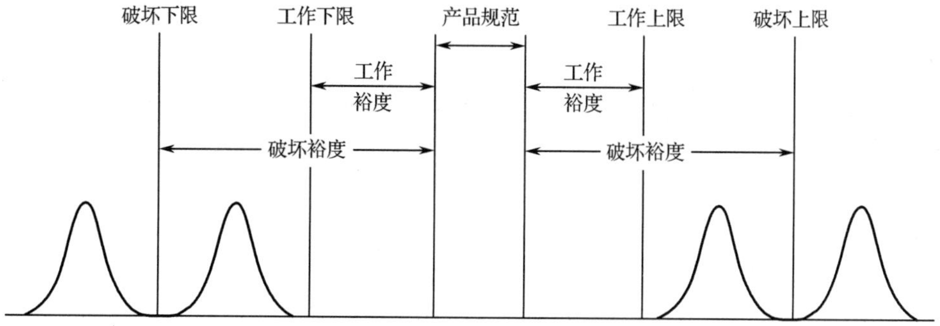

图 8.2　HALT 裕度示意图

5．其他 HALT 应力和特殊情况

除使用低温、高温和振动外，还考虑使用如下应力：通电循环、电压裕度、频率裕度和任何其他可以揭示产品中薄弱环节的应力。产品只能达到其最薄弱环节的健壮程度。

正因如此，HALT 需要在其尽可能低的组装等级上进行。在许多情况下，应在印制电路板等级进行，而在其他情况下，则可能在产品级进行。实施 HALT 的人需要深刻了解单板的失效机理，以进行有效的 HALT。

8.5.3 HALT 中应当注意的问题

HALT 工程师要与设计和试验工程师开会讨论一些在 HALT 前和 HALT 期间需要处理的问题，包括与需要向产品施加的应力有关的决策、故障组成，以及要测量的参数。除温度和振动以外，还要考虑在 HALT 期间能够向产品施加的所有可能的应力。最好在应力条件下针对产品的关键指标要求进行测量，而不是仅监视其是否满足指标要求。这样做的理论依据是：必须找到每个故障的根本原因。如果正在监视产品的多个指标要求，并且正在累积数据，将更能引起设计人员的兴趣。“通过/不通过”型的监视是无用的。首次设计 HALT 是非常困难的，但是一旦达成一致，将加速随后的 HALT 协议的开发。

如果频繁出现故障，就需要将 HALT 停下来，查找故障根本原因并采取纠正措施。常见的例子是：一个元器件安装不当，一个焊点在施加应力期间开路。称为工作极限的可恢复故障或软故障，不是二元事件，而具有某种统计分布。这种分布有可能是正态分布，也有可能是其他分布。施加应力的产品越多，极限的定义就越清楚。关键是通过故障分析找出问题的根本原因，而后采取纠正措施，这样就能消除这些故障的根本原因。不要忘记记录故障及采取的纠正措施，以便加速 HALT 过程，因为这些信息对以后改进设计、生产规范和工艺是极有价值的。

HALT 验证是在最初的 HALT 之后要使用的验证。HALT 验证的主要功能是确保：已经实现的纠正措施真正纠正了原先的缺陷，并且不会引入任何新的故障模式。

8.6 单板可靠性增长试验

可靠性增长试验（RGT）是指为暴露产品的薄弱环节，有计划、有目标地对产品施加模拟使用环境应力及工作应力，以激发故障、分析故障，改进设计与工艺，并验证改进措施有效性而进行的试验。

从上述定义可以知道，可靠性增长试验所作用的时间节点是产品的研发阶段，此时产品尚不完善，还未能达到稳定的批量生产程度。而单板已经实现了一定的功能，因此对单板开展可靠性增长试验不仅是必要的，也是必需的。

可靠性增长试验的核心就是试验、分析和改进。具体来讲，就是借助模拟实际使用条件的试验诱发故障，充分暴露产品的问题和缺陷；对失效进行定位，进行失效机理分析；根据失效机理分析结果，制定改进单板设计和制造缺陷的措施；实施完必要的改进措施后，设计对应的试验来验证措施的有效性。

8.6.1 可靠性增长的分类

可靠性增长可以分为一般性的可靠性增长和可靠性增长管理。

一般性的可靠性增长是指，事前未给出明确的可靠性增长目标，对于产品在试验或运行中发生的故障，根据可用于可靠性增长资源的多少，选择其中的一部分或全部来实施纠正措施，以使产品可靠性得到提高的过程。它通常不确定计划增长曲线，也不跟踪增长过程，而是采用一两次集中纠正故障的方式，使产品可靠性得到提高。由于增长过程通常不能满足增长模型的限制条件，增长后的产品可靠性水平需要通过可靠性验证试验进行定量评估。

可靠性增长管理是指有计划、有目标的可靠性增长工作项目，并非可靠性增长过程中的管理工作。它是产品寿命期内的一项全局性的、为达到预期的可靠性指标对时间和资源进行系统安排、在估计值和计划值相比较的基础上、依靠新分配资源对实际增长率进行控制的可靠性增长项目。

可靠性增长管理有两个特点：

（1）有一个逐步提高的可靠性增长目标：可靠性增长管理把可靠性增长工作从工程研制阶段延伸到生产阶段或使用阶段，在各阶段的衔接处和阶段内部划分的小阶段的进出口处设定可靠性增长目标，形成逐步提高的系列目标。

（2）充分利用产品寿命期内的各项试验和运行记录：除可靠性试验之外，在产品寿命期内还有其他各种试验及运行过程，其中都可能产生故障信息，这些信息可以用于可靠性增长的故障机理分析，经过风险权衡后，其中的一部分纳入可靠性增长管理的范围，形成可靠性增长的整体，使产品可靠性逐步增长到预期目标。

可靠性增长活动是一个连续、完整的闭环控制过程。在此闭环中，首要任务是发现产品的设计缺陷——这主要从试验、使用中发生的故障中发现；然后对故障进行分析——重点研究重复性故障和关键故障发生的原因，当故障被认定为设计缺陷后，提出纠正这些设计缺陷的措施；接着是实施纠正措施——将修改设计的措施在少数产品（试验样品）上实施，并通过试验验证纠正措施的有效性；最后修改技术文件并把纠正措施推广到产品中去——这是落实可靠性增长活动的重要工作，也是发挥可靠性增长试验效益的关键步骤。

可靠性增长试验是可靠性增长活动的主要内容，是产品工程研制阶段单独安排的可靠性工作项目。可靠性增长试验通常安排在工程研制基本完成之后和可靠性鉴定试验之前进行。此时，产品的性能与功能已经基本达到设计要求，产品结构与布局已经接近批量生产的要求。对于使用阶段的可靠性增长活动，可以利用产品的现场故障信息和现场使用状况记录来取代可靠性增长试验。

8.6.2 可靠性增长试验的设计原则

可靠性增长试验的实施就是落实可靠性增长计划，要根据产品可靠性工作大纲制订试验计划，要确定试验剖面，要准备样品，准备试验设备和检测仪表及各种记录表格，要编制试验操作规程，准备纠正设计缺陷和排除故障所需的资源，要对参加试验的人员进行培训，等等。主要工作如下。

1. 试验剖面的确定

可靠性增长试验的目的是暴露产品在使用状态下的问题和缺陷，因此试验剖面要模拟实际的使用环境条件来确定。实际使用环境条件又称任务剖面。对某些产品来说，可能有多种任务剖面，此时可选择其中的典型任务剖面作为可靠性增长试验的试验剖面。如果选择不到典型任务剖面，则选择环境条件最恶劣的任务剖面作为可靠性增长试验剖面，这样最有利于暴露设计缺陷。

2. 试验记录与故障分析

试验记录：在何种状况下进行可靠性增长试验，都必须对试验的全过程进行详细记录，尤其是样品的技术状况和故障表现。这些资料是分析和判定设计缺陷、提出纠正措施的基本依据。记录的形式可参考有关标准导则所附的表格，以便统一可靠性增长试验和可靠性增长管理及可靠性信息系统所用的表格。

故障分析：可靠性增长试验中记录的故障，并非都是由设计缺陷造成的，有的可能是由于早期失效或元器件的随机失效产生的。可靠性增长活动所关心的是由设计缺陷引起的故障。为了弄清故障原因，必须进行故障分析。分析工作从故障表现入手，首先分辨和排除人员操作不当引发的故障，再分辨和排除元器件质量问题导致的故障，对于余下的故障原因，要分析和检测是由元器件参数使用不当（包括降额设计不到位）还是由环境条件苛刻（包括环境防护设计、热设计、减振设计）所致，必要时要对分析结论进行验证，为正确的纠正措施提供依据。对于不需要采取纠正措施的故障，都按照常规的维修程序加以排除；对于需要采取纠正措施消除的故障，按照要求进行处理。

3. 纠正措施的确定与验证

在故障分析过程中，已经列出了设计缺陷引起的故障和消除这些缺陷的方法，并把它编写成为设计更改通知，这就成为可靠性增长的纠正措施。纠正措施必须先在试验样品上实施，之后对样品施加使用环境应力（即可靠性增长试验剖面）试验，验证该设计缺陷是否被消除。如果仍然发生该缺陷引发的故障，则说明增长无效，需要重新分析故障原因和纠正措施，按照上述程序再来验证一遍，直至该缺陷被消除。

经过验证，纠正措施有效，设计缺陷已经消除，此时应及时把设计更改通知上升为产品正式技术文件，并且要求其他产品也按技术文件实施。

8.6.3 可靠性增长试验中应注意的问题

可靠性增长试验应有明确的增长目标和增长模型，其重点是进行故障分析并采取有效的设计改进措施。由于可靠性增长试验不仅要找出产品中的设计缺陷并采取有效的纠正措施，还要达到预期的可靠性增长目标。因此，可靠性增长试验必须在受控的条件下进行。为了提高任务可靠性，应把纠正措施集中在对任务有关键影响的故障模式上；为了提高基本可靠性，应把纠正措施的重点放在频繁出现的故障模式上。如果要同时达到任务可靠性和基本可靠性预期的增长要求，应该权衡这两方面的工作。成功的可靠性增长试验可以代替可靠性鉴定试验。

1．关于可靠性增长的数学模型

就可靠性增长的内涵而言，在制订可靠性增长试验计划之前，要根据产品可靠性目标和研制完成产品的可靠性估计值设计增长模型，作出计划曲线。目前，在可修产品的可靠性增长试验中，普遍使用杜安（Duane）模型，为了使模型适合并使最终评估结果具有较坚实的统计学依据，也用 AMSAA 模型作为补充。

2．关于试验样品

可靠性增长试验的样品应从工程研制的产品中选取。而工程研制的产品数量有限，往往要作为多种试验项目的样品来使用。因此，必须适当地安排各种试验的顺序。按照通常的要求，试验顺序是：首先进行环境应力筛选，消除工艺和元器件等的缺陷，这样有利于缩短后续试验项目的试验时间；其次进行环境试验；最后进行任务剖面或寿命剖面的综合环境应力的可靠性增长试验或鉴定试验。

8.7 单板可靠性测试

8.7.1 单板可靠性测试概述

单板可靠性测试通过对单板施加各种应力，以求在一定应力条件下暴露单板的隐患。实际上单板在各种应力环境下具有的各种能力，是很难仅靠单板可靠性试验来进行全面评估的。而单板可靠性测试，则是一种很好的补充性评估手段。

本小节中定义的单板可靠性测试内容，分为单板功能可靠性测试和单板信号可靠性测试，也可以分别简单称为单板黑盒测试和单板白盒测试。

单板黑盒测试侧重于检查和验证单板在正常工作环境下是否能满足产品在设计之初规定的完整的功能指标。该项测试绝大部分产品生产厂家均有开展。但是仍然存在测试需求不明确、测试大纲不完善、测试方案和测试用例不准确等诸多问题。

单板白盒测试则是打开产品，验证内部信号、内部电路是否在设计预期范围内。内容包含元器件级测试（PI、SI、多电源等）、电路级测试（电源、复位、接口等）和系统级测试（热测试、容错测试等）。

单板黑盒测试对于暴露产品隐患具有一定的作用，但由于电子产品的各种失效模式和失效机理对各种应力的响应不同，而且在黑盒测试中能施加的应力种类有限，同时黑盒测试时往往只是抽样测试，无法消除批次间差异的影响，从目前统计数据来看，黑盒测试暴露可靠性隐患的效果有限，且投入巨大。如果没有很好的测试设计，它在验证产品的功能完善性方面存在较大的局限。

目前，开展单板白盒测试的企业相对很少。单板白盒测试就是把产品的外壳打开，实实在在地去测量每一根信号线、每一个接口引脚的信号和时序，除常规的波形观察之外，还要对波形/时序的各项指标进行测试，分析波形是否符合设计预期，并通过余量（降额）的设置，保证在抽样测试时也能兼顾批次间差异的影响，保证长期大批量生产时的稳定性。历史经验表明，白盒测试除能够发现一些隐蔽性强的可靠性隐患外，占返修率较大比例的返修不可重现问题（NFF）也能够有效暴露出来，同时单板白盒测试的投入并不大，投入产出率高。

单板白盒测试不同于传统的测试技术。传统的测试是“求真”的测试，是针对单板功能规格的确认测试，而单板白盒测试则从可靠性的角度而非功能性的角度出发，它基于对单板工作原理和失效机理的深刻认知和大量的测试实践经验，在“求真”的基础上对单板信号的技术规格进行证“伪”的测量，并根据测试结果发现问题，进行初步的原因分析，据此提出设计改进建议，从而能更有效地发现潜在的问题，更好地提高单板的可靠性。

8.7.2 单板黑盒测试

单板功能可靠性测试（也就是黑盒测试）是在产品研发阶段必须开展的工作之一。但其效果通常并不理想，究其原因主要有以下几点：

（1）测试目标不明确。测试人员对单板测试的目标主要是检验和核查单板定义的功能有无实现，而并未关注功能实现的外部条件和实际应用场景是否一致，以及单板和系统的关联性。对于输入激励和输出反馈，并没有完整和明确的定义。

（2）测试流程流于形式。测试大纲、测试方案及测试用例的拟订和编写没有考虑产品可靠性需求，如在单板测试的环境适应性、异常或失效处理、测试覆盖率等方面缺乏全面和系统的考虑。

（3）黑盒测试本质上是一个“求真”的过程。单板自身的运行情况对测试者而言还是一个未知的领域。除非测试者对单板的失效模式和失效机理有深刻的了解和认识，否则很难通过测试方案全面测试单板的功能。

那么，如何有效开展单板的黑盒测试呢？

单板黑盒测试把测试单板当成一个黑匣子，对其施加各种应力，以求在一定应力条件下暴露出产品的隐患。测试人员不清楚单板的构成和原理，在一定程度上避免了陷入开发人员的固有开发逻辑，有助于发现隐藏的单板功能性失效或问题。

为了避免上文所提及的原因造成的单板黑盒测试的效果不理想的情况，可以从以下几方面有效地开展单板黑盒测试：

（1）明确单板黑盒测试的测试需求。力求与用户的实际应用环境相吻合，明确单板各单元之间须达到的测试标准，以及对应的输入/输出条件、单板与系统的对应关系。

（2）明确测试指标对应的测试方法。根据各个功能设计对应的测试用例，测试用例应与实际工作工况保持一致。

（3）测试人员应清楚单板可能的失效机理，并在测试用例中有意识地通过施加相应的应力激发失效，以找出单板的隐藏问题。

8.7.3 单板白盒测试

设计层面的信号完整性分析方法包括了多种仿真手段，虽然可以解决已知的信号完整性问题，但不可能全面解决所有的信号完整性问题，总会有未知的、不可预测的情况发生。要解决这一类问题，单板白盒测试是一个非常好的补充手段。单板白盒测试不同于传统的测试技术。传统的测试是针对单板功能规格的确认测试，而单板白盒测试从可靠性的角度而非功能性的角度出发，它基于对失效机理的深刻认知和大量的测试实践经验，在“求真”的基础上，对单板信号的技术规格进行“证伪”的测量，并根据测试结果发现问题，进行初步的原因分析，据此提出设计改进建议，从而能更有效地发现潜在的问题，更好地提高单板的可靠性。

具体来讲，单板白盒测试主要涵盖以下内容：

（1）信号质量，涉及IC的各种供电电源（电源幅值、电源噪声、电源纹波、电源上电过程/时间、电源下电过程/时间）。

（2）电源质量，涉及多电源上下电、信号/电源上下电顺序（选测）。

（3）上下电顺序，涉及DDRx/SDRAM/Flash、xMII/PCI/PCIe/QPI、I^2C。

（4）时序，涉及电源电路、复位电路、接口电路、缓启动电路、热插拔特性、设计评审问题验证、热测试、容错性测试。

1. 电源完整性测试

更加复杂的电源设计和供电网络及电源分割更大的瞬态工作电流，对电源网络的阻抗提出了更高要求，需要系统考虑电源完整性和信号完整性的互相影响。

现代芯片采用更低工作电压，要求更低的电源纹波和噪声，更高的开关切换频率需要更高的测量带宽。需要同时观察由负载变化造成的电压漂移、跌落。大量产品需要进行电源瞬变的抗扰度测试。

电源瞬变测试：在实验室模拟实际现场可能会发生的电压波动，对产品进行“抗干扰”性能评估，确保产品能够在实际环境中正常工作。

典型的电源供电网络（PDN，Power Delivery Network）通常包括电压变换器、PCB电源布线层（包括连接器、过孔、走线）、无源滤波网络（包括储能电容、去耦电容、片上电容、滤波电感等）。为使DC-DC（直流-直流）变换器能对大规模集成电路的负载变化做出快速响应，降低由较大负载电流的变化造成的供电电压的瞬时波动，验证PDN网络的阻抗是否被限制在极低范围内是非常必要的。

以下为电源完整性测试需要考虑的测试要点：

- 电源纹波对高速信号质量的影响。

- 电源纹波、噪声测试的主要考虑因素。
- 测量系统的底噪声。
- 量程和电压测量范围。
- 负载对被测系统的影响。
- 带宽对测量的影响。

2. 信号完整性测试

数字电路发展的趋势具有以下特点：信号速率越来越高、芯片集成度越来越高、PCB越来越密集、功耗越来越大、信号电压幅度越来越小、单端信号向差分信号转变、低速并行总线向高速串行总线转变……信号速率越来越高导致损耗越来越大，通路越来越多也会导致通路间的串扰越来越大。

信号完整性（SI，Signal Integrity）是信号线上的信号质量的特征，差的信号完整性不是由某一单一因素导致的，而是板级设计中多种因素共同引起的。当电路中信号能以要求的时序、持续时间和电压幅度到达接收端时，就表示信号完整性很好。当信号不能正常响应时，就出现了信号完整性问题。

高速互连通道中的SI问题：信号有反射、阻抗不连续、传输延迟、时序问题、损耗、使眼图趋于闭合、码间干扰、抖动增大、串扰等。

在数据传输中，一般都通过时钟对数据信号进行有序的收发控制。芯片只能按规定的时序发送和接收数据，过长的信号延时或信号延时匹配不当都可能导致信号时序和功能混乱，导致芯片无法正确收发数据、系统无法正常工作。

随着时钟频率的不断升高，留给系统设计的时序裕量变得越来越小，必须经过精确的时序计算，给出各个环节的时序裕量。

信号完整性问题，如反射（reflection）、振铃（ringing）、开关噪声（switching noise）、地弹（ground bounce）、衰减（attenuation）、串扰（cross talk）、容性负载（capacitive load）等，听起来头绪非常多，让人防不胜防，但是仔细分析这些现象的起因，就可以很容易地把它们归纳为4类，即单一网络的信号质量、电源和地噪声、不同信号线之间的串扰、系统的电磁干扰（EMI）。

一个信号传输系统对输入信号的响应情况，取决于传输线长度与电流信号的快慢。在传统的低速电路设计中，由于传输时间与信号的电压变化时间相比很小，PCB走线可以看作一个完美的电气连接点。像中学物理课本中描述的一样，可以认为电信号的传输速度接近光速，瞬间可以传遍整个导体，只要由一根铜线相连，就可以认为在所有的点看到的信号变化一致。但是在高速系统中，这种理想的互连线就成为工程师不断追求但永远也达不到的目标。在一个信号的传输过程中，如果信号的边沿时间足够快，短于6倍的信号传导延时，那么在信号的传输过程中，传输媒介就会表现出传输线特性。

信号在媒介上传输就像波浪在水中传送一样，会产生信号波动和反射等现象。

这里需要提醒一个容易被忽略的问题，任何从信号源输出到走线上的电流，都会返回到源端，因此，信号不仅在信号线上传输，同时也在参考平面（回路）上传输，在信号线和回路上的电流大小相等、方向相反。

信号在走线上传输时，信号线和参考平面之间的电场也同步建立。一个从 0 到 1 的信号跳变在传输，信号的跳变沿传输到哪里，哪里的电场就开始建立，信号传输的快与慢实际上取决于电场建立的速度。

传输线的宽度变化导致两段走线的阻抗不一样，在连接点处就存在阻抗不连续的问题，会使入射信号在此产生反射现象。

一般来说，工程师总是尽量想办法减少信号在传输过程中的反射问题，因为信号在传输线上来回反射并不是一件好事。

在实际系统中，也有利用反射机制的实例。例如，PCI 总线与许多其他总线不同，它在总线的终端没有匹配电阻，而是利用反射的机制实现其需要的时序。

在 PCB 设计过程中，造成传输线阻抗不连续的原因很多，主要原因有：线宽改变，走线与参考平面间距改变、信号换层、过孔，回路中存在缺口、连接器、走线分支、分叉、短线桩，走线末端等。

数字电路牺牲了信号的动态范围，换取了对噪声的抑制。为什么电路设计需要用到信号完整性？不是有数字信号了吗？不是对噪声不敏感了吗？在低速时代（kHz，MHz），工程师把主要精力都花在电路功能和逻辑设计上，基本不涉及信号完整性。但是对高速信号就不一样了。同样的信号传输路径，信号源的内阻和传输线不匹配，频率在 1MHz 以下时，信号很完美，频率提高到 1GHz 以上时，信号就变形了。造成信号变形的原因有很多，损耗、延时、反射、串扰、电源噪声，这些都是信号完整性要解决的问题。信号完整性最终要解决的就是，降低信号的误码率。

信号完整性看似容易实现，实际上涉及的内容非常庞杂，如数字信号、PCB 工艺、传输线、串扰、S 参数、电源、眼图、仿真、测试等。要把一个项目、一个系统的信号完整性设计好不是一件容易的事。

3. 信号完整性测试方法

1）波形测试

波形测试是信号完整性测试最基础的方法，通常使用示波器进行测试。测试内容包括波形的幅度、频率、毛刺、边沿等。通过测试，分析幅度、边沿、时间等指标是否满足要求。波形测试遵循一定的要求，才能保证测试误差尽量降低。

首先，示波器的主机和探头配套的带宽要满足要求。基板上测试系统的带宽应该在测试信号带宽的 3 倍以上。在工程实践中，不同厂家的探头应匹配不同厂家的示波器，交叉使用时测试的误差就会很大。

其次，需要注重操作细节。如测试点一般选择在接收器件的附近，若受条件限制无法测试，像 BGA 封装这类器件，需要放在靠近引脚的 PCB 走线或过孔上；间隔接收器件引脚太远，可能会使信号接收的测试结果和实际真实信号差异较大；探头的接地线也尽可能选择短的。

最后，应该考虑匹配的问题。匹配问题主要体现在使用同轴电缆测试的应用场景。当用同轴电缆接到示波器上时，负载一般采用的是 50Ω 阻抗的直流耦合。而对于有的电路，则需要进行直流偏置，如果此时直接将测试系统接入会导致对电路工作状态的影响，会导致测试不到正常的波形。

2）眼图测试

眼图测试也是常规的测试方法。针对有相关规范要求的接口（如 USB、SATA、HDMI、光接口等）的眼图测试，主要通过具有 MASK 的示波器（含通用示波器、采样示波器、信号分析仪）来实现。这类示波器内部具有的时钟提取功能，能够显示信号眼图。

使用眼图测试时，需要留意测试波形的数量，尤其是在判断接口眼图是否符合规范时，数量太少，波形的抖动相对较小。常规情况下，测试波形的数量在 3000 左右最佳。

3）时序测试

当前，元器件的工作速度不断加快，时序容限越来越小。时序问题引发的产品不稳定等现象也是常见的，所以时序测试的重要性非常突出。测试时序需要使用多通道的示波器和探头，示波器的码型和状态触发或者逻辑触发功能，方便快速抓取到目标波形。逻辑分析仪用于时序测试的情况并不多见，因为它的主要作用是分析码型，即分析信号线上具体是什么码，再密切结合实际代码，初步分析相关指令或数据。针对要求不高的应用场合，可以使用逻辑分析仪来测试。相对于示波器，逻辑分析仪的优势在于通道数量多，但是其劣势在于探头连接困难，测试准备工作麻烦。

板级可靠性试验与测试跟产品本身和应用环境相关性很强，不同的企业、不同的产品、不同的应用环境都有一些基于自身实践的试验与测试方法，本章主要提供开展板级可靠性试验和测试的思路和做法，适合自身产品的应用环境试验和测试标准还需要企业根据实践研究、探索、固化，最终形成符合自身产品特点的可靠性试验和测试体系。

Chapter 9

第9章 板级失效分析

9.1 板级失效分析概述

9.1.1 板级失效分析的目的和作用

失效分析是板级可靠性工程中的一项重要内容，开展失效分析工作需要使用多种测试与分析设备。各类设备都有其性能特点、应用范围和灵敏度。根据失效分析的需求和要求，需要科学选择各种分析技术和分析手段，以确定失效的位置、失效的程度、失效产生的原因和机理等。

板级失效分析关系到很多专业分析理论，也需要用到各种各样的分析设备，分析经验在板级失效分析中也起着很重要的作用。板级失效分析包括对元器件、PCB、焊点的失效情况进行失效模式描述、失效模式鉴别、失效模式分析、失效模式假设和机理确定，提出纠正措施和预防新失效发生的方法等。

板级失效分析是对根据性能失效判据判定为失效的元器件、焊点、过孔、走线等板级对象相关的失效现象并进行事后检查与分析的工作。板级失效分析的目的是，发现并确定板级失效的原因和机理，以反馈给设计方、制造方、使用方，防止相应失效再次发生，达到最终提高电子产品可靠性的目的。

板级失效分析的作用包括如下内容：

（1）通过失效分析得到改进硬件设计、工艺设计、可靠性设计的理论与方法。

（2）通过失效分析找到引起失效的物理现象，得到可靠性预测模型。

（3）为可靠性试验（加速寿命试验、筛选试验）条件提供理论依据和实际分析手段。

（4）在处理可靠性工程中遇到工艺问题时，确定是否是批次性问题，为是否需要批次性召回或报废提供依据。

（5）通过失效分析得出的纠正措施可以提高电子产品的成品合格率和可靠性，减少电子产品运行时的故障，提高经济效益。

板级失效分析的技术方法与手段主要有：外观检查、金相切片分析、X 射线分析、光学显微镜分析、红外显微镜分析、声学显微镜分析、扫描电子显微镜技术、电子束测试技术、X 射线显微分析、染色与渗透试验技术和热翘曲变形检测技术等。

在板级失效分析应用中，需要根据失效问题的对象、类型、现象和机理来选择使用这些技术方法中的一种或多种，完成失效分析工作。本章将重点介绍板级失效分析中经常使用的分析技术的原理、方法和适用场景等。

9.1.2　板级失效分析的原则和流程

一般情况下，失效样品数量极少，且多是经过长期试验或一定时间使用后获得的，由于失效样品中包含造成失效的重要信息，而失效分析技术方法和手段多具有破坏性和不可恢复性，所以，为了防止在失效分析过程中丢失证据或引入新的失效，失效分析应当按一定的原则和流程进行。

板级失效分析的基本原则：

（1）先进行外部分析，后进行内部分析。

（2）先进行无损性分析，后进行破坏性分析。

（3）先收集、分析失效发生的环境及相关信息，后分析失效部位，以避免丢失与失效相关的痕迹，或者引入新的损伤而使得失效机理的判断不准确。在失效分析时进行的大多数测试都是一次性的，很难再现，所以在操作时应该加倍小心，认真观察。

（4）失效分析的复现和闭环原则。初步得出针对某一失效现象的失效机理结论时，要通过试验和测试等手段复现该失效，这样才算失效分析形成严格闭环，这时结论才是严谨可信的。

但在板级失效分析的过程中确实存在某些失效无法复现的现象，如通过设计改进、工艺改良或设备更换，失效消失了，但是无法复现最初出现的失效现象。这主要是因为电子产品的板级失效往往是多种因素综合作用造成的，一果多因或一因多果是普遍现象，所以板级失效分析是难度很大的综合性工作。

9.2　外观检查

外观检查时，主要检查外观缺陷，记录 PCB、元器件、焊点等的物理尺寸、材料、设计、结构、标记，确认外观的破损、污染等异常及缺陷。这些信息是工艺制造或应用中造成的错误、过负载、操作失误的证据，很可能与失效相关。

外观检查通常采用目检，也可以使用 1.5～10 倍的放大镜或光学显微镜。外观检查的目的之一是，判断板级失效的 PCB、元器件、焊点与标准、规范的一致性。外观检查的另一个目的是，寻找可能导致失效的问题点。例如，若外壳上或玻璃绝缘子有裂缝，则可能是外部环境气体进入元器件内部，引起电性能变化或发生腐蚀。若引线之间有异物，则可能导致引线之间的短路。若 PCB 表面有机械损伤，则可能导致 PCB 走线断裂，从而引起开路等。

由于失效分析可能要做切片、去封装等破坏性分析工作，导致外观检查的对象外形变化，因此，外观检查时要做好详细记录，最好多拍些照片和视频。作为初步检查，在检查外观之前，如果对样品随便地进行处理，就可能丢失宝贵的信息。作为外观检查程序的一部分，首先要将其全部信息记录下来，即详细记录 PCB 和元器件的制造厂名、规格、型号、批次等信息。其次，应特别注意以下几方面内容的检查：

（1）机械损伤：来自电子元器件的引脚、根部和密封缝等处的开裂、划痕、疵点；焊点或 PCB 表面的机械损伤痕迹。

（2）元器件密封缺陷：来自电子元器件引脚与玻璃、陶瓷、塑料的接合处，以及根部的黏附部位、密封缝。

（3）元器件引脚镀层缺陷：电子元器件表面镀层不均匀，有气泡、针孔和锈蚀。

（4）PCB 表面的污染或黏附物：主要来自加工过程。

（5）元器件的热损伤或电气损伤情况。

（6）PCB 的分层异常、爆裂等。

（7）PCB 表面处理层异常。

（8）焊点有没有发生重熔、开裂等。

在进行板级可靠性设计时，要在工艺文件中对生产、储存、运输等过程提出明确的控制要求，对于可疑部分，必须进一步用能获取准确信息的测定器进行检查。立体显微镜具有高度微观观察性和单纯低倍放大性，倍率从几倍到 150 倍。高倍率金相显微镜不仅能用于明视场观察，还能用于暗视场观察和微分干涉观察，倍率可以从几十倍到 1500 倍。另外，如果需要显微视场，则有扫描电子显微镜，倍率为几百倍到十几万倍，分辨能力从几纳米到 15 纳米左右，是观察具有微细结构的试件不可缺少的装置。所有重要的信息都应用显微镜及其摄影附件进行摄影记录。

9.3 金相切片分析

金相学广泛应用于对样品结构和界面特征进行评估。金相试验室的投资不是很大，这也是它具有吸引力的原因之一。金相试验室所需的基本设备包括研磨轮和抛光轮、用作腐蚀剂的化学制品及金相显微镜。制备金相样品前，先要确定希望得到什么样的结果，这是最重要的一步。因为金相制样中截取断面的步骤是破坏性试验，如果没有考虑周全，不仅得不到想要的观察部位，还会使样品变成废品。

9.3.1 金相切片的制作过程

金相切片制作工艺流程：确定待检样品的目标位置→选取剥样方法→精密切割到符合模具大小→镶嵌→粗磨→细磨→抛光→微蚀→观测，具体步骤如下：

（1）选取需做金相切片的样品，确定待检样品的目标位置。

（2）选取剥样方法，表 9.1 列出了不同样品可能使用的剥样方法和设备。

表 9.1　剥样方法和设备

剥样方法和设备	推荐的样品
切割轮	大的金属样品
切片锯、金刚石刀片	陶瓷衬底和金属封装
切片锯、Al_2O_3刀片	无陶瓷衬底的混合封装
刨削机	印制电路板
带有金刚石工具的划线和切断	晶片膜中的芯片
低熔点再流加热	金相结合的芯片
高温切割	环氧树脂和镀银玻璃上的芯片
手持式研磨切割工具	金属封装和印制电路板

（3）使用精密切割机，切割样品至符合装模尺寸，注意保持切割面与待观测面平行或垂直。

（4）取金相切片专用模具，将样品直立于模内，让待检部位朝上。取一个纸杯，将冷埋树脂（固态）与固化剂（液态）按 2∶1 体积比混合，搅拌均匀，倒入模具内，直到样品被完全浸没，将模具静置 10～20 分钟，待树脂完全固化。

（5）固化完全后，先用较粗的金相砂纸将样品磨至接近待检部位，再按金相专用砂纸目数由小到大的顺序进行粗磨和细磨。注意要磨到截面圆心的孔中央，且截面上两条孔壁平行（不能出现喇叭孔）、样品表面无明显划痕为止。

（6）使用抛光粉（粒径 0.05μm）、抛光布，对待检表面进行抛光处理，使待检表面光亮、无划痕，通过显微镜可观察到平整的待检表面的图像。

（7）用微蚀溶液（浓氨水和 30%的双氧水按体积比 9∶1 的比例混合）对待检表面进行涂抹处理，时间约 10 秒，然后用清水将表面清洗干净并吹干。

（8）将样品的待检部位朝下，平放于显微镜的观测台上，依据待检部位的具体情况，选择适当的放大倍数，直到能够清晰地观察其真实图像。

9.3.2　金相切片在印制电路板生产检验中的应用

印制电路板制造工艺复杂，若其中某一环节出现质量问题，将导致印制电路板报废。印制电路板检验分为过程中检验和成品检验。常用的检验手段有放大镜目检、背光检验等。金相切片技术也被印制电路板生产厂家广泛采用。

金相切片技术是一种破坏性测试，可测试印制电路板的多项性能。例如树脂沾污、镀层裂缝、孔壁分层、焊料涂层情况、层间厚度、镀层厚度、孔内镀层厚度、侧蚀、层间重合度、镀层质量、孔壁粗糙度等。利用金相切片可以观察印制电路板表层和断面微细结构的缺陷。印制电路板质量的好坏、质量问题的发生与解决、工艺的改进和评估，都可使用金相切片技术。

1. 镀层状况检测

将全板电镀或图形电镀后的试验板制作成金相切片，以检测过孔金属化状况，如是否有镀层裂缝、孔壁分层、镀层空洞、针孔和结瘤等。图 9.1（a）所示为 PCB 过孔镀层有结瘤，图 9.1（b）所示为过孔局部有镀层空洞。

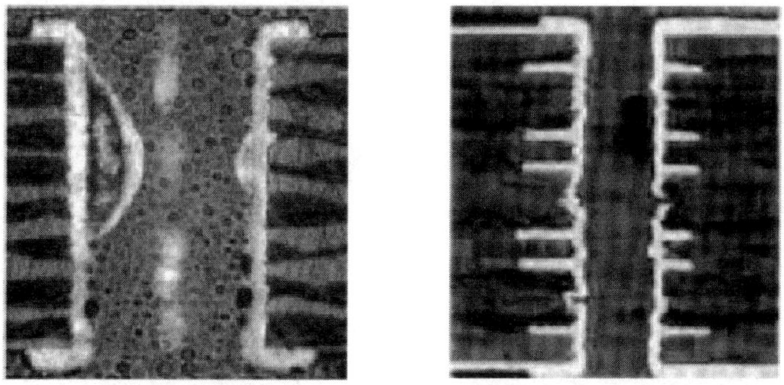

（a）PCB 过孔镀层有结瘤　　（b）过孔局部有镀层空洞

图 9.1　过孔检测

2. 层间重合度检测

为保证多层板层与层之间的图形、过孔或其他特征位置的一致性，层压工序采用定位系统。但受某些因素的影响，会出现层间的偏离。为此，必须对多层板进行金相切片抽检，以保证其符合质量要求，层间重合度检测分析如图 9.2 所示，图 9.2（a）中 10 层电路板的层间重合度比图 9.2（b）中电路板的重合度好。

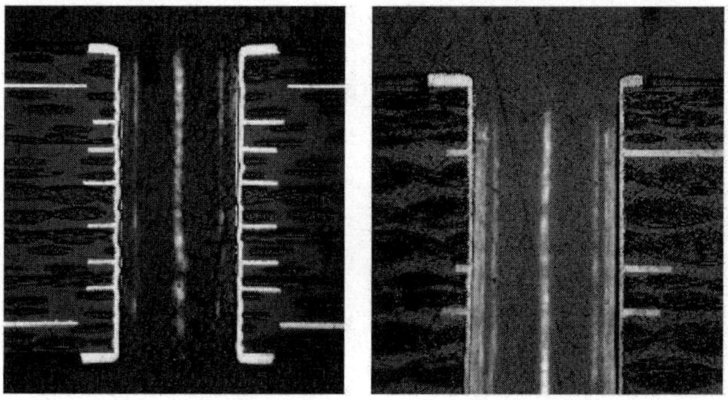

（a）　　（b）

图 9.2　层间重合度检测分析

9.3.3　金相切片在印制电路板质量与可靠性分析中的应用

印制电路板常常存在各种各样的质量问题。借助金相切片技术能较快找到问题原因。

PCB 电镀铜的镀层厚度不足及镀层性能不佳会导致镀层断裂（孔壁与内层互连断

裂），如图 9.3（a）所示。镀层厚度不够、吸潮后未及时烘干、高温热冲击，也会造成镀层断裂。镀层断裂不仅影响内外层电路互连，还影响金属化孔的耐焊性和拉脱强度。为了避免镀层断裂，必须保证图形电镀铜厚达到一定要求，同时能够承受一定程度的高温热冲击。

根据电镀理论，镀层本身应力的大小将严重影响镀层与基板的结合力。镀层的内应力主要指宏观应力，它分为张应力（+）和压应力（-）。张应力倾向使镀层脱落，从而造成镀层与基板分层；压应力倾向于使镀层向基板贴紧，从而提高镀层与基板的结合力。铜离子和氯离子含量增加，镀液温度升高，镀层的内应力会下降。镀液中添加剂的含量会影响镀层的延展性，添加剂、光亮剂等的分解产物溶解于镀液中，电镀槽中有机物过多，都会使镀层应力变大、延展性变差。因此，镀液成分和各工艺参数必须严格控制，才能有效提高镀层的性能，否则镀层在热冲击后容易在外层拐角处发生镀层断裂，如图 9.3（b）所示。

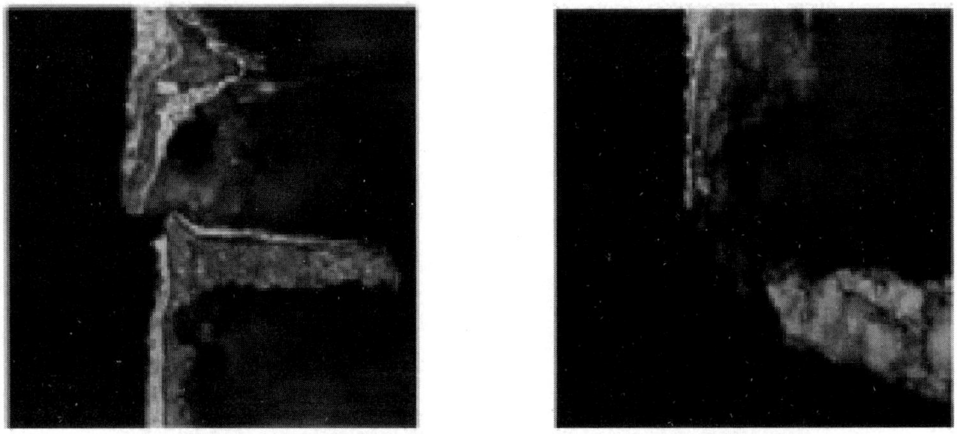

（a）镀层薄导致孔壁与内层互连断裂　　（b）外层拐角处发生镀层断裂

图 9.3　镀层断裂示意图

印制电路板的生产过程是一个工艺流程复杂、多工序相互协作的过程。过程质量控制的好坏将直接影响最终产品的质量。在质量控制方面，金相切片技术发挥着重要的作用。

9.4 X 射线分析技术

9.4.1 X 射线的基本概念

X 射线的本质与可见光、红外线、紫外线相似，均属于电磁波或电磁辐射，同时具有波动性和粒子性特征，波长较可见光短，约与晶体的晶格常数为同一数量级，在 10^{-8} cm 左右。X 射线波长的单位用纳米（nm）来表示，也常用埃（Å）来表示。按现行国家标准，nm 为标准单位。lnm=10^{-9} m=10 Å。

用于晶体结构分析的 X 射线波长一般为 0.25～0.05nm，由于波长较短，习惯上称之为"硬 X 线"。金属部件的无损探伤希望用波长更短的 X 射线，一般为 0.1～0.005nm。用于医学透视的 X 射线的波长较长，故称之为"软 X 线"。

X 射线的波动性主要表现为以一定的频率和波长在空间传播。它的粒子性则主要表现为它是由大量不连续粒子流构成的，这些粒子流称为光子。X 射线的波长较可见光波长短很多，所以能量和动量很大，具有很强的穿透能力。

如果对 X 射线管施加不同的电压，再用适当的方法去测量由 X 射线管发出的 X 射线的波长与强度，便会得到 X 射线波长与强度的关系曲线，称之为 X 射线谱。X 射线谱仪包括 X 射线波长衍射仪和射线能量色散谱仪。现代扫描电镜中大都配有这两种装置，形成谱系统。用这套系统既可以看到样品的微观结构，又可以分析样品的化学成分（超轻元素除外），这给微观分析提供了极大的方便。

9.4.2　X 射线在板级失效分析中的用途

在板级失效分析中，X 射线检查（也称 X 射线照相检查）是一种多用途手段。它可以作为确定元器件内部状态的纯粹非破坏性方法，也可作为确定内部损坏和性能下降程度的诊断手段，还可用于解剖，描绘每个元器件与其他元器件和元器件外罩的相对接近程度。通过进行两次相差 90°的观察，可以获得有关元器件内部几何形状的基本资料。当元器件被打开进行直观检查时，可以找出异常情况。

作为一种分析手段，X 射线照相检查允许直接检查印制电路板组件的焊接部位是否存在开裂、分层及其他各种制造异常现象。X 射线的重要用途在于可以对不可见部分（如 BGA 焊点、QFN 焊点、PCB 过孔、PCB 走线、器件内部结构等）进行无损伤检查。X 射线照相检查可以为拆卸和解剖提供很大的帮助。

9.4.3　X 射线分析案例

X 射线在不可见器件焊点的无损分析中具有其他方法不可替代的作用。例如，在 BGA 器件焊点的失效分析中，由于 BGA 焊点位于封装底部，光学显微镜和目视均不可见，给这类焊点的失效分析造成了很大的困难，但 X 射线可以对这类焊点进行无损检查，为失效分析提供帮助。图 9.4 所示，图中箭头所指即为由焊料流失造成焊点变小的 3 个焊点。

随着检测技术的发展，X-射线 CT 检测方法在板级失效分析中也开始使用，利用 X-射线 CT 检测方法可以获得真实的内部形貌，可以更形象地显示故障和失效位置的立体信息，有助于失效分析的开展。X-射线 CT 可以分析 PCB 通孔镀铜厚度均匀性、印制线断裂缺陷、钻孔深度等，可以对 SMT 工艺、BGA、QFN、QFP/SOP、倒装芯片、THT、TSV、功率模块 IGBT 和 MEMS 等各种元器件中的气孔、裂纹、虚焊等缺陷进行 X-射线 CT 扫描。图 9.5 所示为柔性 PCB 的 X-射线 CT 图像。

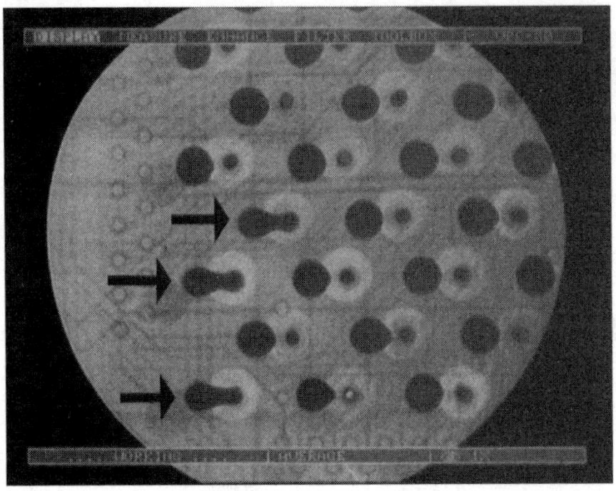

图 9.4　BGA 焊点变小的 X 射线分析结果

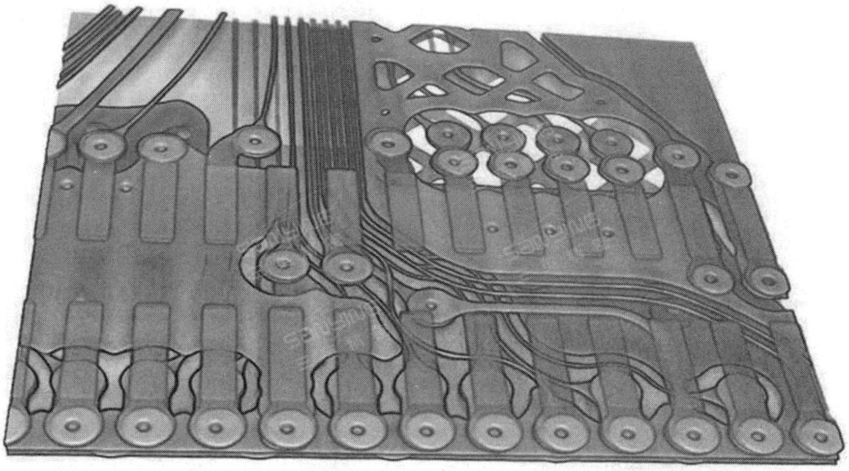

图 9.5　柔性 PCB 的 X-射线 CT 图像
图片来源：天津三英精密仪器股份有限公司

9.5 光学显微镜分析技术

光学显微镜是进行电子元器件、半导体器件和集成电路失效分析的主要工具之一。在失效分析中使用的光学显微镜主要有立体显微镜和金相显微镜。立体显微镜的放大倍数较低，从几倍到上百倍，但景深较大；金相显微镜的放大倍数较高，从几十倍到一千多倍，但景深较小。立体显微镜的放大倍数是连续可调的，而金相显微镜可通过变换不同倍数的物镜来改变放大倍数，以观察不同对象。立体显微镜和金相显微镜结合起来可用于进行元器件的外观及失效部位的表面形状、分布、尺寸、组织、结构、缺陷和应力等的观察，如观察芯片在过电应力下的各种烧毁与击穿现象、引线内外键合情况、芯片裂缝、污染、划伤、氧化层缺陷及金属层腐蚀情况等。

9.5.1　明场与暗场观察

1. 明场观察

明场观察（也称明视场观察）是显微镜的常用观察方式。其照明光线包括正入射光线和较大角度的斜入射光线。对于所有光洁表面，都可通过明场观察获得一个明亮、清晰的图像。

2. 暗场观察

暗场观察是把入射照明光线中的近正入射光线滤去，只让较大入射角度的入射光线照明样品。因此，只有样品表面凹凸不平的地方对入射光线所产生的散射光线，才能进入物镜和目镜成像。这种观察方式对观察有小空洞或隆起物等不光滑表面的样品有效。

9.5.2　偏振光干涉法观察

在显微镜的照明光路中放置一个起偏器，在观察光路中放置一个检偏器，构成偏振光干涉观察环境，此时可以观察到样品表面的双折射现象。如果样品表面的双折射是由其内部应力引起的，则可通过偏振光干涉法观察到应力在样品表面光的分布。此外，偏振光干涉法的另一个主要应用，是在集成电路芯片涂覆一层向列相液晶，利用液晶的相变点来检测集成电路芯片上的热点。

在金相显微镜观察中，样品的制备是非常重要的，应根据观察目的选取制备适当的观察面，使所要观察的缺陷与观察面相交。有时，还要选取适当的显示剂，以保证所选平面上的缺陷能被清晰地显示出来。如果观察面选取不当，则有时会观察不到所要寻找的缺陷。例如，在观察、分析芯片内部的缺陷或测量结深时，由于所要观察的区域是很狭窄的，采用直角剖切方法不足以分辨所要观察的界面区域，这时就应该采用具有放大作用的斜角剖截面的方法。斜角剖截面方法需要借助固定器（俗称磨角器）才能完成。观察面在截取后还应经过研磨、抛光、染色或“缀饰”，才能获得较强的衬度，使芯片内的缺陷显示出来。

9.6　红外显微镜分析技术

9.6.1　红外显微镜的基本工作原理

红外显微镜的结构与金相显微镜相似，但红外显微镜采用近红外（波长为 0.75～3μm）辐射源作为光源，并用红外变像管成像。由于锗、硅等半导体材料及薄金属层对近红外光是透明的，所以红外显微镜具有金相显微镜所无法比拟的优点。利用红外显微镜，不用剖切器件就能观察到芯片内部的缺陷和芯片焊接情况。红外显微镜特别适合于塑料封装半导体器件的失效分析。

红外显微分析法是利用红外显微技术对微电子器件的微小面积进行高精度非接触测温的方法。器件的工作情况及失效状态会通过热效应反映出来。例如，器件设计不恰当、材料缺陷、工艺差错等都会造成器件内部温度不均匀，甚至局部小区域温度比平均温度高得多，这种“集中热”会直接影响器件的安全使用和寿命。对于大规模集成电路，热点可以小到几十微米，甚至更小，所以测温分辨率要求较高。为了不破坏器件的工作状况和电学特性，测温又必须是非接触式的。找出这些热点，并用非接触式方法高精度地测出温度，对产品的合理设计、制造工艺过程控制、失效分析可靠性检验等，都具有十分重要的意义。

电子元器件微小目标的热辐射由主反射镜和次反射镜收集并聚集到红外探测器上。红外探测器把接收到的辐射能转换为电信号，对探测器输出的电信号加工处理，最后就能指示出该微小目标的温度。两个光学通道由分色片分开。分色片透过红外光，而把可见光反射到目镜系统，以便对器件微小目标进行肉眼观察。基准光源和光敏管构成基准信号产生器，使电路能采用相敏检波，从而提高系统性能。利用红外显微镜，可从塑料封装半导体器件的背面（透过硅衬底）观察芯片表面，这样就不会触及芯片表面，也不存在热应力和机械力的影响，因而不会引入新的失效模式，克服了解剖技术给失效分析带来的困难。此外，从样品的背面也能观察到键合界面的情况，如观察金-铝键合界面或键合点下的氧化层及硅衬底中的缺陷。此法不仅对失效分析十分有利，对于器件设计及可靠性预测也是很好的辅助工具。

9.6.2 红外显微分析技术在元器件失效分析中的应用

红外显微分析技术主要有以下几种应用方式。

（1）红外光从芯片背面正入射，透过硅衬底后，在芯片表面反射。

此方式可以检查金属与半导体的接触质量、金属腐蚀、金属化连线的对准情况及引线键合情况等。用此方式观察时，样品必须经过适当处理，应把器件背面的封装料、芯片底座的金属片和焊料磨去，直至露出芯片，并将其抛光。这样可减少芯片背面凹凸不平造成的漫反射，以提高观察质量。

（2）红外光从芯片表面正入射，透过硅衬底后，在芯片的底面处反射回来。

此方式可以无损地检查芯片与底座之间的焊接情况。

（3）透射方式。

观察前去掉封装管帽，把芯片底部的焊接层磨去并抛光。用红外显微镜观察时，由于金属层和硅化物对红外光透光较差，因此在金属层和硅化物层有针孔的地方出现亮点，由此可检测出金属层和硅化物层的针孔位置、大小和密度。

（4）PN 结加正偏压时，用红外显微镜可以观察到从硅表面发出的红外光。

虽然红外显微镜所用的红外变像管对硅发射的 1.1μm 波长的红外光不是最灵敏的，

但在较大正向偏置的情况下，硅发射的红外光是能够被检测到的。

此观察方式可对 CMOS 器件的闩锁区进行定位，灵敏度较高。

（5）偏振光观察方式。

当半导体材料内部存在缺陷和应力时，局部区域的光学性质产生变异。根据这一特点，通过观察红外光的偏振干涉图像，可观察到半导体材料本身的缺陷或封装引入的管芯应力。

9.7 声学显微镜分析技术

声学显微镜分析技术已成为无损检测技术中发展最快的技术之一，这项新技术在检测材料的性能、内部缺陷方面具有其他技术所无法比拟的优点。声学显微镜能观察到光学显微镜所无法透视观察的样品内部区域，能提供 X 射线透视所无法得到的高衬度观察结果，能应用于不适宜进行破坏性物理分析的场合。

常见的声学显微镜有三种：扫描激光声学显微镜（SLAM，Scanning Laser Acoustic Microscope）；扫描声学显微镜（SAM，Scanning Acoustic Microscope）；C 型扫描声学显微镜（C-SAM，C-Mode Scanning Acoustic Microscope）。从能观察到物体的深度来说，每一种类型的声学显微镜都有其自己的应用区域，如图 9.6 所示。SLAM 能观察到样品内部的所有区域，C-SAM 能观察到样品表面以下几毫米的区域，而 SAM 则只能观察到样品表面几微米的区域。

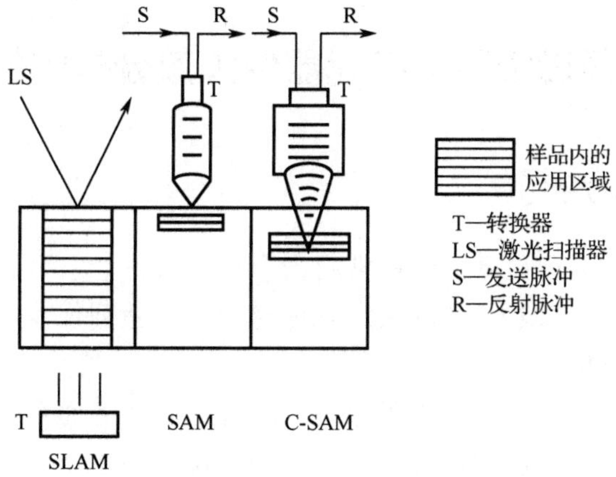

图 9.6　三种声学显微镜的应用区域示意图

9.8 扫描电子显微镜技术

扫描电子显微镜（SEM，Scanning Electron Microscope）是近 60 年发展起来的一种精密的大型电子光学仪器。其基本原理是：阴极所发射的电子束经阳极加速，由磁透镜聚焦后，形成一束直径为一到几百纳米的电子束，这束高能电子束轰击到样品上会激发出多种信息。

扫描电子显微镜通常用二次电子和背散射电子来成像，以进行形貌观察；而 X 射线谱仪则用样品发出的特征 X 射线来进行化学成分分析。扫描电子显微镜通常与 X 射线谱仪用一个电子枪，组成电子微探针系统。

9.8.1 扫描电子显微镜的基本工作原理

扫描电子显微镜的成像原理和透射电子显微镜完全不同。它不用电磁透镜放大成像，而是以类似电视摄影的方式显像，即由电子枪发出的电子束经聚光镜和物镜的作用，束斑缩小，形成聚焦良好的电子束，该聚焦电子束在样品表面扫描时激发出来的各种信号由在试样旁边的检测器接收，接收到的信号被送入视频放大器放大，然后加到显像管的栅极上，最后调制成试样表面的图像。

新式扫描电子显微镜的二次电子像的分辨率已达到 1nm，原位放大倍数可从数倍到 30 万倍（或更高倍数）连续可调。扫描电子显微镜的景深远比光学显微镜大，可以用它进行显微断口分析。用扫描电子显微镜观察断口时，样品不必复制，可直接进行观察，给失效分析工作带来了极大的方便。

目前，电子枪的效率不断提高，使扫描电子显微镜的样品室附近的空间增大，因此可以装入更多的探测器。扫描电子显微镜不仅可用于分析形貌像，还可以和其他分析仪器组合使用，使人们能在同一台仪器上进行形貌、微区成分和晶体结构等多种微观组织结构信息的同位分析。

9.8.2 扫描电子显微镜及其在元器件失效分析中的应用

1. 二次电子像的应用

二次电子像是扫描电子显微镜中最常用的形貌观察像。它具有分辨率高、放大倍数大（10 万～50 万倍连续可调）、景深大、立体感强等一系列优点，可用来观察在光学显微镜下看不到的微细结构。

在元器件的失效分析中，二次电子像可用来观察芯片表面金属引线的短路、开路、电迁移、氧化层的针孔和受腐蚀情况，可用来观察硅片的层错、位错和抛光情况，还可用来测量图形线条的尺寸等。

2. 背散射电子像的应用

在样品的 50～5000nm 深度内，入射电子与原子弹性碰撞会发生大角度偏转，非弹性碰撞会损失能量，其中有些电子被散射到样品外，称为背散射电子。它的能量比二次电子高，反映信息的深度较深，在一定程度上可反映样品表面的形貌。由于背散射电子的发射率与样品表面的“平均”原子序数有关，故也可反映样品的化学成分分布。它的最佳几何分辨率可达 20nm，原子序数分辨率可达 0.1Z。

为提高检测灵敏度和处理所得的图像，通常在物镜底部的对称位置上装两个（组）背散射电子探测器。把所探测到的信号相加，可消除入射角和表面形貌造成的影响，得到纯化学成分的分布像；把所探测到的信号相减，可得到纯形貌像。所以，利用背散射电子像可观察样品的形貌及化学成分分布，其成分分布像与 EDX 所做的元素面分布像相符。

背散射电子像在器件分析中常用来观察形貌，可用其成分分布像和纯形貌像的对比分析来判别芯片的腐蚀坑、金硅的合金点等。此外，用背散射电子来成像，可减少由绝缘层带电所带来的干扰。

3. 吸收电流像

入射电子束轰击样品之后，以被样品吸收的那部分电子为信息扫描成像，该像称为吸收电流像。它的衬度与二次电子像和背散射电子像的衬度正好互补，其分辨率接近于背散射电子像，在器件分析中主要用来检查钝化层或氧化层的表面缺陷及鉴定扩散区性能等。

4. 阴极荧光分析技术

入射的高能电子在半导体或绝缘体中的散射会激发出内层电子，还可以通过碰撞电离在导带和价带中产生大量的电子空穴对。当电子空穴通过各种复合机制复合时，所产生的复合辐射叫作阴极荧光。把这些阴极荧光收集处理后所成的像就叫阴极荧光像，其分辨率主要取决于样品本身的发光强度、光的波长、探头灵敏度和接收信号时的立体角，分辨率一般可达 500nm 左右。

阴极荧光可分为本征发光和非本征发光。阴极荧光光谱一般与材料的组分、能带结构、杂质浓度、环境温度及激发条件等有着密切的关系。所以，通过阴极荧光的测量可以研究半导体材料的各种特性；与荧光光谱分析技术结合，可进行多种定量分析。阴极荧光分析技术常用来分析Ⅳ-Ⅴ族化合物及固溶材料，其主要用途如下：

（1）用来揭示发光材料（如 GaAs，砷化镓）均匀性、位错与暗点等。

（2）测定本征半导体中掺入杂质后所形成的发光中心，通过对阴极荧光的光谱分析来测定杂质浓度。

（3）根据荧光强度变化和波长的测定，可以算出 GaAs 器件工作时的温度上升情况。

（4）将荧光强度与加速电压的关系曲线与理论曲线进行比较，即可测定出载流子的扩散长度。

（5）固溶体材料的禁带宽度是随组分变化的，所以本征发光的荧光波长也随之变化。这样通过测量荧光波长就可以建立起禁带宽度与组分的关系。

（6）通过波长的测定可以判定材料的导电类型，也可以测出重掺杂区的载流子浓度。

5. 电压衬度像的原理及应用

在扫描电子显微镜的二次电子像工作方式下，由于二次电子的能量很低（$\leq$50eV），样品表面的二次电子发射率受其表面电位的影响很大，即电位的变化对二次电子的发射起调制作用，结果就形成了形貌衬度和电压衬度叠加的像。由于样品上的正电位抑制了部分二次电子的发射，所以正电位区变暗；负电位增强了二次电子的发射，因而负电位区变亮。其结果，电压衬度像反映了样品表面的电位，从中可以看出样品表面各处电位的高低及分布情况。

给元器件样品施加适当的偏置电压，电压衬度像就可用于确定集成电路的失效部位，如硅片裂纹和台阶处的金属连线断裂，对于器件的隐开路或隐短路部位的确定尤为方便。这是任何光学显微镜都无法做到的，属于扫描电子显微镜特有的一种观察功能。

此外，电压衬度像还常常用于对门电路的逻辑功能的分析。把要分析的电路加上偏置电压，然后根据输入端为高、低电平时各组成单元和输出端的暗亮变化情况来判断其逻辑功能是否正常。该项技术既具备了机械探针的功能，又避免了机械探针所带来的接触损伤，已成为分析门电路的一种有效手段。

6. 频闪技术的原理及应用

当器件动态工作时，其表面电位随时间周期性变化，这时若用一般扫描电子显微镜来观察图像，从荧屏上看到的像是没有意义的。如果把普通扫描电子显微镜的连续电子束变成脉冲电子束，并使它的周期与被观测电位同步（即周期相同），其脉冲宽度和周期相比又很短，那么就能把被观测的周期变化的信号固定在某个相位上，短脉冲电子束仅在样品周期性变化电位的该相位时照射样品，在阴极射线管上显示的是该相位时样品表面的电位分布图。如果连续改变与被测电位周期同步的短脉冲电子束的相位，而电子束只固定照射样品表面的一个被观测点，那么这时在荧光屏上观察到的就是该点电位随时间变化的波形。这种应用脉冲电子束（门控）观测周期性变化现象的技术，被称为扫描电子显微镜的频闪技术。

如何把电子枪发射出来的连续电子束变成与被观测样品电位变化周期同步的短脉冲电子束，并保证具有稳定的相位关系和一定的电平幅度，是频闪技术的关键。目前，获得这种脉冲电子束的常用方法是：在电子枪的镜筒内加偏转电场或磁场，使电子束做周期性的偏转，再用光栅来遮断偏转的电子束。脉冲电子束的频率可以达到的数量级和空间分辨率主要取决于束斑大小，而时间分辨率主要取决于电子束脉冲宽度。根据具体工作条件计算出频闪扫描电镜的动态特性曲线是很重要的，对于了解和分析频闪特性，提高时间分辨率和空间分辨率是非常有用的。随着集成电路向高速和高集成度的方向发展，频闪技术也得到了较快的发展，这是因为频闪技术能快速非破坏性地进行电路动态功能测试，寻找出失效部位。

9.9 电子束测试技术

9.9.1 电子束探测法

集成电路进入 VLSI/ULSI 时代后，用传统的机械探针已很难对其内部节点的工作状态进行直接而准确的探测了。从 20 世纪 80 年代初开始，国际上已采用电子束探针代替机械探针，对集成电路内部节点的电压和波形进行非接触探测。电子束探针具有分辨率高、容易对准被测节点、无电容负载及非破坏性等特点，已被广泛地应用于 VLSI 设计验证和内部失效定位。

电子束探测系统是在扫描电子显微镜电子束测试系统频闪电压衬度像的基础上发展起来的一种新型失效分析系统。它的构造与带频闪装置的低压扫描电子显微镜类似，且具有宽频带取样示波器功能。

用电子束探针代替传统的机械探针，可对 VLSI/ULSI 进行非接触式、非破坏性的探测，并且把扫描电子显微镜与现代自动化设计技术相结合，实时地对 VLSI/ULSI 表面及内部节点进行观测，同时在外接激励信号的作用下，提取被测节点的逻辑波形信号，进而迅速地对电路的失效节点进行定位。

电子束探测系统通常用静态电压衬度像、动态电压衬度像、频闪电压衬度像和波形测量等，来探测被测器件在外部激励条件下内部节点的逻辑状态。具体的探测方法可以概括为图像探测法和波形探测法。在失效分析和故障定位时，多采用图像探测法；在设计纠错、设计验证时，多用波形探测法。有时采用二者相结合的方法，实际应用时要视情况而定。

9.9.2　电子束探测技术在器件失效分析中的应用

1．电压衬度像

电压衬度像分为动态电压衬度像和静态电压衬度像，静态电压衬度像是被测器件处于静态工作状态时的电压衬度像，动态电压衬度像是被测器件处于动态工作状态时的电压衬度像。利用电压衬度像可确定芯片金属化层的开路或短路失效。

2．电子束探测系统的频闪电压衬度像

脉冲电子束在处于高频工作状态下的芯片表面扫描，当脉冲电子束的频率与芯片的工作频率相同时，电子束的脉冲宽度小于芯片的工作脉冲宽度，脉冲电子束的照射是在芯片工作脉冲的固定相位上发生的。在上述条件下，原来的动态电压衬度变化在显示器上显示为某一相位的静态电压衬度像，这种二次电子像被称为频闪电压衬度像，通常用于对高频工作状态下的芯片进行失效定位。频闪电压衬度像代表器件工作的某种逻辑状态，根据驱动器件的向量序列，可找出芯片内部异常的逻辑状态，确定芯片内部的故障节点。这种技术也被称为图像失效分析技术（IFA，Image-based Failure Analysis）。对于复杂的器件，在无设计者和设计文件的情况下，必须用专门的软件对好坏芯片的工作状态频闪电压衬度像进行运算，求出它们的差像，根据差像的情况确定芯片的故障点。

3．波形测量功能

电子束在某一固定探测点“扫描”（可以说是对时间的扫描），可得到动态图像。也

就是电子束聚焦在器件表面某一区域时，对此处的电压在时间轴上采样（像示波器采样一样），形成反映该区域随时间变化的电压波形。

在波形模式下，可观察集成电路芯片各点的波形变化，测量有关时间参数，如传输延迟、建立时间和保持时间等。通过仔细分析二次电子能量可以实现精确的电压测量。由于电子束是近乎理想的电流源（“探针”阻抗实际为无穷大），所以对器件不构成负载（其注入电流在 pA 级），不会影响所测结果。使用电子束探测系统的波形功能就如同使用一台取样示波器一样方便而直观。用电子束探测系统的示波器功能，能够快速、准确地得到芯片工作状态下的某一节点的波形，通过与标准芯片的相同节点波形或其模拟波形相比较，可以确定被测节点是否失效。图 9.7 是某一芯片存在短路时，各传输线上的波形探测结果。

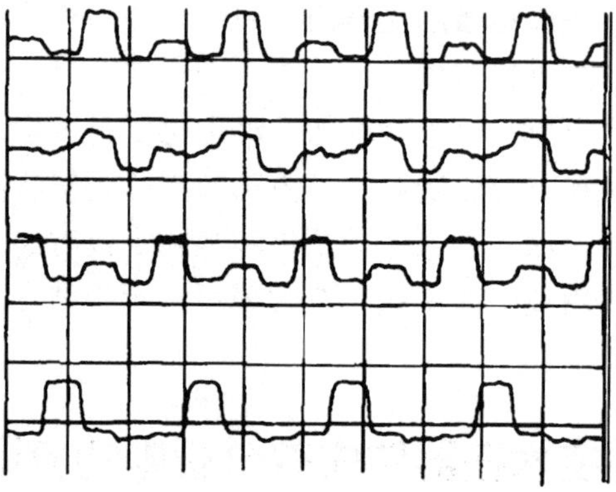

图 9.7　短路芯片的几条传输线上的波形探测结果

9.9.3　电子束探测系统中的自动导航技术

随着微电子技术的飞速发展，工程师利用通用的计算机辅助设备（CAE）和计算机辅助设计（CAD）工具，继续缩短元器件设计周期，改善工艺限制条件，这对分析工程师就提出了严峻的挑战。为了帮助分析工程师适应微电子技术飞速发展的局面，在器件分析实验室里，需要将 CAD、CAE、CAT 等多种工具结合使用。因此，在微电子工业界发展出自动导航技术，以帮助分析工程师对器件进行芯片内部的失效定位、设计验证及设计纠错。

自动导航技术实际上就是把在器件开发前端使用的设计数据，应用于故障诊断环境，将版图和被测芯片关联起来。由于 CAD 的彩色版图、网表和电路图容易辨认，可根据这些图表选定探测点，使得在芯片内逐个节点的跟踪测试更为容易，加速了故障诊断的进程。换句话说，借助于器件的数据和设计模拟数据，分析工程师利用自动导航技术，能够比较容易地实现器件的故障定位、设计验证和设计纠错。

9.9.4　电子束探针的探测原则

电子束探针的探测原则如下：

（1）尽量不通过介质层进行探测，以避免信号衰减，提高探测精度。

（2）在不影响功能和可靠性的前提下，尽量减薄器件的钝化层，其厚度最好不大于被测线宽。

（3）探测某一节点时，应找到最宽的导体作为探测点。这样可以显著提高信噪比，并减小来自邻近导体的串扰。

（4）选取离其他节点最远的点作为探测点，减小来自邻近导体的串扰。

（5）找到覆盖尽可能多的需探测节点所在的区域，减少所消耗的时间，提高探测效率。

9.10 X 射线显微分析

X 射线显微分析仪又称电子探针，其特点是聚焦良好。将具有一定能量的电子束照射到样品上，样品中的各组成元素因受激发而发射各自的特征射线，测定这些特征射线的频率和强度，就可进行样品成分的定性和定量分析，所以 X 射线显微分析又称 X 射线发射频谱（XES）分析。由于电子探针工作原理与 SEM 相近，仅利用电子束产生的不同信息，所以电子探针多以电镜附件的方式出现，使 SEM 不仅可进行表观形貌分析，还可同时进行微区成分分析。

X 射线显微分析仪包括 X 射线能量色散谱（能谱 EDX 或 EDS）仪和 X 射线波长衍射谱（波谱 WDX 或 WDS）仪。

能量色散谱仪除了分析速度快、可做定量计算外，还可以选择不同的方式进行分析，既可以选点、线及区域进行分析，还可生成不同元素的面分布图。它可在束流低、束斑小的条件下工作，空间分辨率好，但能量分辨率不及 X 射线波长衍射谱仪，也不能分析比 Na 轻的元素。

X 射线波长衍射谱仪的优点是不仅能检测轻元素，而且检测灵敏度一般比能量色散谱仪高出一个数量级；不足的是由于晶体的移动靠步进电动机驱动，所以检测速度比能量色散谱仪慢，而且由于受分光器数目的限制，很难同时检测多种元素。

9.11 染色与渗透试验技术

SMT 技术与元器件高密封装技术迅速发展，焊点质量与可靠性检测技术也必须适应发展的需求，各种先进检测仪器与设备层出不穷，但是设备成本高，工业界大多数企业承担不起。染色与渗透试验技术应用于焊点特别是 SMT 组装的 BGA 等阵列焊点的质量检测已经有多年，并被证明十分有效。

染色与渗透试验技术的优点是操作简单易行、成本低廉，几乎每个厂家都可以完成，获得的质量信息也丰富准确，有时获得的质量信息甚至比破坏性分析方法——金相切片所获得的质量信息更加准确。不过，这种试验方法是破坏性的，一旦对样品进行了染色与渗透试验，样品便要报废。尽管如此，染色与渗透试验在焊点质量检测评价方面应用越来越广泛是不争的事实。

9.11.1 染色与渗透试验基本原理

将焊点置于红墨水或染料中，让红墨水或染料渗入焊点的裂纹之中，干燥后将焊点强行分离，焊点一般会从薄弱环节（裂纹处）开裂，因此可以通过检查开裂处界面的染色情况来判断裂纹的大小与深浅，从而获得焊点质量信息。通过染色与渗透试验，可以获得焊点分离界面信息与失效焊点分布信息，这对焊点的质量评估及失效原因分析非常有价值。

9.11.2 染色与渗透试验流程

1．样品准备

小心地将需要试验的样品从电路板组件（PCBA）上截取下来。如果 PCBA 不大，也可以使用整个 PCBA 进行试验。截取样品需要特别小心，可使用专门的工具，不能造成被试验样品的焊点被破坏或损伤。

2．染色与渗透

在样品准备好后，可以直接将样品置于装有红墨水的容器中，盖严后抽真空，一般可抽至 1×10^4Pa 的压强。这样可以使残留在缝隙或裂纹中的气体排放出来，同时让红墨水渗入。通常，为了使红墨水有更好的渗透效果，往往在红墨水当中加入几滴表面活性剂以减小其表面张力。

3．烘烤

在多余的红墨水流干后，将染色后的样品放入温度为 100℃左右的烘箱烘干，直至样品干燥，烘烤时间依使用的红墨水的性质而定，一般需要 1 小时，最快也要 15 分钟。烘干的样品通常需要放入干燥器皿中冷却至室温，以免吸湿。

4．器件分离

可以使用各种工具将染色后的器件分离，以检查其焊点是否有被染红的界面。分离的方法一般是：使用 L 形的钢钩撬动器件的四个角，并弯折 PCBA，使器件的焊点部分断裂；再在器件的表面使用强力胶固定一大小适当的钢筒（见图 9.8），将器件所在的 PCBA 固定后，垂直向上引伸钢筒，即可分离器件。如果器件太大或过于牢固，可以使用如图 9.9 所示的方法。

5．检查与记录

使用放大倍率足够高的立体显微镜或金相显微镜检查器件分离后的界面。注意：应该对称地检查分离后的 PCB 与器件的两个表面，拍照记录染成红色的界面，一般 PCB

与器件引脚上的界面会同时染红或同时无红。需要仔细记录焊点染红的界面（失效或分离模式）及其面积，以及染色焊点在整个器件所有焊点中的分布规律。

图 9.8　分离器件的钢筒

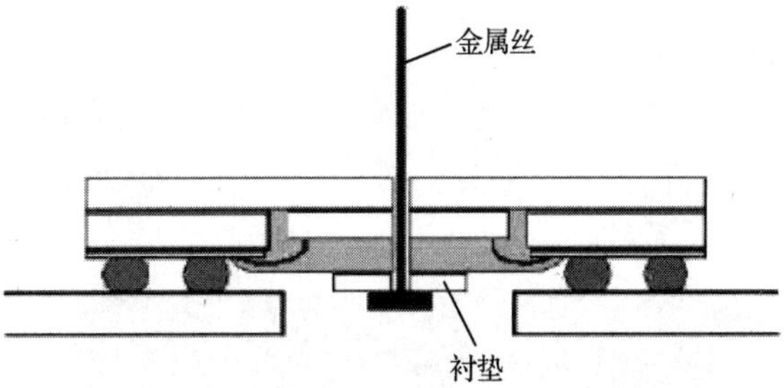

图 9.9　钻孔拉伸分离器件方法示意图

9.11.3　染色与渗透试验结果的分析与应用

通过染色试验可以得到焊点的质量信息，通过对分离界面及失效焊点分布信息可以获得工艺改进依据，甚至分清质量事故的责任。

可以通过染色找到焊点中存在裂纹的界面。以 BGA 器件为例，其分离模式通常有 BGA 基板与器件侧焊盘分离（Type Ⅰ）、焊球与器件侧焊盘分离（Type Ⅱ）、BGA 焊球本身破裂（Type Ⅲ）、焊球与 PCB 侧焊盘分离、PCB 侧焊盘与 PCB 基板分离（Type Ⅵ）等，还有甚至能够分清焊膏再流后的焊料与焊球分离（Type Ⅳ）或焊料与焊盘分离（Type Ⅴ）（见图 9.10）。如果没有染成红色的界面，则证明该焊点本身没有质量问题，但并不一定表明没有可靠性问题。

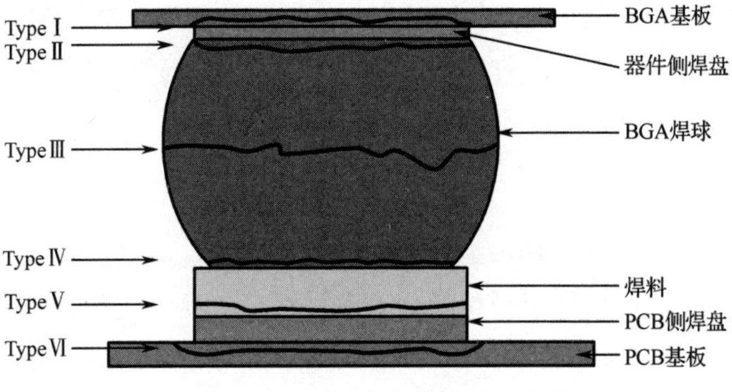

图 9.10　BGA 焊点失效模式示意图

如果出现 Type Ⅰ 或 Type Ⅱ 开裂失效模式，则至少证明是器件本身的质量问题，如在器件加工植球时没有控制好最佳条件，导致该处出现裂纹。如果是 Type Ⅲ 失效模式，情况则比较复杂：可能是 SMT 工艺没有控制好，导致焊球中大量气孔或再流不足、金属化不好，使得低应力存在，导致产生裂纹，这种情况需要金相切片做进一步的判断。如果是 Type Ⅳ 失效模式，则表明该 BGA 焊球表面可能受到严重污染或氧化，可以通过流程查找与批次统计分析来判断污染或氧化的来源。如果是 Type Ⅴ 失效模式，则可能存在三种情况：一是 PCB 焊盘受到氧化或污染，导致可焊性不良；二是焊膏的润湿性不良或漏印；三是工艺参数设置不良，导致焊膏润湿不佳。此时可以通过其他手段如可焊性测试与 SEM 等进行进一步分析。而 Type Ⅵ失效模式则是 PCB 本身质量有问题，一般是焊盘附着力太差。

图 9.11 所示为 BGA 焊点部分开裂染色与渗透试验分析结果。图 9.11（a）为 BGA 侧染色起拔后的结果，图 9.11（b）为 PCB 侧染色起拔后的结果，可以看出该焊点局部出现了裂纹。

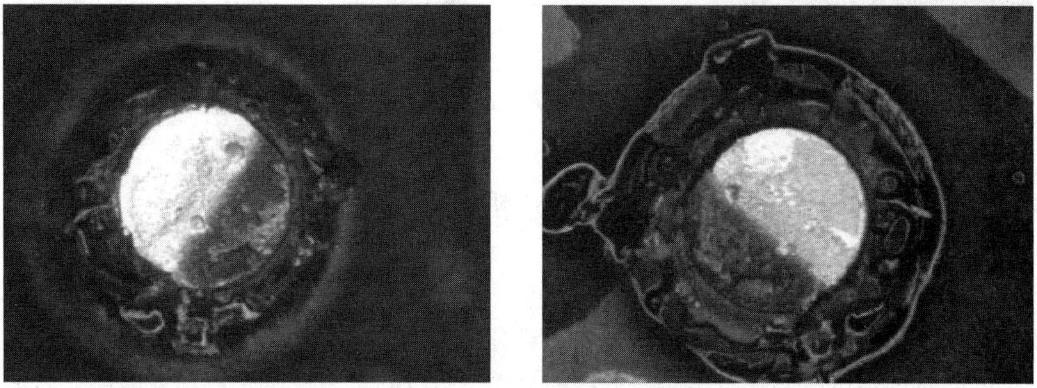

（a）BGA 侧染色起拔后的结果　　（b）PCB 侧染色起拔后的结果

图 9.11　BGA 焊点部分开裂染色与渗透试验分析结果

9.11.4　染色与渗透试验过程的质量控制

染色与渗透试验其实非常简单，只要有一个显微镜及简单的工具就可以完成。但是，经过研究分析发现，这种做法在许多环节容易出现偏差，甚至得到错误的结论。进行染色与渗透试验需要注意以下几个方面。

1．取样过程

取样过程必须小心谨慎，避免受试样品受到外来机械应力的损伤。要轻拿轻放；不能使用剪刀等工具，一般要使用专用的切割取样机，并且切割的位置要与器件保持适当的距离；尽量使用大的染色池，以免去切割取样过程。

2．清洗

样品在染色前，一般需要用专用的溶剂进行清洗。因为经过回流焊工艺后，焊膏中的焊剂会残留在焊点周围，有些还特别严重，这些残留物中含有较多的松香或树脂类物质，它们会留在焊点的裂纹或缝隙中，阻止染色液的渗透。清洗剂可以选用卤代烃类溶剂（如三氯乙烯）或醚类溶剂（如乙二醇单丁醚）。

3．染色液的选择

染色液的选择非常重要，应该选择那些憎水性的、染色稳定的、渗透性强的红墨水，一般不能使用那些含有易吸湿物质的普通红墨水。因为器件分离后如果来不及马上检查，吸湿性强的红墨水将很快吸收空气中的水分，并且迅速扩散，导致原本未存在裂纹的界面都染上红色或部分染色区域扩大，这样会导致结果出现极大偏差。要控制这种偏差，应在器件分离后立刻检查完所有焊点，而要在几分钟的时间内完成所有焊点的检查显然不可能。扩散严重的情况下，甚至本来没有裂纹的焊点却出现了 100%焊点开裂的错误判定。相比之下，使用良好性能的染色液所得到的结果则非常重要。

4．器件分离

器件分离操作过程中，必须确保器件干燥及多余物的必要清理，以免得到本来没有染色的界面被染色的结果。同时注意不要平推器件，尽量垂直分离器件，因为有裂纹的界面可能由于分离不当而被擦伤，使得界面不清晰，此时不易评定失效模式与计算开裂面积，影响结果的准确性。

5．烘烤条件

有些器件焊点间距太小，且器件本身很大，导致内部裂纹中的染色液不易干燥，如果烘烤时间不够，常常出现分离器件后染色面积扩大的情况。最好在试验前确定染色液的最长干燥时间。烘干温度一般控制在 100℃左右，最高不超过 120℃，以免超过 PCB 的 T_g 而产生新的失效，也可避免焊点金属化结构的变化。

染色与渗透试验是一项操作简单而有效的焊点质量分析技术，通过该试验可以获得焊点质量的全面信息。但是，也需要关注试验过程中的每个细节，特别是取样过程及染色液的选取，如果这些关键环节处理不当，将会得到完全相反的结果。同时需要注意的是，染色与渗透试验是一种破坏性分析手段，如果样品数量不够则不宜盲目采用。

9.12 热翘曲变形检测技术

元器件和 PCB 在 SMT 加工中过度受热时由于热失配会产生翘曲，翘曲超过一定范围就会造成焊接失效。在某些情况下，元器件和 PCB 的热翘曲变形检测对分析板级失效显得非常必要。

Shadow Moiré 是一种非接触式、全视野的光学技术，该技术利用样品上的参考光栅及其影子之间的几何干扰产生摩尔云纹分布图（Moiré Pattern），进而计算出各像素的相对垂直位移，从而得到 PCB 或器件封装在温变过程中的动态曲翘变形。模拟 SMT 回流焊接过程中器件和 PCB 的动态曲翘变形，对生产过程改善和失效分析都非常有帮助。运用动态曲翘变形信息，可以获得器件、基板翘曲度的一致性，进而改进生产工艺并提高产品的可靠性。

模拟 SMT 焊接过程 PCB 动态曲翘测量示意图如图 9.12 所示。

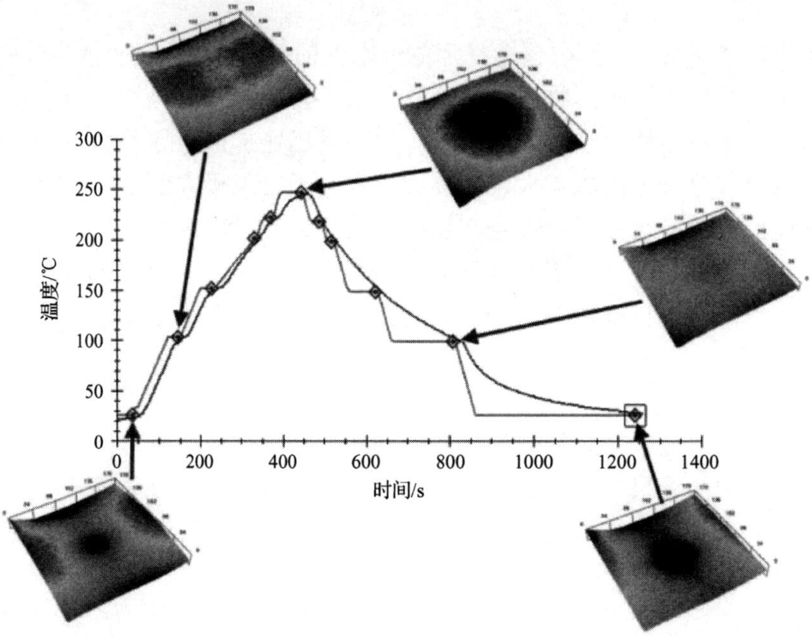

图 9.12 模拟 SMT 焊接过程 PCB 动态曲翘测量示意图

参考文献

[1] 李海泉，李刚. 系统可靠性分析与设计. 北京：科学出版社，2003.

[2] 张增照，潘勇. 电子产品可靠性预计. 北京：科学出版社，2007.

[3] 约瑟夫·卢茨，海因里希·施兰格诺托，等. 功率半导体器件——原理、特性和可靠性. 北京：机械工业出版社，2020.

[4] 庄奕琪. 电子设计可靠性工程. 西安：西安电子科技大学出版社，2014.

[5] IPC—TR—579. Round robin reliability evaluation of small diameter plated through holes in printed wiring boards. IPC Technical Report, September 1988.

[6] IPC—TR—484. Results of IPC copper foil ductility round robin study. IPC Technical Report, April 1986.

[7] 孙博，张叔农，谢劲松，等. PCB镀通孔疲劳寿命对设计参数的灵敏度分析. 电子元件与材料，2006, 25(9): 60-63.

[8] VISWANADHAM P, SINGH P, PRATAP. Failure Modes and Mechanisms in Electronic Packages. Kluwer Academic Pub. 1998.

[9] 王文利，闫焉服. 面向产品生命周期的电子产品可制造性设计. 电子工艺技术，2009, 30(5): 267-269.

[10] 王文利，闫焉服. 电子组装工艺可靠性. 北京：电子工业出版社，2011.

[11] 宁叶香，潘开林，李逆. 电子组装中焊点的失效分析. 电子工业专用设备，2007, 36(9): 46-50.

[12] 李晓延，严永长. 电子封装焊点可靠性及寿命预测方法. 机械强度，2005, 27(4): 470-479.

[13] ENGELMAIER W. Fatigue life of leadless chip carriers older joints during power cycling. IEEE Transaction on Component, Hybrid, and Manufacturing Technology. 1984, 6(3): 232-237.

[14] SOLOMON J D. Fatigue of 60P/40 solder. IEEE Transaction on Component, Hybrid, and Manufacturing Technology, 1986, CHMT29: 423-433.

[15] NORRIS K C, LANDZBERG A H. Reliability of controlled collapse inter connections. IBM Journal of Research and Development, 1969, 13: 266-271.

[16] KENCH S, FOX L R. Constitutive relation and creep fatigue life model foreutectic Tin-lead solder. IEEE Transaction on Component, Hybrids, Manuf. Technol., 1990, 13(2): 424-433.

[17] SYED A. Solder joint life prediction model and application to ball grid array design optimization. Proc. of the Ⅷ International Congression Experimental/Numerical Mechanicsin Electronic Packaging, Nashville, TN, USA, June 10-13, 1996, 1: 136-144.

[18] AKAY H, ZHANG H, PAYDAR N. Experimental correlations of anenergy-based fatigue life prediction method for solder joints, advance in electronic packaging. Proc. of the

Pacific Rim ASME International Intersociety Electronic and Photonic Packaging Conference, InterPack'97, NewYork, USA, 1997, 2: 1567-1574.

[19] DARVEAUX R. Solder joint fatigue life model in design and reliability of solders and solder inter connections. Orlando, Florida, USA: The Minerals, Metals and Materials Society(TMS), 1997: 213-218.

[20] LAU J H, CHANG C, LEE S W R. Solder joint crack propagation analysi sofwafe level chipscale package on printed circuit board assemblies. IEEE Transaction on Component, Hybrid, and Manufacturing Technology, 2001, 24(2): 285-292.

[21] 田艳红，贺晓斌，杭春进. 残余应力对混合组装 BGA 热循环可靠性影响. 机械工程学报，2014, 50(2): 86-91.

[22] 汤巍，景博，盛增津，等. 多场耦合下基于传递熵的电路板级焊点疲劳寿命模型. 中国科学：技术科学，2017, 47(5): 484-494.

[23] 李胜利，任春雄，杭春进. 极端热冲击和电流密度耦合 $Sn_{3.0}Ag_{0.5}Cu$ 焊点组织演变. 机械工程学报，2022, 58(2): 291-299.

[24] 李胜利，牛飘，杭春进，等. 极端温度环境 Sn 基焊点本构方程的研究进展. 机械工程学报，2022, 58(2): 236-245.

[25] 张文典. 实用表面组装技术（第 4 版）. 北京：电子工业出版社，2015.

[26] SINGH P, VISWANADHAM P. Failure Modes And Mechanisms In Electronic Packages. Thomson Science. 1998

[27] P L. 马丁. 电子故障分析手册. 张伦，译. 北京：科学出版社，2005.

[28] 王文利，肖玲，梁永生. 微型片式元件焊接过程立碑工艺缺陷的机理分析与解决. 深圳信息职业技术学院学报，2007(2).

[29] 官沼克昭. 无铅焊接技术. 宁晓山，译. 北京：科学出版社，2004.

[30] 官沼克昭，刘志权. 无铅软钎焊技术基础. 李明雨，译. 北京：科学出版社，2017.

[31] 贾斯比尔 •巴斯. 无铅焊接工艺开发与可靠性. 刘春光，译. 北京：人民邮电出版社，2023.

[32] 王文利. 锡须的形成机理、危害及抑制措施. 深圳信息职业技术学院学报，2009, 7(4).

[33] ZENG Kejun, STIERMAN Roger, ABBOTT Don, et al. The Root Cause of Black Pad Failure of Solder Joints with Electroless Ni/Immersion Gold Plating 2006 June·JOM, 75-79. The Minerals, Metals & Materials Society.

[34] PRIMAVERA A A, STURM R, PRASAD. Factors that affect void formation in BGA assembly. Proc of IPC/SMTA Electronics Assembly Expo 1998, S2-2-1.Providence, Rl, October 1998.

[35] OHARA W, LEE N C. Voiding Mechanism in BGA Assembly. ISHM, 1995.

[36] KEITH, BRYANT. Investigating Voids: Does a connection exist between pad finish and voiding in lead free assemblies, Circuit Assembly, 2004(6): 18-20.

[37] LEE Ning cheng. Reflow Soldering Process and Troubleshooting: SMT、BGA、CSP and Flip Chip Technologies. Butterworth-Heinemann (A member of the reed Elsevier group), 2002.
[38] IPC. IPC-7095 A Design and Assembly Process Implementation for BGAs.
[39] LAU John H, WONG C P, LEE Ning Cheng, et al. Electronics Manufacturing, McGraw-Hill Professional, 2002.
[40] JOHN H, PAO Yi Hsin. Solder joint reliability of BGA, CSP, Flip chip and pith SMT assemblies. McGraw-Hill companies.
[41] DONGKAI Shangguan. 无铅焊料互联及可靠性. 刘建影，孙鹏，译. 北京：电子工业出版社，2008.
[42] 王文利，梁永生. BGA 空洞形成的机理及对焊点可靠性的影响. 电子工艺技术，2007, 28(3): 157-162.
[43] 王文利. CCGA 器件的可靠性返修. 电子工艺技术，2004, 25(4): 154-156.
[44] 王文利，闫焉服，吴波. 无铅焊接高温对元器件可靠性的影响. 电子工艺技术，2008, 29(6): 317-323.
[45] TUMMALA R R. Packaging: Past, Present and Future. Proceeding of 6th International Conference on Electronic Packaging Technology. 2005, 9: 3-7.
[46] HARA K, KURASHIMA Y, HASHIMOTO N, et al. Optimization for Chip Stack in 3-D Packaging. IEEE Transactions on Advanced Packaging, 2005, 28(3): 367-376.
[47] TSUI Y K, LEE S W R. Design and Fabrication of a Flip-Chip-on-Chip 3-D Packaging Structure With a Through-Silicon Via for Underfill Dispensing. IEEE Transactions on Advanced Packaging, 2005, 28(3): 413-420.
[48] CALATA J N, BAI J G, LIU Xingsheng, et al. Three-Dimensional Packaging for Power Semiconductor Devices and Module. IEEE Transactions on Advanced Packaging, 2005, 28(3): 404-412.
[49] KELLY G, MORRISSEY A, ALDERMAN J, et al. 3-D Packaging Methodologies for Microsystems. IEEE Transactions on Advanced Packaging, 2000, 23(4): 623-630.
[50] HWA C K, PANG J H L. Impact of Drop-in Lead Free Solders on Microelectronics Packaging. Proceedings of 7th Electronic Packaging Technology Conference, 2005, 12: 4-8.
[51] TANSKANEN J, ALANDER T, RISTOLAINEN E O. Reliability Evaluation of 3D-Package with Specific Test Structures. Proceedings of 52nd Electronic Packaging Technology Conference, 2002, 5: 1709-1713.
[52] HON R, LEE S W R, ZHANG S X, et al. Multistack Flip Chip 3D Packaging with Copper Plated Through-Silicon Vertical Interconnection. Proceedings of 7th Electronic Packaging Technology Conference, 2005, 12: 7-9.
[53] YANO Y, SUGIYAMA T, ISHIHARA S, et al. Three-Dimensional Very Thin Stacked Packaging Technology for SiP. Proceedings of 52nd Electronic Components and

Technology Conference, 2002, 5: 1329-1334.

[54] SCHINDLER-SAEFKOW F, WITTLER O, MAY D, et al. Thermal Management in a 3D-PCB-Package with Water Cooling. Proceedings of 2006 IEEE Electronic Systemintegration Technology Conference, 2006: 107-110.

[55] HON, R, LEE, S W R. Design, Process Development and Prototyping of 3D Packaging with Multi-Stacked Flip Chips and Peripheral Through Silicon Via Interconnection, Electronics Manufacturing and Technology. 31st International Conference 2007: 80-85.

[56] 哈利 • W. 迈克莱恩（Harry W. McLean）. 高加速寿命试验、高加速应力筛选和高加速应力审核诠释——加速可靠性技术（第 2 版）供电控制技术重点试验室，译. 北京：航空工业出版社，2014.

[57] T/CSAE174 2021 中国汽车工程学会. 汽车产品可靠性增长开发指南(Development guide for reliability growth of automotive products). 2021.02.29.

[58] T/CSAE175 2021 中国汽车工程学会. 汽车可靠性设计的用户定义方法(Method of customers definition for vehicle reliability design). 2021.02.29.

[59] 刘品，刘岚岚. 可靠性工程基础（第三版）. 北京：中国计量出版社，2008.

[60] 姚立真. 可靠性物理. 北京：电子工业出版社，2004.

[61] 孙青，庄奕琪，王锡吉，等. 电子元器件可靠性工程. 北京：电子工业出版社，2002.

[62] 周玉，武高辉. 材料分析测试技术——材料 X 射线衍射与电子显微分析（第 2 版）. 哈尔滨：哈尔滨工业大学出版社，2007.

[63] SHELGON Yee. Ternary Intermetallic Compound—A Real Threat to BGA Solder Joint Reliability. Journal of SMT 17(2), 2004: 29-36.

[64] JOSEPH Goldstein, DALE Newbury, DAVID Joy, et al. Scanning Electron Microscopy and X-ray Microanalysis (Third Edition). Kluwer Academic/Plenum Publishers, 2003.